高等学校工业机器人专业系列教材

工业机器人设计与应用

主　编　白　瑀
副主编　乔　虎　李一青

西安电子科技大学出版社

内 容 简 介

本书对工业机器人相关技术的基本原理、设计重点和关键要素展开介绍。本书共 9 章,内容包括绪论、工业机器人机械系统设计、工业机器人感觉系统、工业机器人控制系统、工业机器人运动学、工业机器人静力计算及动力学分析、工业机器人轨迹规划与编程、工业机器人的应用、典型工业机器人系统。每章通过实例加强读者对工业机器人的了解,引导读者主动学习、拓宽视野、探究问题、掌握技巧,并且附有习题,可检测读者对章节知识的掌握程度。

本书可供普通高等工科学校机械相关专业学生使用,也可供有关工程技术人员参考。

图书在版编目(CIP)数据

工业机器人设计与应用 / 白瑀主编. —西安:西安电子科技大学出版社,2022.12 (2024.1 重印)

ISBN 978 - 7 - 5606 - 6587 - 0

Ⅰ. ①工… Ⅱ. ①白… Ⅲ. ①工业机器人—高等学校—教材 Ⅳ. ①TP242.2

中国版本图书馆 CIP 数据核字(2022)第 185103 号

策　　划　刘百川
责任编辑　张　玮
出版发行　西安电子科技大学出版社(西安市太白南路 2 号)
电　　话　(029)88202421　88201467　　邮　　编　710071
网　　址　www.xduph.com　　　　电子邮箱　xdupfxb001@163.com
经　　销　新华书店
印刷单位　陕西天意印务有限责任公司
版　　次　2023 年 1 月第 1 版　2024 年 1 月第 2 次印刷
开　　本　787 毫米×1092 毫米　1/16　印张 14
字　　数　329 千字
定　　价　37.00 元

ISBN 978 - 7 - 5606 - 6587 - 0/TP

XDUP 6889001 - 2

＊＊＊如有印装问题可调换＊＊＊

前　言

　　工业机器人是集机械、电子、控制、计算机、传感器、人工智能等多学科先进技术于一体的现代制造业重要的自动化装备。自 1962 年美国研制出世界上第一台工业机器人以来，机器人技术及其产品发展迅速，已成为柔性制造系统（FMS）、自动化工厂（FA）、计算机集成制造系统（CIMS）的自动化工具。广泛采用工业机器人，不仅可提高产品的质量与产量，而且对保障人身安全、改善劳动环境、减轻劳动强度、提高劳动生产率、节约原材料消耗以及降低生产成本，都有十分重要的意义。与计算机、网络技术一样，工业机器人的广泛应用日益改变着人类的生产和生活方式。近年来，工业机器人因其重复精度高、可靠性好、适用性强等优点，已经在汽车、电子、食品、化工、物流等多个行业广泛应用并日趋成熟，有效提高了产品质量和生产效率，节约了劳动力和制造成本，增强了生产柔性和企业竞争力。

　　随着全球工业化和经济的持续发展，我国已成为制造业大国，制造业的发展程度与我国国民经济的发展息息相关。作为智能制造产业中的关键智能装备，工业机器人是国家制造能力和自动化水平的突出体现，是国防安全和国民经济的重要保障，是国家从制造大国向制造强国转变的关键。

　　本书详细介绍了工业机器人设计的基本原理和应用实践，全书共分为 9 章，第 1 章绪论，介绍了工业机器人的概念、分类与基本组成，以及其在各个工业领域的应用与发展；第 2 章介绍了工业机器人的机械组成结构与系统设计；第 3 章介绍了工业机器人感觉系统以及各种传感器；第 4 章介绍了工业机器人控制系统，包括控制对象、控制方式；第 5、6章介绍了机器人运动学、静力学与动力学分析；第 7 章介绍了工业机器人轨迹规划与编程；第 8 章介绍了工业机器人的应用；第 9 章介绍了典型的工业机器人系统。本书在文字叙述上力求简明扼要、通俗易懂，便于教师和广大学生教学使用；每章配有思考题，供读者巩固、检测所学知识。

　　本书第 1～6 章由西安工业大学白瑀撰写，第 7、8 章由西安工业大学乔虎撰写，第 9章由西安工业大学李一青撰写。西安工业大学的曹岩、杜江、付雷杰、贾峰、姚慧、韩兴本等老师对本书编写提出了宝贵的意见，邓瑞祥、武娅、吴军武、李磊等研究生做了大量资料查阅和汇总工作。

　　本书在编写过程中参考了大量的相关资料，在此特向所用参考资料的各位作者表示诚挚的谢意！

　　由于编者水平有限，书中的疏漏和不妥之处在所难免，恳请读者批评指正，使本书不断完善，编者在此深表谢意。

编　者

2022 年 5 月

目　　录

第 1 章 绪 论

1.1 机器人概述

机器人(Robot)是一种能够自动执行工作的机器装置,它既可以接受人类指挥,又可以运行预先编排的程序,在执行不同作业任务时,也具有较好的通用性。机器人的任务是协助或取代人类进行生产或是从事危险的工作。它是高级整合控制论、机械电子、计算机、材料和仿生学的产物,在工业、医学、农业、建筑业甚至军事等领域均有重要用途。国际上对机器人的概念已经逐渐趋近一致。一般来说,人们都可以接受这种说法,即机器人是靠自身动力和控制能力来实现各种功能的一种机器。联合国标准化组织采纳了美国机器人协会给机器人下的定义:"一种可编程和多功能的操作机;或是为了执行不同的任务而具有可用电脑改变和可编程动作的专门系统。"它能为人类带来许多方便。

在现实生活中,机器人并不是在简单意义上代替人工劳动,而是综合了人的特长和机器特长的一种拟人的电子机械装置。这种装置既有人对环境状态的快速反应和分析判断能力,又有机器可长时间持续工作、精确度高、抗恶劣环境的能力。从某种意义上说,机器人是机器进化过程的产物,是工业以及非产业界的重要生产和服务性设备,也是先进制造技术领域不可缺少的自动化设备。

机器人技术是综合了计算机、控制论、机构学、信息和传感技术、人工智能、仿生学等多种学科而形成的高新技术,已成为当代研究十分活跃、应用日益广泛的领域。而且,机器人应用情况是反映一个国家工业自动化水平的重要标志。

1.2 机器人的分类

关于机器人的分类,国际上没有制定统一的标准,一般按照应用领域、机械结构特征、自由度等进行分类。机器人还处在起步发展阶段,需要不断完善和发展。本节主要介绍如下两种机器人分类方法。

1. 按照应用类型分类

机器人按照应用类型,可分为如下三大类:

(1)工业机器人。工业机器人有搬运、焊接、装配、喷漆、检查等机器人,主要用于现代化工厂和柔性加工系统,如图 1.1 和图 1.2 所示。

(2)极限作业机器人。极限作业机器人主要是在人们难以进入的核电站危险区域、海底、宇宙空间进行作业的机器人,如图 1.3 和图 1.4 所示。

(3)娱乐机器人。娱乐机器人包括弹奏乐器的机器人、舞蹈机器人、玩具机器人等,也有根据环境而改变动作的机器人,如图 1.5 和图 1.6 所示。

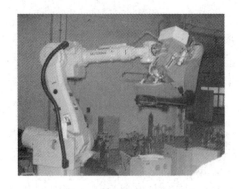

图 1.1　汽车座椅搬运机器人

图 1.2　车身焊接机器人

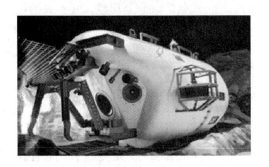

图 1.3　海底机器人

图 1.4　火星探测机器人

图 1.5　演奏机器人

图 1.6　宠物机器狗

2. 按机器人的技术等级分类

机器人按照技术等级，可分为如下三大类：

（1）示教再现机器人。示教再现机器人（第一代机器人）能够按照人类预先示教的轨迹、行为、顺序和速度重复作业，操作员利用示教器上的开关或按键来控制机器人一步一步地运动，机器人自动记录，然后重复作业。目前工业现场主要应用示教再现机器人。

（2）感知机器人。感知机器人（第二代机器人）具有环境感知装置，能在一定程度上适应环境的变化。如焊接机器人，采用焊缝跟踪技术，通过传感器感知焊缝的位置，再通过反馈控制，能自动跟踪焊缝，从而对示教的位置进行修正。

（3）智能机器人。智能机器人（第三代机器人）具有发现问题并能自主解决问题的能力。它具有多种传感器，不仅可感知自身的状态，而且能感知外部环境的状态，并能根据获得的信息进行逻辑推理、判断决策，在变化的内部状态与变化的外部环境中自主决定自身的行为。

1.3　工业机器人的应用和发展

工业机器人是面向工业领域的多关节机械手或多自由度的机器装置，它能自动执行工作，是靠自身动力和控制能力来实现各种功能的一种机器。现代的工业机器人可以接受人类指挥，也可以按照预先编排的程序运行，还可以根据人工智能技术制定的原则行动。它对稳定和提高产品质量、提高生产效率、改善劳动条件和促进产品的快速更新迭代起着十分重要的作用。

1.3.1　工业机器人的应用

工业机器人可以替代人在危险、有害、有毒、低温和高热等恶劣环境中工作，还可以替代人完成繁重、单调的重复劳动，提高劳动生产率，保证产品质量。工业机器人与数控加工中心、自动引导车以及自动检测系统可组成柔性制造系统（FMS）和计算机集成制造系统（CIMS），实现生产自动化。

1. 恶劣工作环境及危险工作

（1）热锻车间机器人。高温热锻属于不安全因素很多的作业，车间工作环境恶劣，温度高，噪声大，采用工业机器人是最适宜的，如图1.7所示。

（2）压铸车间机器人。压铸车间操作人员在高温、粉尘、重体力环境下生产，条件恶劣，可采用工业机器人来代替人完成浇注、上下料等工作，如图1.8所示。

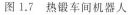
图 1.7　热锻车间机器人　　　　　　　　　图 1.8　压铸车间机器人

2. 自动化生产领域

当今世界近50%的工业机器人集中应用于汽车领域，常用于搬运、焊接、喷涂、装配、码垛、涂胶、打磨、雕刻等复杂作业。

（1）搬运。搬运作业是用一种设备握持工件，从一个加工位置移动到另一个加工位置的任务。搬运机器人可以安装不同的末端执行器（如机械手爪、真空吸盘等），通过编程控制各个工序的不同设备，使之相互配合实现流水线作业，从而大大减轻人类繁重的体力劳动。搬运机器人广泛应用于机床上下料、自动装配流水线、码垛搬运、集装箱搬运等，如图1.9所示。

（2）焊接。目前在工业机器人领域应用最广的是焊接机器人，如用于工程机械、汽车制造、电力建设等行业。焊接机器人能在恶劣的环境下连续工作并能提供稳定的焊接质量，提高工作效率，减轻工人的劳动强度。采用焊接机器人是焊接自动化的革命性进步，突破了焊接专机的传统方式，如图1.10所示。

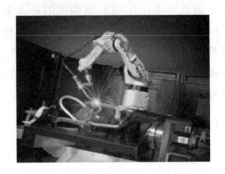

图1.9　搬运机器人　　　　　图1.10　焊接机器人

（3）喷涂。喷涂机器人适用于生产量大、产品型号多、表面形状不规则的工件外表面的涂装，广泛应用于汽车、汽车零配件、铁路、家电、建材和机械等行业，如图1.11所示。

（4）装配。装配是一个比较复杂的作业过程，不仅要检测装配过程中的误差，而且要试图纠正这种误差。装配机器人是柔性自动化系统的核心设备，末端执行器种类多，以适应不同的装配对象。其中传感系统用于获取装配机器人与环境和装配对象之间相互作用的信息。装配机器人主要应用于各种电器制造业及流水线产品组装作业，具有高效、精确、可持续工作的特点，如图1.12所示。

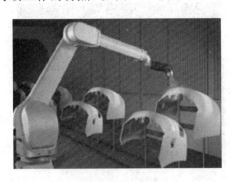

图1.11　喷涂机器人　　　　　图1.12　装配机器人

（5）码垛。码垛机器人是机电一体化的高新技术产品，如图1.13所示，它可满足中低产量的生产需要，也可按照要求的编组方式和层数，完成对料袋、箱体等各种产品的码垛。使用码垛机器人可以提高企业的生产效率和产量，同时减少人工搬运造成的错误；还可以全天候作业，节约大量人力资源成本。码垛机器人广泛应用于化工、饮料食品、塑料等生产企业。

（6）涂胶。涂胶机器人一般由机器人本体和专用涂胶设备组成，如图 1.14 所示。涂胶机器人既能独立实现半自动涂胶，又能配合专用生产线实现全自动涂胶。它具有设备柔性高、做工精细、质量好、适用能力强等特点，可以完成复杂的三维立体空间的涂胶工作。若工作台安装激光传感器进行精密定位，则可提高产品生产质量，同时使用光栅传感器能确保工人的生产安全。

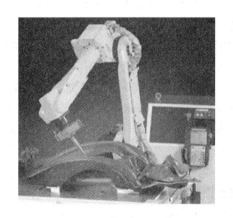

图 1.13 码垛机器人　　　　　　　　　图 1.14 涂胶机器人

（7）打磨。打磨机器人是可进行自动打磨的工业机器人，主要应用于工件的表面打磨、棱角去毛刺、焊缝打磨、内腔内孔去毛刺、孔口螺纹口加工等工作，如图 1.15 所示。打磨机器人广泛应用于 3C、卫浴五金、IT、汽车零部件、工业零件、医疗器械、建材、家具制造等各行业。

（8）雕刻。激光雕刻机器人是加工机器人中常用的一种，可实现复杂的自动化雕刻加工。它将激光以极高的能量密度聚集在被雕刻的物体表面，使其表层的物质发生瞬间的熔化和气化的物理变性，达到加工的目的。激光雕刻机器人广泛应用于非金属模具加工、铸造工业品加工、卫浴产品模型加工等，具有高效、快速等特点，如图 1.16 所示。

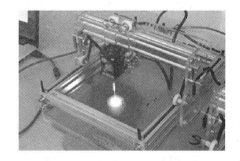

图 1.15 打磨机器人　　　　　　　　　图 1.16 激光雕刻机器人

1.3.2 工业机器人的发展

现代机器人的研究始于 20 世纪中期，其技术背景是计算机和自动化的发展，以及核能的开发利用。自 1946 年第一台数字电子计算机问世以来，计算机取得了惊人的进步，向高速度、大容量、低价格方向发展。大批量生产的迫切需求推动了自动化技术的发展，其结果之一便是 1952 年数控机床的诞生。与数控机床相关的控制、机械零件的研究又为机器人的开发奠定了基础。

1. 工业机器人在美国的发展

美国是机器人的诞生地，早在 1962 年美国就研制出世界上第一台工业机器人，比起号称机器人王国的日本起步至少要早五六年。经过几十年的发展，美国现已成为世界机器人强国之一，基础雄厚，技术先进。综观美国工业机器人的发展史，道路是曲折且不平坦的。

20 世纪 60 年代到 70 年代，美国的工业机器人主要立足于研究阶段，只有几所大学和少数公司开展了相关的研究工作。那时，美国政府并未把工业机器人列入重点发展项目，特别是美国当时失业率高达 6.65%，政府担心发展机器人会造成更多人失业，因此既未投入财政支持，也未组织研制机器人。70 年代后期，美国政府和企业界虽对工业机器人的制造和应用认识有所改变，但仍将技术路线的重点放在研究机器人软件及军事、宇宙、海洋、核工程等特殊领域的高级机器人的开发上，致使日本的工业机器人后来居上，并在工业生产的应用及机器人制造业上很快超过了美国，其产品在国际市场上形成了较强的竞争力。

根据国际机器人联合会(IFR)公布的数据，2013—2018 年全球工业机器人市场规模一直处于稳步上升趋势，2018 年已经达到 155 亿美元，但是在 2020 年这一趋势下降到了 136 亿美元，2021 年再度迎来反弹，增至 145 亿美元。总体来看，全球市场规模将会进入稳步增长的时期。据 IFR 最新统计报告披露，截至目前，全球平均工业机器人密度为 126 台/万人，随着近年来工业机器人产量的增加，亚洲地区的平均工业机器人密度增长到了 118 台/万人，2014—2019 年的复合增长率为 18%；欧洲地区的平均工业机器人密度为 114 台/万人，2014—2019 年的复合增长率为 6%。在机器人领域，目前发展处于前列的国家中，西方国家以美国、德国和法国为代表，亚洲以中国、日本和韩国为代表。IFR 发布的《2021 年全球机器人报告》中统计，全球机器人企业中欧洲机器人供给商占全球总数 49.27%；美洲机器人供给商占全球总数的 28.91%；欧美机器人供给商合占全球总数的 78.18%。尽管从排名上说，美国已经进入世界前十名，但其与前几名仍然有着很大的差距，仅相当于德国的 43%、意大利的 54%、欧盟的 68%。与普通的制造业相比，美国汽车工业中每万个产业工人拥有的工业机器人数量大大提高，达到 740 个，但仍然远远低于日本(1400 个)、意大利(1400 个)和德国(1000 个)。

2. 工业机器人在日本的发展

1965 年，美国麻省理工学院(MIT)的 Roberts 演示了第一个具有视觉传感器的、能识别与定位简单积木的机器人系统。1967 年日本成立了人工手研究会(现改名为仿生机构研究会)，同年召开了日本首届机器人学术会。1970 年在美国召开了第一届国际工业机器人学术会议。1970 年以后，机器人的研究得到迅速广泛的普及。1973 年，辛辛那提·米拉克隆公司的理查德·豪恩制造了第一台由小型计算机控制的工业机器人，它是液压驱动的，能提升的有效负载达 45 kg。到了 1980 年，工业机器人才真正在日本普及，故称该年为"机器人元年"。随后，工业机器人在日本得到了巨大发展，日本也因此而赢得了"机器人王国"的美称。

与此同时，19 世纪七八十年代的日本正面临着严重的劳动力短缺，这个问题已成为制约其经济发展的一个主要问题。毫无疑问，在美国诞生并已投入生产的工业机器人给日本带来了福音。1967 年日本川崎重工业公司首先从美国引进机器人及技术，建立生产厂房，并于 1968 年试制出第一台日本产工业机器人 Unimate。经过短暂的摇篮阶段，日本的工业机器人很快进入实用阶段，并由汽车业逐步扩大到其他制造业以及非制造业。

1980 年被称为日本的"机器人普及元年"，日本开始在各个领域推广使用机器人，这大大缓解了市场劳动力严重短缺的社会矛盾，再加上日本政府采取的多方面鼓励政策，这些机器人受到了广大企业的欢迎。1980—1990 年日本的工业机器人处于鼎盛时期，后来国际市场曾一度转向欧洲和北美，但日本经过短暂的低迷期又恢复其昔日的辉煌。1993 年末，全世界安装的工业机器人有 61 万台，其中日本占 60％，美国占 8％，欧洲占 17％，俄罗斯和东欧占 12％。

3. 工业机器人在欧洲的发展

德国工业机器人的数量占世界第三，仅次于日本和美国，其智能机器人的研究和应用在世界上处于领先地位。目前在普及第一代工业机器人的基础上，第二代工业机器人经推广应用成为主流安装机型，而第三代智能机器人已占有一定比重并成为未来发展的方向。

德国的 KUKA Roboter Gmbh 公司是世界上几家顶级工业机器人制造商之一，1973 年研制开发了 KUKA 的第一台工业机器人。该机器人年产量达到一万台左右，广泛应用在仪器、汽车、航天、食品、制药、医学、铸造、塑料等工业企业，主要用于材料处理、机床装备、包装、堆垛、焊接、表面修整等领域。

工业机器人的发展历史可用表 1.1 来说明。

表 1.1　工业机器人的发展历史

年代	领域	事　件
1955	理论	Denavit 和 Hartenberg 提出了齐次变换
1961	工业	约瑟夫·昂热尔伯格创立了 Unimation 公司
1961	工业	第一台 Unimate 机器人安装成功，用于压铸
1961	技术	有传感器的机械手 MH-1，由 Ernst 在麻省理工学院发明
1961	工业	Versatran 圆柱坐标机器人商业化
1965	理论	L.G.Roberts 将齐次变换矩阵应用于机器人
1965	技术	MIT 的 Roberts 演示了第一个具有视觉传感器、能识别与定位简单积木的机器人系统
1967	理论	日本成立了人工手研究会(现改名为仿生机构研究会)，同年召开了日本首届机器人学术会议
1968	技术	斯坦福研究院发明带视觉的、由计算机控制的行走机器人 Shakey
1969	技术	V.C.Sheinman 及其助手发明斯坦福机器臂
1970	理论	在美国召开了第一届国际工业机器人学术会议。1970 年以后，机器人的研究得到迅速广泛的普及
1970	技术	ETL 公司发明带视觉的自适应机器人
1971	工业	日本工业机器人协会(JIRA)成立

年代	领域	事　件
1972	理论	R.P.Paul 用 D－H 矩阵计算轨迹
1972	理论	D.E.Whitney 发明操作机的协调控制方式
1973	工业	辛辛那提·米拉克降公司的理查德·豪恩制造了第一台由小型计算机控制的工业机器人,它是由液压驱动的,能提升的有效负载达 45 kg
1975	工业	美国机器人研究院成立
1975	工业	Unimation 公司公布其第一次工业机器人带来的利润
1976	技术	在斯坦福研究院完成用机器人编程的装配
1978	工业	C.Rose 及其同事成立了机器人智能公司,生产出第一个商业视觉系统
1980	工业	工业机器人真正在日本普及,故称该年为"机器人元年"。随后,工业机器人在日本得到了巨大发展,日本也因此而赢得了"机器人王国"的美称
1984	民用	英格伯格再次推出机器人 Helpmate,可在医院里为病人送饭、送药、送邮件
1996	民用	本田推出"拟人机器人 P2"
1998	民用	丹麦乐高公司推出机器人(Mind-storms)套件,让机器人制造变得和搭积木一样,相对简单又能任意拼装,使机器人开始进入个人世界
1999	民用	日本索尼公司推出犬型机器人爱宝(AIBO),当即销售一空,从此娱乐机器人成为目前机器人迈进普通家庭的途径之一
2002	民用	丹麦 iRobot 公司推出了吸尘器机器人 Roomba,它能避开障碍,自动设计行进路线,还能在电量不足时,自动驶向充电座。Roomba 是目前世界上销量最大、最商业化的家用机器人
2006	民用	微软公司推出 Microsoft Robotics Studio,机器人模块化、平台统一化的趋势越来越明显,比尔·盖茨预言,家用机器人很快将席卷全球

4. 工业机器人在我国的发展

我国工业机器人起步于 20 世纪 70 年代初期,经过 30 多年的发展,大致经历了 3 个阶段:70 年代的萌芽期、80 年代的开发期和 90 年代的适用化期。

20 世纪 70 年代是世界科技发展的一个里程碑:人类登上了月球,实现了金星、火星的软着陆。我国也发射了人造卫星。世界范围内工业机器人的应用掀起了一个高潮,尤其在日本发展更为迅猛,它补充了日本日益短缺的劳动力。在这种背景下,我国于 1972 年开始研制自己的工业机器人。

进入 20 世纪 80 年代后，随着改革开放的不断深入，在高技术浪潮的冲击下，我国机器人技术的开发与研究得到了政府的重视与支持。"七五"期间，国家投入资金，对工业机器人及其零部件进行攻关，完成了示教再现型工业机器人成套技术的开发，研制出了喷涂、点焊、弧焊和搬运机器人。1986 年，国家高技术研究发展计划(863 计划)开始实施，经过几年的研究，取得了一大批科研成果，成功地研制出了一批特种机器人。

从 20 世纪 90 年代初期起，我国的国民经济进入实现两个根本转变时期，掀起了新一轮的经济体制改革和技术进步热潮。我国的工业机器人又在实践中迈进了一大步，先后研制出了装配、喷漆、切割、包装、码垛等各种用途的工业机器人，并实施了一批机器人应用工程，形成了一批机器人产业化基地，为我国机器人产业的腾飞奠定了基础。

目前我国机器人研究的主要内容如下：

(1) 示教再现型工业机器人产业化技术研究。这些研究主要包括：关节式、侧喷式、顶喷式、龙门式喷涂机器人产品的标准化、通用化、模块化、系列化设计；柔性仿形喷涂机器人的开发；焊接机器人产品的标准化、通用化模块化、系列化设计；弧焊机器人用激光视觉焊缝跟踪装置的开发；焊接机器人的离线示教编程及工作站系统的动态仿真；电子行业用装配机器人产品的标准化、通用化、模块化、系列化设计；批量生产机器人所需的专用制造、装配、测试设备和工具的研究开发。

(2) 智能机器人开发研究。这些研究主要包括：遥控加局部自主系统的构成和控制策略研究；智能移动机器人的导航和定位技术研究；面向遥控机器人的虚拟现实系统研究；人机交互环境建模系统研究；基于计算机屏幕的多机器人遥控技术研究。

(3) 机器人化机械研究开发。这些研究开发主要包括：并联机构机床(VMT)与机器人化加工中心(RMC)研究开发；机器人化无人值守和具有自适应能力的多机遥控操作的大型物料输送设备研究开发。

(4) 以机器人为基础的重组装配系统。这些系统主要包括：开放式模块化装配机器人技术；面向机器人装配的设计技术；机器人柔性装配系统设计技术；可重构机器人柔性装配系统设计技术；装配力觉、视觉技术；智能装配策略及其控制技术。

(5) 多传感器信息融合与配置技术的应用。该应用主要包括：机器人的传感器配置和融合技术在水泥生产过程控制和污水处理自动控制系统中的应用；机电一体化智能传感器的设计应用。

另外，我国的工业机器人仍将保持稳定的增长势头，2011 年新安装各类工业机器人 9500 台，市场保有量达了到 48600 台。

总之，从长远看，机器人产品的生产成本会大大降低，性能会愈加完善，因此工业机器人的应用在各行各业中将得到飞速发展。据美国电气和电子工程师协会(IEEE)统计，至 2008 年底，世界各地已经部署了 100 万台各种工业机器人，其中日本工业机器人密度居世界首位，每万名工人拥有制造机器人的台数达到了世界平均水平的 10 倍，比排在第二位的新加坡多出了一倍。其中日本每万名工人拥有 295 台工业机器人，新加坡 169 台，韩国 164 台，德国 163 台。虽然排在前三位的国家都在亚洲，不过欧洲却是世界上工业机器人密度最大的地区。欧洲国家工业机器人密度为每万名工人 50 台，美洲平均为 31 台，亚洲平均为 27 台。目前，全球机器人领域相关创新机构与科技企业围绕人工智能、人机协作、多技术融合等领域不断探索，在仓储运输、智能工厂、医疗康复等领域的应用不断深入，推动机器人成为构建后疫情时代生产力的核心力量。2021 年全球机器人市场规模达到 335.8 亿美元，2016—2021 年的平均增长率约为 11.5%。

1.4　机器人的基本组成及技术参数

1.4.1　工业机器人的基本组成

机器人系统是由机器人和作业对象及环境共同构成的，其中包括机器人机械系统、驱动系统、控制系统和感知系统四大部分，它们之间的关系如图 1.17 所示。

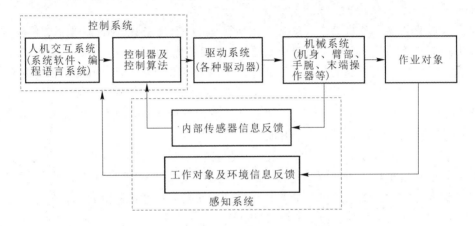

图 1.17　机器人系统组成及各部分之间的关系

1. 机械系统

工业机器人的机械系统一般包括机身、臂部、手腕、末端操作器等部分，每一部分都有若干个自由度，构成一个多自由度的机械系统。此外，有的机器人还具备行走机构（Mobile Mechanism）。若机器人具备行走机构，则构成行走机器人；若机器人不具备行走及腰转机构，则构成单机器人臂（Single Robot Arm）。末端操作器是直接装在手腕上的一个重要部件，它可以是两手指或多手指的手爪，也可以是喷漆枪、焊枪等作业工具。工业机器人的机械系统的作用相当于人的身体（骨骼、手、臂、腿等）。

2. 驱动系统

驱动系统主要指驱动机械系统动作的驱动装置。根据驱动源的不同，驱动系统可分为电气、液压、气压驱动系统三种以及把它们结合起来应用的综合系统。该部分的作用相当于人的肌肉。

电气驱动系统在工业机器人中应用得最普遍，可分为步进电动机驱动、直流伺服电动机驱动和交流伺服电动机驱动三种驱动形式。早期多采用步进电动机驱动，后来发展了直流伺服电动机驱动，现在交流伺服电动机驱动也开始广泛应用。上述驱动单元有的用于直接驱动机构运动，有的通过谐波减速器减速后驱动机构运动，其结构简单紧凑。液压驱动系统运动平稳，且负载能力大，对于重载的搬运和零件加工机器人，采用液压驱动比较合理。但液压驱动存在管道复杂、清洁困难等缺点，因此，它在装配作业中的应用受到限制。

无论电气还是液压驱动的机器人,其手爪的开合都是采用气动形式的。

气压驱动机器人结构简单、动作迅速、价格低廉,但由于空气具有可压缩性,其工作速度稳定性差。但是,空气的可压缩性,可使手爪在抓取或卡紧物体时的顺应性提高,防止力度过大而造成被抓物体或手爪本身的破坏。气压系统压力一般为 0.7 MPa,因而气压驱动机器人抓取力小,只有几十牛到几百牛。

3. 控制系统

控制系统的任务是根据机器人的作业指令程序及从传感器反馈回来的信号,控制机器人的执行机构,使其完成规定的运动和功能。如果机器人不具备信息反馈特征,则该控制系统称为开环控制系统;如果机器人具备信息反馈特征,则该控制系统称为闭环控制系统。该部分主要由计算机硬件和控制软件组成。软件主要由人与机器人进行联系的人机交互系统和控制算法等组成。该部分的作用相当于人的大脑。

4. 感知系统

感知系统由内部传感器和外部传感器组成,其作用是获取机器人内部和外部环境信息,并把这些信息反馈给控制系统。其中,内部传感器用于检测各关节的位置、速度等变量,为闭环伺服控制系统提供反馈信息。外部传感器用于检测机器人与周围环境之间的一些状态变量,如距离、接近程度和接触情况等,用于引导机器人,便于其识别物体并做出相应处理。外部传感器可使机器人以灵活的方式对它所处的环境做出反应,赋予机器人以一定的智能。该部分的作用相当于人的五官。

由图 1.17 可以看出,机器人系统实际上是一个典型的机电一体化系统,其工作原理为:控制系统发出动作指令,控制驱动器动作,驱动器带动机械系统运动,使末端操作器到达空间某一位置和实现某一姿态,实施一定的作业任务。末端操作器在空间的实时位姿由感知系统反馈给控制系统,控制系统把实际位姿与目标位姿相比较,发出下一个动作指令,如此循环,直到完成作业任务为止。

1.4.2 工业机器人的技术参数

技术参数是机器人制造商在产品供货时所提供的技术数据,技术参数反映了机器人可胜任的工作、具有的最高操作性能等情况,是选择、设计、应用机器人时必须考虑的数据。机器人的主要技术参数一般有自由度、定位精度和重复定位精度、工作范围、最大工作速度和承载能力等。

1. 自由度

自由度(Degree of Freedom)是指机器人所具有的独立的坐标轴运动的数目,不包括末端操作器的开合自由度。机器人的一个自由度对应一个关节,每一个关节均由一个驱动器驱动。自由度是表示机器人动作灵活程度的参数,自由度越多就越灵活,但结构也越复杂,控制难度越大,所以机器人的自由度要根据其用途设计,如机器人完成一个空间作业,需要 6 个自由度。

大于 6 个的自由度称为冗余自由度。冗余自由度增加了机器人的灵活性,可方便机器人躲避障碍物和改善机器人的动力性能。人类的手臂(大臂、小臂、手腕)共有 7 个自由度,所以工作起来很灵巧,可回避障碍物,并可从不同方向到达同一个目标位置。例如,如图

1.18 所示的 PUMA - 562 型机器人在执行印刷电路板上接插电子器件的作业时就称为冗余自由度机器人。利用冗余自由度可以增加机器人的灵活性、躲避障碍物和改善动力性能。

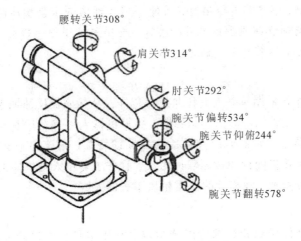

腰转关节308°
肩关节314°
肘关节292°
腕关节偏转534°
腕关节仰俯244°
腕关节翻转578°

图 1.18　PUMA - 562 型机器人

无论机器人的自由度有多少，其在运动形式上分为两种，即直线运动(P)和旋转运动(R)，如 RPRR 表示有 4 个自由度，从基座到臂端，关节的运动方式为旋转—直线—旋转—旋转。

2. 定位精度和重复定位精度

定位精度和重复定位精度是机器人的两个精度指标。定位精度是指机器人末端操作器的实际位置与目标位置之间的偏差，由机械误差、控制算法误差与系统分辨率等部分组成。重复定位精度是指在同一环境、同一条件、同一目标动作、同一命令之下，机器人连续重复运动若干次时，其位置的分散情况是关于精度的统计数据，如图 1.19 所示。

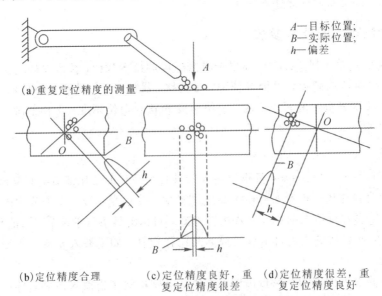

A—目标位置;
B—实际位置;
h—偏差

(a)重复定位精度的测量

(b)定位精度合理　　　(c)定位精度良好，重　　(d)定位精度很差，重
　　　　　　　　　　　复定位精度很差　　　　复定位精度良好

图 1.19　工业机器人定位精度和重复定位精度的典型情况

3. 工作范围

工作范围(Work Space)是指机器人手臂末端或手腕中心所能到达的所有点的集合,也叫作工作区域。因为末端操作器的尺寸和形状是多种多样的,为了真实反映机器人的特征参数,所以这里是指不安装末端操作器时的工作区域。工作范围的形状和大小是十分重要的,机器人在执行作业时可能会因为存在手部不能到达的作业死区(Dead Zone)而不能完成任务。图 1.20 和图 1.21 所示分别为 PUMA 机器人和 A4020 型 SCARA 机器人的工作范围。

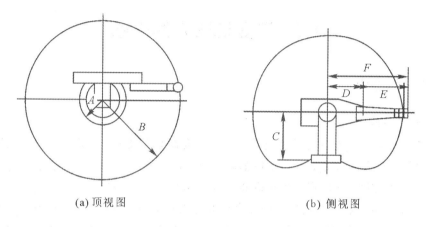

(a) 顶视图　　　　　　　　　　　　　　(b) 侧视图

图 1.20　PUMA 机器人的工作范围

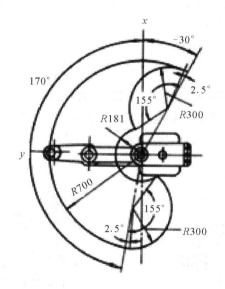

图 1.21　A4020 型 SCARA 机器人的工作范围

4. 最大工作速度

生产机器人的厂家不同,最大工作速度的含义也可能不同。有的厂家的最大工作速度是指工业机器人主要自由度上最大的稳定速度,有的厂家则指手臂末端最大的合成速度,对此通常都会在技术参数中加以说明。最大工作速度愈高,工作效率就愈高。但是,工作速度高就要花费更多的时间加速或减速，或者对工业机器人的最大加速率或最大减速率的要求就更高。

5. 承载能力

承载能力是指机器人在作业范围内的任何位置上以任意姿态所能承受的最大质量。承载能力不仅取决于负载的质量，而且与机器人运行的速度和加速度的大小与方向有关。为保证安全，将承载能力这一技术指标确定为高速运行时的承载能力。通常，承载能力不仅指负载质量，也包括机器人末端操作器的质量。

1.5 工业机器人的坐标

1.5.1 坐标的分类

1. 直角坐标型

直角坐标机器人的空间运动是通过三个相互垂直的直线运动实现的，直角坐标由三个相互正交的平移坐标轴组成，各个坐标轴运动独立，如图 1.22 所示。由于直线运动易于实现全闭环的位置控制，所以直角坐标机器人有可能达到很高的位置精度。但是，直角坐标机器人的运动空间相对机器人的结构尺寸来讲是比较小的。因此，为了实现一定的运动空间，直角坐标机器人的结构尺寸要比其他类型的机器人的结构尺寸大得多。直角坐标机器人的工作空间为一空间长方体，该型式机器人主要有悬臂式、龙门式、天车式三种结构，主要用于装配作业及搬运作业。

2. 圆柱坐标型

圆柱坐标机器人的空间运动是通过一个回转运动及两个直线运动实现的，如图 1.23 所示，其工作空间是一个圆柱状的空间。圆柱坐标机器人可以看作由立柱和一个安装在立柱上的水平臂组成，其立柱安装在回转机座上，水平臂可以自由伸缩，并可沿立柱上下移动，即该类机器人具有一个旋转轴和两个平移轴。这种机器人构造比较简单，常用于搬运作业。

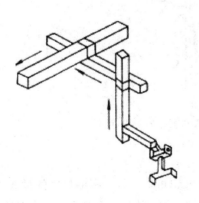

图 1.22 直角坐标型

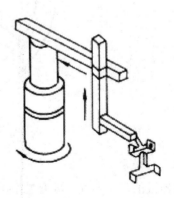

图 1.23 圆柱坐标型

3. 球坐标型

球坐标机器人结构的空间运动是由两个回转运动和一个直线运动实现的，其工作空间是一个类球形的空间，如图 1.24 所示。这种机器人结构简单、成本较低，但精度不很高，主要应用于搬运作业。

4. 关节坐标型

关节即运动副，指允许机器人手臂各零件之间发生相对运动的机构。关节坐标机器人结构的空间运动是由三个回转运动实现的，如图 1.25 所示。关节坐标机器人的结构有水平关节型和垂直关节型两种。关节坐标机器人动作灵活，结构紧凑，占地面积小。相对机器人本体尺寸，关节坐标机器人的工作空间比较大。此种机器人的工业应用十分广泛，如焊接、喷漆、搬运及装配等作业都广泛采用这种类型的机器人。

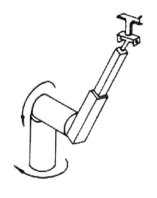 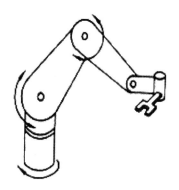

图 1.24　球坐标型　　　　　　　　　　图 1.25　关节坐标型

1.5.2　工业机器人的参考坐标系

机器人可以相对于不同的坐标系运动，在每一种坐标系中的运动都不相同。通常，机器人的运动在以下三种坐标系中完成，如图 1.26 所示。

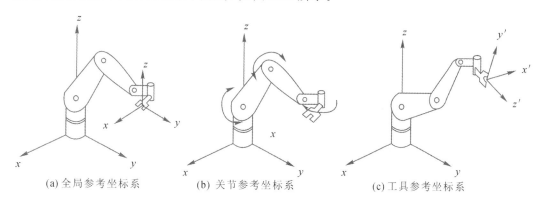

(a) 全局参考坐标系　　　　　(b) 关节参考坐标系　　　　　(c) 工具参考坐标系

图 1.26　机器人的参考坐标系

1. 全局参考坐标系

全局参考坐标系是一种通用坐标系，由 x、y 和 z 轴所定义。在此情况下，通过机器人各关节的同时运动来产生沿三个主轴方向的运动。在这种坐标系中，无论手臂在哪里，x 轴的正向运动总是在 x 轴的正方向。这一坐标系通常用来定义机器人相对于其他物体的运动、与机器人通信的其他部件以及运动路径。

2. 关节参考坐标系

关节参考坐标系用来描述机器人每一个独立关节的运动。假设希望将机器人的手运动到一个特定的位置，可以每次只运动一个关节，从而把手引导到期望的位置上。在这种情况下，每一个关节单独控制，从而每次只有一个关节运动。由于所用关节的类型（移动、旋转型）不同，因此机器人手的动作也各不相同。例如，如果为旋转关节运动，则机器人手将绕着关节的轴旋转。

3. 工具参考坐标系

工具参考坐标系描述机器人手相对于固连在手上的坐标系的运动。固连在手上的 x'、y' 和 z' 轴定义了手相对于本地坐标系的运动。与通用的全局参考坐标系不同，本地的工具参考坐标系随机器人一起运动。假设机器人手的指向如图 1.26(c) 所示，相对于本地的工具参考坐标系 x' 轴的正向运动意味着机器人手沿工具参考坐标系 x' 轴方向运动。如果机器人的手指向别处，那么同样沿着工具参考坐标系 x' 轴的运动将完全不同于前面的运动。如果 x' 轴指向上，那么沿 $+x'$ 轴的运动便是向上的；反之，如果 x' 轴指向下，那么沿 $+x'$ 轴的运动便是向下的。总之，工具参考坐标系是一个活动的坐标系，当机器人运动时它也随之不断改变，因此随之产生的相对于它的运动也不相同，这取决于手臂的位置以及工具参考坐标系的姿态。机器人所有的关节必须同时运动才能产生关于工具参考坐标系的协调运动。在机器人编程中，工具参考坐标系是一个极其有用的坐标系，使用它便于对机器人靠近、离开物体或安装零件进行编程。

1.6　工业机器人的运动副

在空间运动机构中，两相邻的杆件之间有一个公共的轴，两杆之间允许沿轴线或绕公共轴线做相对运动，构成一个运动副。组成空间机构的运动副有转动副、移动副、螺旋副、圆柱副、球面副、平面副和万向铰等，其中常用的有转动副、移动副、螺旋副、圆柱副、球面副、平面副和万向铰。

1. 转动副（Revolute Pair，简记为 R）

转动副也称为回转副，通常用字母 R 表示，它允许两构件绕 S_j 轴做相对运动，转角为 θ_j，如图 1.27 所示。两构件之间的垂直距离为 θ_j，称为偏距，且为常数。这种运动副具有一个相对自由度（$f=1$），转角及偏距完全表示了空间两杆之间的相对关系。

2. 移动副（Prismatic Pair，简记为 P）

移动副允许两构件沿轴线做相对移动，如图 1.28 所示，组成运动副的构件 1 和构件 2 只能沿轴线相对移动，称为移动副。位移为 S_d，而两构件之间的夹角 θ_j 为常数，称为偏角。这种运动副具有一个自由度（$f=1$）的连接。

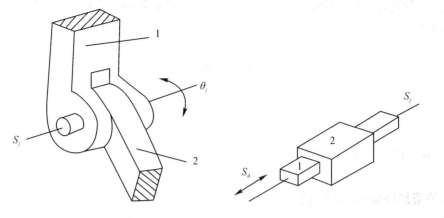

图 1.27 转动副　　　　　　　　图 1.28 移动副

3. 螺旋副(Helical Pair, 简记为 H)

螺旋副允许做相对运动的两构件在绕轴线转动的同时，沿轴线做与转动相关的相对移动。这种运动副的自由度仍等于 1($f=1$)。螺旋副运动的位移与螺旋节距 P_{jj} 有关，即当 $S_d = P_{jj}\theta_{jj}$，S_d 为正时，表示右旋螺纹，反之为左旋螺纹。

4. 圆柱副(Cylindric Pair, 简记为 C)

圆柱副同时允许两构件做绕轴线的独立相对转动和沿轴线的独立相对移动，具有两个自由度($f=2$)。圆柱副的运动等效于共轴的转动副和移动副(C=PR)。它是用两个运动副连接两个杆件的运动，其中一个为转动副，另一个为移动副。图 1.29 表示了由一个圆柱副连接的两杆一副运动链。该运动副的轴线 S_j、偏转角 θ_j、偏距 S_{jj} 都是独立变量。

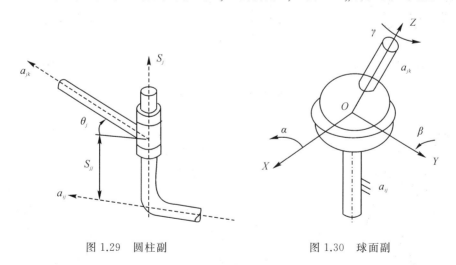

图 1.29 圆柱副　　　　　　　　图 1.30 球面副

5. 球面副(Spherical Pair, 简记为 S)

球面副允许两构件间具有三个独立的相对转动，如图 1.30 所示，具有三个相对自由度($f=3$)，杆 a_{ij} 与 a_{jk} 的相对位置可以由三个欧拉角 α、β、γ 给定。杆 a_{ij} 固定，杆 a_{jk} 上的任意点做以 O 点为球心的球面运动。以 $OXYZ$ 表示固定坐标系，以 $oxyz$ 表示动坐标系。角

度 α、β、γ 的度量分别是构件 a_{jk} 依次绕 X 轴、Y 轴和 Z 轴的转动角度。因此，坐标系之间的变换关系为

$$\begin{bmatrix} X \\ Y \\ Z \end{bmatrix} = \boldsymbol{\alpha\beta\gamma} \begin{bmatrix} x \\ y \\ z \end{bmatrix}$$

其中：

$$\boldsymbol{\alpha} = \begin{bmatrix} 1 & 0 & 0 \\ 0 & \cos\alpha & -\sin\alpha \\ 0 & \sin\alpha & \cos\alpha \end{bmatrix}, \boldsymbol{\beta} = \begin{bmatrix} \cos\beta & 0 & \sin\beta \\ 0 & 1 & 0 \\ -\sin\beta & 0 & \cos\beta \end{bmatrix}, \boldsymbol{\gamma} = \begin{bmatrix} \cos\gamma & -\sin\gamma & 0 \\ \sin\gamma & \cos\gamma & 0 \\ 0 & 0 & 1 \end{bmatrix}$$

6. 平面副（Planar Pair，简记为 E）

平面副允许两构件间存在三个相对自由度（$f=3$），如图 1.31 所示，其中的两个是在平面内的移动自由度，另一个是在该平面中的转动自由度。与平面副运动等效的四杆三运动副运动链可以是 2P - R、2R - P 或 3R。图 1.32 中给出了 2P - R 的两种运动链 RPR、RRP 以及 3R 运动链。

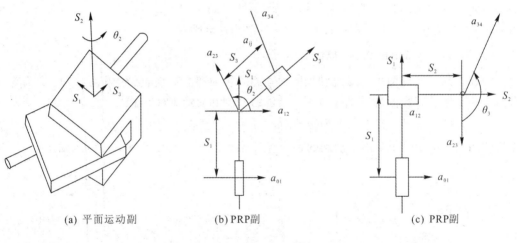

(a) 平面运动副　　　　　　(b) PRP副　　　　　　(c) PRP副

图 1.31　平面运动副

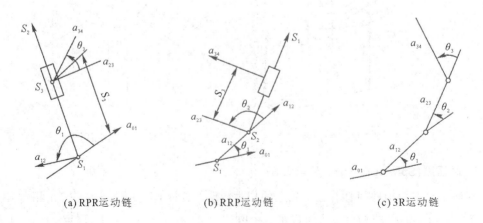

(a) RPR运动链　　　　　(b) RRP运动链　　　　　(c) 3R运动链

图 1.32　2R - P 和 3R 运动链

7. 万向铰(Universal Joint，简记为 U)

万向铰也称为胡克铰，允许两构件有两个相对转动的自由度($f=2$)，它相当于轴线相交的两个转动副(U＝RR)，如图 1.33 所示。

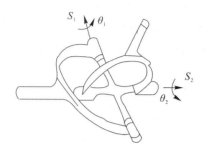

图 1.33　万向铰

1.7　工业机器人机构的结构类型

机器人机构分串联式和并联式两种。组成机器人的机构决定了机器人的结构类型。

对于串联式机构，常用一串运动副符号来表示，如 RCCC。这组符号反映了空间机构的主要特点，它给出了从输入到输出运动副的个数及运动副的符号。每一位符号表示连接机架和输入杆的运动副，R 即为转动副，后面依次为两个圆柱副，最后一位输出为圆柱副。

对于空间并联机构，我们用每条分支中支链的基本副数的数字链并列起来表示其结构，如 6-5-4，表示有 3 条分支，每条分支中支链的基本副数分别为 6、5、4。如果并联机构是对称结构形式的分支链，则可简化为下面的表示方法：6-SPS 并联机构(如图 1.34 所示)。6-SPS 表示该机构由 6 个支链连接运动平台和固定平台，其各分支结构是对称的，并且每一个分支都是由球副—移动副—球副构成的。机构名称开头的数字表示机构的分支数，后面的字母表示分支链的结构。对于并联机构，若上、下平台有不同数目的球铰，则可用两位数字表示。如 3/6-SPS 机构，表示上平台是三角形，有 3 个球副；下平台是六边形，有 6 个球副。

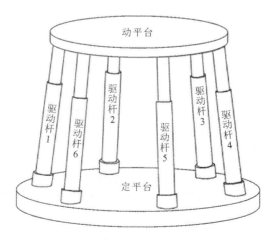

图 1.34　6-SPS 并联机构

从机构学的角度出发，只要是多自由度的，驱动器分配在不同环路上的并联多环机构都可以称为并联机构。

表1.2列出了当各分支运动副是单自由度基本副时，得到的各种结构形式的并联机器人。表1.2中第一列为机构的自由度数；第二列为机构的具体结构，用数字链形式表示，每一个数字表示支链的基本副数目，数字有几个就表示机构有几条支链，与串联运动副符号含义相同，如5-4-4，表示该机构有3个分支，每个分支的基本副数分别为5、4、4；第三列为对应实例。

表1.2　空间并联机构的结构形式

机构的自由度数	机构的具体结构	例　子
2	2-2	2R-2P机构，2H-2P机构
	3-2	平面5R-5机构；空间平行等节距机构
	3-3，4-2	空间不等节距5H机构；RCPP机构
	5-2，4-3	—
	6-2，5-3，4-4	空间8R机构
3	3-3-3	平面3R-8杆；球面3-3R；空间3-2P-8杆机构
	4-4-3	并联3自由度移动机构3-RRRH
	5-4-4，5-5-3，4-4-4， 5-5-5，6-5-4，6-6-3	并联3-RPS，3-RSS
4	4-4-4-4，5-5-5-5， 6-6-5-5，6-6-6-4	4-4H，所有H副同向且平行基面，节距不等
5	5-5-5-5-5，6-6-6-6-5	—
6	6-6-6，6-6-6-6-6-6	Stewart结构原型，一般为6-SPS、6-RTS机构

1.8　并联机器人

并联机器人又称并联机构（Parallel Mechanism，PM），其一般结构如图1.35所示。并联机器人可以定义为动平台和定平台两种形式，二者通过至少两个独立的运动链相连接，机构具有两个或两个以上自由度，是以并联方式驱动的一种闭环机构。

这种机器人有以下几个特点：

（1）无累积误差，精度较高；

（2）驱动装置可置于定平台上或接近定平台的位置，这样运动部分重量轻、速度高、动态响应好；

（3）结构紧凑，刚度高，承载能力大；

（4）完全对称的并联机构具有较好的各向同性；

（5）工作空间较小。

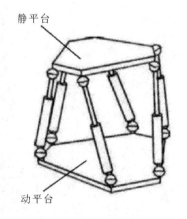

静平台

动平台

图1.35　并联机器人结构

因为这些特点，并联机器人在需要高刚度、高强度或者大载荷而无须很大工作空间的领域内得到了广泛的应用，主要应用于以下几个方面：

（1）运动模拟器。并联机器人用作运动模拟器如图 1.36 所示。

图 1.36　并联机器人用作运动模拟器

（2）并联机床。并联机床具有承载能力强、响应速度快、精度高、机械结构简单、适应性好等优点，是一种硬件简单、软件复杂、技术附加值高的产品。并联机床如图 1.37 所示。

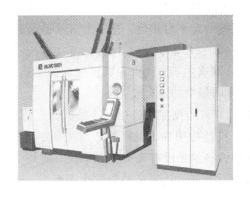

图 1.37　并联机床

（3）微操作机器人。微操作机器人如图 1.38 所示，这种机器人经常用于安装印刷电路板上的电子元件。

图 1.38　微操作机器人

并联机器人可按并联机构的自由度数分类如下：

（1）2自由度并联机构。2自由度并联机构，如5-R、3-R、2-P平面5杆机构是最典型的2自由度并联机构，这类机构一般具有2个移动运动。

（2）3自由度并联机构。3自由度并联机构种类较多，形式较复杂，一般有以下几个形式：平面3自由度并联机构，如3-RPR机构，它们具有2个转动和1个移动的运动；球面3自由度并联机构，如3-RRR球面机构、3-UPS-1-S球面机构，3-RRR球面机构所有运动副的轴线汇交于空间一点，这点称为机构的中心，而3-UPS-1-S球面机构则以S的中心点为机构的中心，机构上的所有点的运动都是绕该点的转动运动；三维纯移动机构，如Star Like并联机构、Tsai并联机构和DELTA机构，该类机构的运动学正反解都很简单，是一种应用很广泛的三维移动空间机构；空间3自由度并联机构，如典型的3-RPS机构，这类机构属于欠秩机构，在工作空间内不同的点的运动形式不同是其最显著的特点，由于这种特殊的运动特性，阻碍了该类机构在实际中的广泛应用；还有一类是增加辅助杆件和运动副的空间机构，如德国汉诺威大学研制的并联机床采用的3-UPS-1-PU球坐标式3自由度并联机构，由于辅助杆件和运动副的制约，使得该机构的运动平台具有1个移动和2个转动的运动（也可以说是3个移动运动）。

（3）4自由度并联机构。4自由度并联机构大多不是完全并联机构，如2-UPS-1-RRRR机构，运动平台通过3个支链与定平台相连，有2个运动链是相同的，各具有1个虎克铰U、1个移动副P，其中P和1个R是驱动副，因此这种机构不是完全并联机构。

（4）5自由度并联机构。现有的5自由度并联机构结构复杂，如韩国Lee的5自由度并联机构具有双层结构（2个并联机构的结合）。

（5）6自由度并联机构。6自由度并联机构是并联机器人机构中的一大类，是国内外学者研究得最多的并联机构，广泛应用在飞行模拟器、六维力与力矩传感器和并联机床等领域。但这类机构有很多关键性技术还没有完全得到解决，比如其运动学正解、动力学模型的建立以及并联机床的精度标定等。从完全并联的角度出发，这类机构必须具有6个运动链。但现有的并联机构中，也有拥有3个运动链的6自由度并联机构，如3-PRPS和3-URS等机构，还有在3个分支的每个分支上附加1个5杆机构作驱动机构的6自由度并联机构等。

习　　题

1. 简述工业机器人的定义。
2. 工业机器人有哪些应用？
3. 请以框图画出机器人系统的组成及各部分之间的关系。
4. 简述工业机器人各项技术参数的定义。
5. 工业机器人的运动副分为哪些类型？
6. 工业机器人按坐标形式分为哪几类？各有什么特点？
7. 并联机构机器人有哪些特点？它适用于哪些场合？

第 2 章　工业机器人机械系统设计

机械系统是工业机器人的骨架和基础。任何一个工业机器人一般都是由机械系统组成要素、动力驱动组成要素、运动控制组成要素、传感探测组成要素、功能执行组成要素有机结合而成的。机械系统组成要素是工业机器人所有组成要素的机械支持结构，没有它，其他组成要素就会成为"空中楼阁"。工业机器人机械系统技术的着眼点在于如何与机器人的使命相适应，利用高新技术来更新概念，实现结构上、材料上、性能上的变更，满足人们对工业机器人减小重量、缩小体积、保证精度、提高刚度、增强功能、改善性能的多项要求。机械系统的因素对工业机器人的功能与性能具有十分重要的影响，机械系统组成部分中各个零部件的几何尺寸、表面性状、制造精度、安装误差等都会直接影响工业机器人的灵敏性、准确性、可靠性、稳定性、耐用性，在设计或处置时需要给予高度重视。

在任何一个实用型的机电一体化装置中，机械系统的功能主要是靠机械零部件的几何形状及各个零部件之间的相对位置关系实现的。零部件的几何形状由它的表面所构成，一个零件通常有多个表面，在这些表面中有的与其他零部件表面直接接触，这一部分表面称为功能表面。在功能表面之间的连接部分称为连接表面。零件的功能表面是决定机械功能的重要因素，功能表面的设计是零部件结构设计的核心问题。描述功能表面的主要几何参数有表面的几何形状、尺寸大小、表面数量、位置、顺序等。通过对功能表面的变异设计，可以得到为实现同一技术功能的多种结构方案。

机械系统设计的任务是在总体设计的基础上，根据所确定的原理方案，确定并绘出具体的结构图，以体现所要求的功能；将抽象的工作原理具体化为某类构件或零部件，在确定结构件的材料、形状、尺寸、公差、热处理方式和表面状况的同时，还须考虑其加工工艺、强度、刚度、精度以及与其他零件之间的相互关系等问题。所以结构设计的直接产物是图纸，但结构设计工作不是简单的机械制图，图纸只是表达设计方案的语言，综合技术的具体化才是结构设计的基本内容。

2.1　工业机器人总体设计

对于任何一个需要进行新设计的系统(包括设备、产品、器件等)来说，其设计工作都应该自顶向下进行。首先要设计其总体结构，然后再逐层深入，直至进行每一个组成模块的设计。一般而言，总体结构设计主要是指在系统分析的基础上，对整个系统的划分(子系统)、组成模块的配置(包括软、硬设备)，以及整个系统的功能实现等方面进行合理的安排和科学的处置。对于工业机器人总体结构设计来说，核心问题是如何选择由连杆件和运动副组成的坐标系形式。目前，获得广泛使用的各种各样工业机器人常常采用直角坐标式、圆柱坐标式、球面坐标式（极坐标式）、关节坐标式（包括平面关节式）的总体结构。

工业机器人是一种功能完善、可独立运行的典型机电一体化设备，它有自身的控制器驱动系统和操作界面，可对其进行手动、自动操作及编程，它能依靠自身的控制能力来实现所需要的功能。

广义的机器人系统包括机器人及其附属设备，系统总体上可分为机械系统和电气控制系统两大部分。工业机器人的机械系统主要包括机器人本体、变位机、末端工具等部分；电气控制系统主要包括控制器、驱动器、操作单元等。其中，机器人本体、控制器、驱动器、操作单元是机器人的基本组件，所有机器人都必须配备，其他属于可选部件，可由机器人生产厂商提供或自行设计、制造与生产。

在选配部件中，变位机是用于机器人或工件的整体移动或进行系统协同作业的附加装置，它可根据需要选配。末端工具是安装在机器人手腕上的操作机构，与机器人的作业对象、作业要求密切相关。末端工具的种类繁多，一般需要由机器人制造厂和用户共同设计、制造与集成。

在电气控制系统中，上级控制器是用于机器人系统协同控制、管理的附加设备，既可用于机器人与机器人、机器人与变位机的协同作业控制，也可用于机器人和数控机床、机器人和自动生产线其他机电一体化设备的集中控制，此外，还可用于机器人的编程与调试。上级控制器同样可根据实际系统的需要选配，在柔性加工单元（FMC）、自动生产线等自动化设备上，上级控制器的功能也可直接由数控机床所配套的数控系统（CNC）、生产线控制用的 PLC 等承担。

机器人的设计涉及机械设计、传感技术、计算机应用和自动控制，是跨学科的综合设计。机器人应作为一个系统进行研究，从总体出发研究其系统内部各组成部分之间，以及外部环境与系统之间的相互关系。作为一个系统，机器人应满足如下要求：

（1）整体性：由几个不同性能的子系统构成的机器人，应作为一个整体来分析，应具有其特定功能。

（2）相关性：各子系统之间相互依存、相互联系。

（3）目的性：每个子系统都有明确的功能，各子系统的组合方式由整个系统的功能决定。

（4）环境适应性：机器人作为一个系统，要适应外部环境的变化。

在详细设计之前，要明确所设计的机器人应该具有哪些功能。系统总体功能设计是结构设计的最终目的。只有确定了系统的功能，后面的设计才能有的放矢。

实现既定的功能，可能有很多种结构方案，应优先选择简单可靠的结构方案。通过市场调研和对现有同类机器人的技术进行分析，研究所要设计的机器人技术难点和关键技术。最初可以提出几种不同的方案，通过对比分析，经过充分论证后，选择一种优化的结构方案。

1. 机器人基本参数的确定

在系统分析的基础上，具体确定机器人的自由度数目、作业范围、运动速度、承载能力及定位精度等基本参数。

1）自由度数目的确定

自由度是机器人的一个重要技术参数，由机器人的机械结构形式决定。在三维空间中描述一个物体的位置和姿态(简称位姿)需要 6 个自由度。但是，机器人的自由度是根据其用途而设计的，可能少于 6 个自由度，也可能多于 6 个自由度。例如：A4020 型装配机器人具有 4 个自由度，可以在印刷电路板上接插电子器件；三菱重工的 PA - 10 型机器人具有 7 个自由度，可以进行全方位打磨工作。在满足机器人工作要求的前提下，为简化机器人的结构和控制，应使自由度数最少。工业机器人的自由度一般为 4～6 个。自由度数目的选择也与生产要求有关。如果生产批量大、操作可靠性要求高、运行速度快、周围设备构成比较复杂、所抓取的工件质量较小，则机器人的自由度数可少一些；如果要便于产品更换、增加柔性，则机器人的自由度数要多一些。

2）作业范围的确定

机器人的作业范围需根据工艺要求和操作运动的轨迹来确定。一条运动轨迹往往是由几个动作合成的。在确定作业范围时，可将运动轨迹分解成单个动作，由单个动作的行程确定机器人的最大行程。为便于调整，可适当加大行程数值。各个动作的最大行程确定之后，机器人的作业范围也就定下来了。

但要注意的是，作业范围的形状和尺寸会影响机器人的坐标形式、自由度数、各手臂关节轴线间的距离和各关节轴转角的大小及变动范围。作业范围大小不仅与机器人各杆件的尺寸有关，而且与它的总体构形有关；在作业范围内要考虑杆件自身的干涉，也要防止构件与作业环境发生碰撞。此外，还应注意：在作业范围内某些位置(如边界)机器人可能达不到预定的速度，甚至不能在某些方向上运动，即所谓作业范围的奇异性。

3）运动速度的确定

确定机器人各动作的最大行程之后，可根据生产需要的工作节拍分配每个动作的时间，进而确定完成各动作时机器人的运动速度。如一个机器人要完成某一工件的上料过程，需完成夹紧工件及手臂升降、伸缩、回转等一系列动作，这些动作都应该在工作节拍所规定的时间内完成。至于各动作的时间究竟应如何分配，则取决于很多因素，不是通过一般的计算就能确定的。要根据各种因素反复考虑，并试制订各动作的分配方案，比较动作时间的平衡后才能确定。节拍较短时，更需仔细考虑。

机器人的总动作时间应小于或等于工作节拍。如果两个动作同时进行，要按时间较长的计算。一旦确定了最大行程的动作时间，其运动速度也就确定下来了。

4）承载能力的确定

承载能力代表着机器人搬运物体时所能达到的最大臂力。目前，使用的机器人的臂力范围较大。对专用机械手来说，其承载能力主要根据被抓取物体的质量来定，其安全系数一般可在 1.5～3.0 之间选取。对工业机器人来说，臂力要根据被抓取、搬运物体的质量变化范围来确定。

5）定位精度的确定

机器人的定位精度是根据使用要求确定的，而机器人本身所能达到的定位精度，则取决于机器人的定位方式、运动速度、控制方式、臂部刚度、驱动方式、所采取的缓冲方式等因素。

工艺过程的不同，对机器人重复定位精度的要求也不同。不同工艺过程所要求的定位精度一般如表 2.1 所示。

表 2.1　不同工艺过程要求的定位精度

工　艺　过　程	定位精度/mm
金属切削机床上、下料	±(0.05～1.00)
冲床上、下料	±1
电焊	±1
模锻	±(0.1～2.0)
喷涂	±3
装配、测量	±(0.01～0.50)

当机器人达到所要求的定位精度有困难时，可采用辅助工、夹具协助定位，即机器人把被抓取物体先送到工、夹具进行粗定位，然后利用工、夹具的夹紧动作实现工件的最后定位。采用这种办法既能保证工艺要求，又可降低机器人的定位要求。

2. 机器人运动形式的选择

根据主要的运动参数选择运动形式是机械结构设计的基础。常见机器人的运动形式有五种：直角坐标型、圆柱坐标型、球（极）坐标型、关节坐标型和 SCARA 型。为适应不同生产工艺的需要，同一种运动形式的机器人可采用不同的结构。具体选用哪种形式，必须根据工艺要求、工作现场、位置以及搬运前后工件中心线方向的变化等情况分析比较、择优选取。

为了满足特定工艺要求，专用的机械手一般只要求有 2～3 个自由度，而通用机器人必须具有 4～6 个自由度，以满足不同产品的不同工艺要求。所选择的运动形式，在满足需要的情况下，应以使自由度最少、结构最简单为宜。

3. 检测传感系统框图的拟订

确定机器人的运动形式后，还需拟订检测传感系统框图，选择合适的传感器，以便在进行结构设计时考虑安装位置。

4. 控制系统总体方案的确定

按工作要求选择机器人的控制方式，确定控制系统类型，设计计算机控制硬件电路并编制相应控制软件。最后确定控制系统总体方案，绘制出控制系统框图，并选择合适的电气元件。

5. 机械结构的设计

确定驱动方式，选择运动部件和设计具体结构，绘制机器人总装图及主要零部件图。

2.2　工业机器人的驱动与传动

驱动装置相当于机器人的"肌肉"与"筋络"，向机械结构系统各部件提供动力。有些机器人通过减速器、同步带、齿轮等机械传动机构进行间接驱动；也有些机器人由驱动器直接驱动，比如优傲机器人(Universal Robots)公司推出的新型机械臂 UR，其使用了科尔摩根(Kollmorgen)公司的 KBM 无框直驱电动机，大大减少了机械部件的使用，从而减小了整个系统的重量和外观大小，如图 2.1 所示。

图 2.1　UR 机械臂

工业机器人的传动装置与一般机械的传动装置的选用和计算大致相同，它以一种高效能的方式通过关节将驱动器和机器人连杆结合起来。传动比决定了驱动器到连杆的转矩、速度和惯性之间的关系。

2.2.1　直线驱动机构

1. 齿轮齿条装置

通常，齿条是固定不动的，当齿轮传动时，齿轮轴连同拖板沿齿条方向做直线运动，这样，齿轮的旋转运动就转换成为拖板的直线运动，如图 2.2 所示。拖板是由导向杆或导轨支承的，该装置的回差较大。

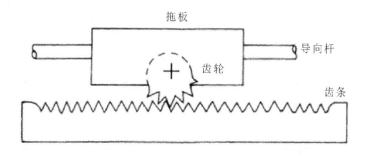

图 2.2　齿轮齿条装置

2. 普通丝杠

普通丝杠驱动是由一个旋转的精密丝杠驱动一个螺母沿丝杠轴向移动的。由于普通丝杠的摩擦力较大、效率低、惯性大，在低速时容易产生爬行现象，而且精度低、回差大，因此在机器人上很少采用。

3. 滚珠丝杠

在机器人上经常采用滚珠丝杠，这是因为滚珠丝杠的摩擦力很小且运动响应速度快。由于滚珠丝杠在丝杠螺母的螺旋槽里放置了许多滚珠，驱动过程中所受的摩擦力是滚动摩擦，可极大地减小摩擦力，因此驱动效率高，消除了低速运动时的爬行现象。在装配时施加一定的预紧力，可消除回差。

如图 2.3 所示，滚珠丝杠里的滚珠从钢套管中出来，进入经过研磨的导槽，转动 2～3 圈以后，返回钢套管。滚珠丝杠的驱动效率可以达到 90%，所以只需要使用极小的驱动力，并采用较小的驱动连接件就能够传递运动。

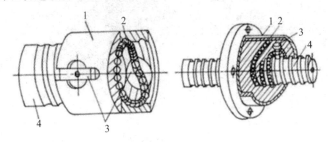

1—螺母；2—滚珠；3—回程引导装置；4—丝杠

图 2.3　滚珠丝杠

2.2.2　驱动机构

1. 齿轮链

齿轮链是由两个或两个以上的齿轮组成的传动机构。它不但可以传递运动角位移和角速度，而且可以传递力和力矩。现以具有两个齿轮的齿轮链为例，说明其驱动转换关系。其中一个齿轮装在输入轴上，另一个齿轮装在输出轴上，如图 2.4 所示。

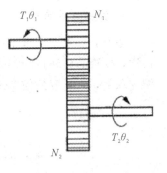

图 2.4　齿轮链机构

使用齿轮链机构应注意以下两个问题：

（1）齿轮链的引入会改变系统的等效转动惯量，从而使驱动电机的响应时间减小，这样伺服系统就更加容易控制。输出轴转动惯量转换到驱动电机上，等效转动惯量的下降与输入输出齿轮齿数的平方成正比。

（2）在引入齿轮链的同时，由于齿轮间隙误差，将会导致机器人手臂的定位误差增加；而且，假如不采取一些补救措施，齿隙误差还会引起伺服系统的不稳定性。

常用的齿轮链如图 2.5 所示。其中圆柱齿轮的传动效率约为 90%，因为其结构简单，传动效率高，在机器人设计中最常见；斜齿轮的传动效率约为 80%，斜齿轮可以改变输出轴方向；锥齿轮的传动效率约为 70%，锥齿轮可以使输入轴与输出轴不在同一个平面，驱动效率低；蜗轮蜗杆的传动效率约为 70%，蜗轮蜗杆机构的传动比大，驱动平稳，可实现自锁，但驱动效率低，制造成本高，需要润滑；行星轮系的传动效率约为 80%，传动比大，但结构复杂。

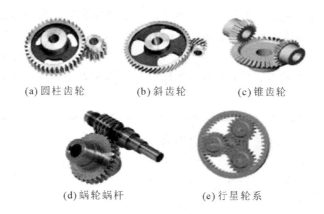

(a) 圆柱齿轮　　　(b) 斜齿轮　　　(c) 锥齿轮

(d) 蜗轮蜗杆　　　(e) 行星轮系

图 2.5　常用的齿轮链

2. 同步皮带

同步皮带类似于工厂的风扇皮带和其他传动皮带，所不同的是这种皮带上具有许多型齿，它们和同样具有型齿的同步皮带轮齿相啮合。

工作时，它们相当于柔软的齿轮，具有柔性好、价格低两大优点。另外，同步皮带还被用于输入轴和输出轴方向不一致的情况。

这时，只要同步皮带足够长，使皮带的扭角误差不太大，则同步皮带仍能够正常工作。在伺服系统中，如果输出轴的位置采用码盘测量，则输入传动的同步皮带可以放在伺服环外面，这对系统的定位精度和重复性不会有影响，重复精度可达到 1 mm 以内。此外，同步皮带比齿轮链价格低得多，加工也容易得多。有时，齿轮链和同步皮带结合起来使用更为方便。

3. 谐波齿轮

虽然谐波齿轮已问世多年，但直到最近人们才开始广泛地使用它。目前，机器人的旋转关节有 60%～70% 都使用了谐波齿轮。

谐波齿轮传动机构由刚性齿轮、谐波发生器和柔性齿轮三个主要零件组成，如图 2.6所示。工作时，刚性齿轮固定安装，各齿均布于圆周，具有外齿形的柔性齿轮沿刚性齿轮的内齿转动。

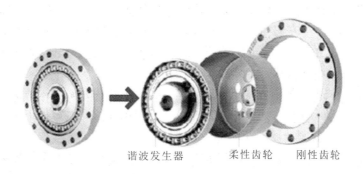

谐波发生器　　　柔性齿轮　　　刚性齿轮

图 2.6　谐波齿轮

柔性齿轮比刚性齿轮少两个齿，所以柔性齿轮沿刚性齿轮每转一圈就反方向转过两个齿的相应转角。谐波发生器具有椭圆形轮廓，装在谐波发生器上的滚珠用于支承柔性齿轮，谐波发生器驱动柔性齿轮旋转并使之发生塑性变形。转动时，柔性齿轮的椭圆形端部只有少数齿与刚性齿轮啮合，只有这样，柔性齿轮才能相对于刚性齿轮自由地转过一定的角度。

假设刚性齿轮有 100 个齿，柔性齿轮比它少 2 个齿，则当谐波发生器转 50 圈时，柔性齿轮转 1 圈，这样只占用很小的空间就可得到 1∶50 的减速比。

由于同时啮合的齿数较多，因此谐波发生器的力矩传递能力很强。在 3 个零件中，尽管任何 2 个都可以选为输入元件和输出元件，但通常总是把谐波发生器装在输入轴上，把柔性齿轮装在输出轴上，以获得较大的齿轮减速比。

2.2.3　直线驱动和旋转驱动的选用与制动

1. 驱动方式的选用

在廉价的计算机问世以前，控制旋转运动的主要困难之一是计算量大，所以，当时认为采用直线传动方式比较好。直流伺服电机是一种较理想的旋转传动元件，但需要通过较昂贵的伺服功率放大器来进行精确的控制。例如，在 1970 年，尚没有可靠的大功率晶体管，需要用许多大功率晶体管并联，才能驱动一台大功率的伺服电机。

今天，电机传动和控制的费用已经大大降低，大功率晶体管已经广泛使用，只需采用几个晶体管就可以驱动一台大功率伺服电机。同样，微型计算机的价格也越来越便宜，计算机费用在机器人总费用中所占的比例大大降低，有些机器人在每个关节或自由度中都采用一个微处理器。

由于上述原因，许多机器人公司在制造和设计新机器人时，都选用了旋转关节。然而也有许多情况采用直线传动更为合适，例如，直线气缸仍是目前所有传动装置中最廉价的动力源，凡能够使用直线气缸的地方，还是应该选用它。另外，有些要求精度高的地方也要选用直线传动。

2. 制动器

许多机器人的机械臂都需要在各关节处安装制动器，其作用是：在机器人停止工作时，保持机械臂的位置不变；在电源发生故障时，保护机械臂和它周围的物体不发生碰撞。

假如齿轮链、谐波齿轮机构和滚珠丝杠等元件的质量较高，一般其摩擦力都很小，在驱动器停止工作的时候，它们是不能承受负载的。如果不采用某种外部固定装置，如制动器、夹紧器或止挡装置等，一旦电源关闭，机器人的各个部件就会在重力的作用下滑落。因此，为机器人设计制动装置是十分必要的。

制动器通常是按失效抱闸方式工作的，即要松开制动器就必须接通电源，否则，各关节不能产生相对运动。这种方式的主要目的是在电源出现故障时起保护作用，其缺点是在工作期间要不断通电使制动器松开。

假如需要的话，也可以采用一种省电的方法，其原理是：需要各关节运动时，先接通电源，松开制动器，然后接通另一电源，驱动一个挡销将制动器锁在放松状态。这样，所需要的电力仅仅是把挡销放到位所花费的电力。为了使关节定位准确，制动器必须有足够的定位精度。制动器应当尽可能地放在系统的驱动输入端，这样利用传动链速比，能够减小制动器的轻微滑动所引起的系统振动，保证在承载条件下仍具有较高的定位精度。在实际应用中，许多机器人都采用了制动器。图 2.7 为三菱装配机器人 Movemaster EX RV - M1 的肩部制动闸安装图。

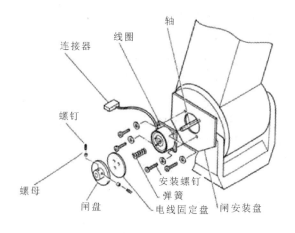

图 2.7　三菱装配机器人肩部制动闸安装图

2.2.4　工业机器人的传动

工业机器人的传动装置与一般机械的传动装置的选用和计算大致相同，它以一种高效能的方式通过关节将驱动器和机器人连杆结合起来。传动比决定了驱动器到连杆的转矩、速度和惯性之间的关系。

工业机器人的传动装置除了齿轮传动（圆柱齿轮传动、锥齿轮传动、齿轮链传动、齿轮齿条传动、蜗轮蜗杆传动等）、丝杠传动、行星齿轮传动和 RV 减速器传动外，还常用柔性元件传动（谐波齿轮传动、绳传动和同步齿形带传动等）。

1. 轴承

轴承是各种机械的旋转轴或可动部位的支承元件，它的主要功能是支撑机械旋转体，用以降低设备在传动过程中的机械载荷摩擦系数。它是关节的刚度设计中应考虑的关键因素之一，对机器人的运转平稳性、重复定位精度、动作精确度以及工作的可靠性等关键性能指标具有重要影响。根据其工作时的摩擦性质，轴承可分为滚动轴承和滑动轴承两大类。这里主要介绍滚动轴承。

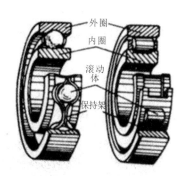

图 2.8　滚动轴承

滚动轴承通常由外圈、内圈、滚动体和保持架四个主要部件组成，如图 2.8 所示。密封轴承还包括润滑剂和密封圈（或防尘盖）。

内圈和外圈统称套圈，内圈外圆面和外圈内圆面上都有滚道（沟），起导轮作用，限制滚动体侧面移动，同时也增大了滚动体与圈的接触面，降低了接触应力。滚动体在轴承内通常借助保持架均匀地排列在两个套圈之间做滚动运动，是保证轴承内外套圈之间具有滚动摩擦的零件，它的形状、大小和数量直接影响轴承的负荷能力和使用性能。最适合工业机器人的关节部位或者旋转部位的轴承有两大类：一类是等截面薄壁轴承，另一类是交叉滚子轴承。

2. 丝杠

普通丝杠驱动是由一个旋转的精密丝杠驱动一个螺母沿丝杠轴向移动的，如图 2.9 所示。由于普通丝杠的摩擦力较大、效率低、惯性大，在低速时容易产生爬行现象，而且精度低，回差大，因此在机器人上较少采用。

图 2.9　普通丝杠

在机器人上经常采用滚珠丝杠。通常情况下，装有循环球的螺母通过与丝杠的配合将旋转运动转换成直线运动。滚珠丝杠可以很容易地与线性轴匹配，是回转运动与直线运动相互转换的理想传动装置。

滚珠丝杠的特点如下：

（1）摩擦损失小，传动效率高。与过去的滑动丝杠副相比，滚珠丝杠的驱动力矩在 1/3 以下，即达到同样运动结果所需的动力为使用滑动丝杠副时的 1/3 以下。

（2）精度高。精确的丝杠可以获得很低或为零的齿隙。

（3）可实现高速进给和微进给。滚珠丝杠副利用滚珠运动，能保证实现精确的微进给。

（4）轴向刚度高。滚珠丝杠可以加以预压，预压力可使轴向间隙达到负值，从而得到较高的刚性。对于短距和中距的行程，滚珠丝杠的刚度比较好，但由于丝杠只能通过在轴的两端加工螺纹而形成，因此它在长行程中的刚度降低。

（5）具有传动的可逆性。滚珠丝杠是能够实现将旋转运动转化为直线运动或将直线运动转化为旋转运动并传递动力的传动方式。

3. 齿轮

根据中心轴平行与否，齿轮可分为两轴平行齿轮与两轴不平行齿轮。

1）两轴平行齿轮

两轴平行齿轮可进一步分为以下两类：

① 按轮齿方向分，两轴平行齿轮可分为斜齿轮、直齿轮和人字齿轮，如图 2.10 所示。

(a) 斜齿轮　　　　　　　(b) 直齿轮　　　　　　　(c) 人字齿轮

图 2.10　按齿轮方向分类

② 按轮齿啮合情况分，两轴平行齿轮可分为外啮合齿轮、内啮合齿轮和齿轮齿条，如图 2.11 所示。

(a)外啮合齿轮　　　　　　　(b)内啮合齿轮　　　　　　　(c)齿轮齿条

图 2.11　按齿轮啮合程度分类

2）两轴不平行齿轮

两轴不平行齿轮又可分为相交轴齿轮（锥齿轮）与交错轴齿轮两类。

① 相交轴齿轮还可分为直齿齿轮和斜齿齿轮，如图 2.12 所示。

② 交错轴齿轮还可分为交错轴斜齿轮和蜗轮蜗杆，如图 2.13 所示。

(a)直齿齿轮　　　　　(b)斜齿齿轮　　　　　　(a)交错轴斜齿轮　　　　(b)蜗轮蜗杆

图 2.12　直齿齿轮和斜齿齿轮　　　　　图 2.13　交错轴斜齿轮和蜗轮蜗杆

直齿齿轮或斜齿齿轮传动为机器人提供了可靠的、密封的、维护成本低的动力传递。它们应用于机器人手腕，在这些手腕结构中多个轴线的相交和驱动器的紧凑型布置是必需的。大直径的转盘齿轮用于大型机器人的基座关节，用以提供高刚度来传递高转矩。齿轮传动常用于台座，而且往往与长传动轴联合，实现驱动器和驱动关节之间的长距离动力传输。例如，驱动器和第一减速器可能被安装在肘部的附近，通过一个长的空心传动轴来驱动另一级布置在腕部的减速器或差速器。

双齿轮驱动有时被用来提供主动的预紧力，从而消除齿隙滑移。由于传动比较低，因此其效率普遍低于丝杠传动系。小直径（低齿数）齿轮的重合度较低，因而易造成振动。渐开线齿面齿轮需要润滑油来减少磨损。这些传动系经常被应用于大型龙门式机器人和轨道式机器人。

蜗轮蜗杆传动偶尔会被应用于低速机器人或机器人的末端执行器中。它的特点是可以使动力正交地偏转或平移，同时具有高的传动比，机构简单，且具有良好的刚度和承载能力；另外，低效率使它在大传动比时具有反向自锁特性。这使得没有动力时，一方面，关节会自锁在其位置上，另一方面，在改变机器人位置的过程中也容易损坏关节。

4. RV 减速器

RV 减速器是由一个行星齿轮减速器的前级和一个摆线针轮减速器的后级组成的。行星齿轮利用滚动接触元素减少磨损，延长使用寿命；摆线针轮的 RV 齿轮和针齿轮结构，进一步减小齿隙，以获得比传统减速器更高的耐冲击能力。RV 减速器具有结构紧凑、扭矩大、定位精度高、振动小、减速比大、噪声低、能耗低等诸多优点，被广泛应用于工业机器人。RV 减速器主要由齿轮轴、行星齿轮、曲柄轴、RV 齿轮、针轮、刚性盘及输出盘等零部件组成。

（1）齿轮轴。齿轮轴用来传递输入功率，且与行星齿轮互相啮合。

（2）行星齿轮。它与转臂（曲柄轴）固连，均匀地分布在一个圆周上，起功率分流的作用，即将输入功率传递给摆线针轮行星机构。

（3）曲柄轴。它是 RV 齿轮的旋转轴，其一端与行星轮相连，另一端与支承法兰相连，它采用滚动轴承带动 RV 齿轮产生公转，又支撑 RV 齿轮产生自转。滚动接触机构起动效率优异、磨耗小、寿命长、齿隙小。

（4）RV 齿轮（摆线轮）。为了实现径向力的平衡并提供连续的齿轮啮合，在该传动机构中，一般应采用两个完全相同的 RV 齿轮，分别安装在曲柄轴上，且两 RV 齿轮的偏心位置相互成 180°。

（5）针轮。针轮与机架固连在一起而成为针轮壳体，在针轮上安装有针齿，其间隙小，耐冲击力强。所有针齿均匀分布在相应的沟槽里，并且针齿的数量比 RV 齿轮轮齿的数量多一个。

（6）刚性盘与输出盘。输出盘是 RV 型传动机构与外界从动工作机相连的构件，输出盘与刚性盘相互连接成为一个双柱支撑机构整体，输出运动或动力。在刚性盘上均匀分布着转臂的轴承孔，而转臂的输出端借助于轴承安装在这个刚性盘上。

RV 减速器由两级减速组成，如图 2.14 所示。

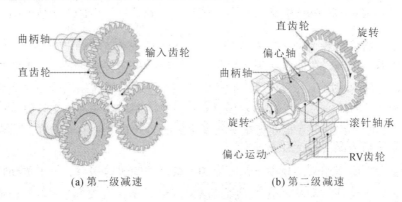

(a) 第一级减速　　(b) 第二级减速

图 2.14　两级传动

（1）第一级减速。伺服电动机的旋转运动经由输入花键的齿轮传动到行星齿轮，从而使速度减小。如果输入花键的齿轮顺时针方向旋转，那么行星齿轮在公转的同时还有逆时针方向自转，而直接与行星齿轮相连接的曲柄轴也以相同速度旋转，作为摆线针轮传动部分的输入。所以说，伺服电动机的旋转运动由输入花键的齿轮传递给行星轮，进行第一级减速。

（2）第二级减速。由于两个 RV 齿轮被固定在曲柄轴的偏心部位，因此当曲柄轴旋转时，带动两个相距 180°的 RV 齿轮做偏心运动。

RV 齿轮在绕其轴线公转的过程中会受到固定于针轮壳体上的针齿的作用力而形成与 RV 齿轮公转方向相反的力矩，于是形成反向自转，即顺时针转动。此时 RV 齿轮轮齿会与所有的针齿进行啮合。当曲柄轴完整地旋转一周时，RV 齿轮旋转一个针齿的间距。

通过两个曲柄轴使 RV 齿轮与刚性盘构成平行四边形的**等角速度输出机构,将 RV 齿轮**的转动等速传递给刚性盘及输出盘。这样就完成了第二级减速。总减速比等于第一级减速比乘以第二级减速比。

2.2.5　新型的驱动方式

1. 磁致伸缩驱动

铁磁材料和亚铁磁材料由于磁化状态的改变,其长度和体积都要发生微小的变化,这种现象称为磁致伸缩。20 世纪 60 年代人们发现某些稀土元素在低温时的磁致伸缩系数达 $3 \times 10^{-3} \sim 1 \times 10^{-2}$,于是人们开始研究有实用价值的大磁致伸缩材料。研究发现,$TbFe_2$(铽铁)、$SmFe_2$(钐铁)、$DyFe_2$(镝铁)、$HoFe_2$(钬铁)和 $TbDyFe_2$(铽镝铁)等稀土-铁系化合物不仅磁致伸缩系数高,而且其居里点高于室温,室温磁致伸缩系数为 $1 \times 10^{-3} \sim 2.5 \times 10^{-3}$,是传统磁致伸缩材料(如铁、镍等)的 $10 \sim 100$ 倍。这类材料被称为稀土超磁致伸缩材料(Rear Earth Giant Magneto Strictive Materials,RE-GMSM)。这一现象已用于制造具有微米量级位移能力的直线电动机。为使这种驱动器工作,要将被磁性线圈覆盖的磁致伸缩小棒的两端固定在两个架子上。当磁场改变时,使得小棒收缩或伸展,这样其中一个架子就会相对于另一个架子产生运动。一个与此类似的概念是用压电晶体来制造具有微米量级位移的直线电动机。

美国波士顿大学已经研制出了一台使用压电微型电动机驱动的机器人——"机器蚂蚁"。"机器蚂蚁"的每条腿为长 1 mm 或不到 1 mm 的硅杆,通过带传动装置的压电微型电动机来驱动各条腿运动。这种"机器蚂蚁"可用在实验室中收集放射性的尘埃以及从活着的病人人体中收取患病的细胞。

2. 形状记忆合金驱动

有一种特殊的形状记忆合金称为生物金属(Biometal),它可在达到特定温度时缩短大约 4%。通过改变合金的成分可以设计合金的转变温度,但标准样品都将温度设在 90℃左右。在这个温度附近,合金的晶格结构会从马氏体状态变化到奥氏体状态,并因此缩短。然而,与许多其他形状记忆合金不同的是,它变冷时能再次回到马氏体状态。实现这种转变的常用热源来自当电流通过金属时,金属因自身的电阻而产生的热量。结果是,来自电池或者其他电源的电流轻易就能使生物金属线缩短。这种金属线的主要缺点在于它的总应变仅发生在一个很小的温度范围内,因此除了在开关情况下以外,要精确控制它的拉力很困难,同时也很难控制其位移。

根据以往的经验,尽管生物金属线并不适合用作驱动器,但人们常常期望它在将来有可能会变得有用。如果那样的话,机器人的胳膊就会安装类似人或动物肌肉的物质,并由电流来操纵。

3. 静电驱动

静电驱动是利用电荷间的吸力和排斥力的相互作用来驱动电极,从而产生平移或旋转的运动。因静电作用属于表面力,它和元件尺寸的二次方成正比,在尺寸微小化时能够产生很大的能量。

图 2.15 是三相静电驱动器工作原理示意图。从图 2.15(a)可知,静电驱动器主要由定子、

移动子和绝缘子等组成。当把电压施加到定子的电极上时，在移动子中会感应出极性与其相反的电荷来，如图 2.15(b)所示。在图 2.15(c)中，当定子外加电压变化时，因为移动子上的电荷不能立即变化，所以在电极的作用下，移动子会受到右上方的合力作用，驱动其向右方移动，达到图 2.15(d)所示的相对稳定状态。反复进行上述操作，移动子就会连续向右方移动。

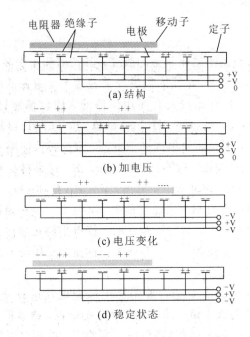

图 2.15　三相静电驱动器工作原理示意图

这种驱动器有下列特征：

(1) 因为移动子中没有电极，所以不必确定与定子的相对位置，定子电极的间距可以非常小；

(2) 因为驱动时会产生浮力，所以摩擦力小，在停止时由于存在着吸引力和摩擦力，因此可以获得比较大的保持力；

(3) 因为该种机构构造简单，所以可以实现以薄膜为基础的大面积多层化结构。

基于上述特征，把这种驱动器作为实现人工筋肉的一种方法，受到了人们的关注。

4. 超声波电动机驱动

超声波电动机的工作原理是用超声波激励弹性体定子，使其表面形成椭圆运动，由于其上与转子(或滑块)接触，在摩擦的作用下转子获得推力输出。可以认为定子按照角频率 ω_0 进行超声波振动，在预压力 W 的作用下，转子被推动。超声波电动机的负载特性与直流电动机相似，相对于负载增加，转速有垂直下降的趋势。将超声波电动机与直流电动机进行比较，其特点如下：

(1) 可望达到低速和高效率；

(2) 同样的尺寸，能得到较大的转矩；

(3) 能保持较大的转矩；

(4) 无电磁噪声；

（5）易控制；

（6）外形的自由度大。

2.3　工业机器人末端操作器

机器人的手，一般称之为末端操作器（也称为夹持器），是机器人直接用于抓取和握紧（吸附）专用工具（如喷枪、扳手、焊矩和喷头等）并进行操作的部件。它具有模仿人手动作的功能，并安装于机器人手臂的前端。由于被握工件的形状、尺寸、重量、材质及表面状态等不同，因此机器人末端操作器是多种多样的，并大致可分为以下几类：① 夹钳式取料手；② 吸附式取料手；③ 专用操作器及转换器；④ 仿生多指灵巧手；⑤ 其他手。

2.3.1　夹钳式取料手

夹钳式取料手与人手相似，是机器人广为应用的一种手部形式。按夹取方式的不同，可分为内撑式和外夹式两种，分别如图 2.16(a)、(b)所示。两者的区别在于夹持工件的部位不同，手爪动作的方向相反。

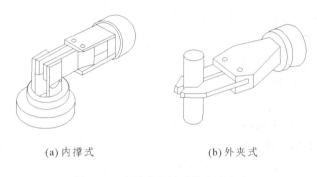

(a) 内撑式　　　　　　　　(b) 外夹式

图 2.16　夹钳式取料手的夹取方式

夹钳式取料手一般由手指（手爪）、传动机构、驱动机构及连接与支承元件组成，如图 2.17 所示，它能通过手爪的开闭动作实现对物体的夹持。

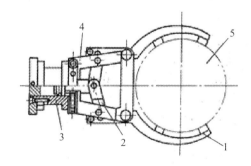

1—手指；2—传动机构；3—驱动机构；4—支架；5—工件

图 2.17　夹钳式取料手的组成

1. 手指

手指是直接与工件接触的构件。手部松开和夹紧工件，就是通过手指的张开和闭合来实现的。机器人的手部一般只有两个手指，少数有三个或多个。手指的结构形式常取决于工件的形状和特性。

指端的形状通常有两类：V形指和平面指。V形指由于定心性好，用于夹持圆柱形工件。平面指一般用于夹持方形工件(具有两个平行平面)、板形或细小棒料。另外，尖指和薄、长指一般用于夹持小型或柔性工件。其中，薄指一般用于夹持位于狭窄工作场地的细小工件，以避免和周围障碍物相碰；长指一般用于夹持炽热的工件，以免热辐射对手部传动机构的响应。

指面的形状常有光滑指面、齿形指面和柔性指面等。光滑指面平整光滑，用来夹持已加工表面，可避免已加工表面受损。齿形指面的指面刻有齿纹，可增加夹持工件的摩擦力，以确保夹紧牢靠，多用于夹持表面粗糙的毛坯或半成品。柔性指面内镶橡胶、泡沫、石棉等物，有增加摩擦力、保护工件表面、隔热等作用，一般用于夹持已加工表面、炽热件，也适于夹持薄壁件和脆性工件。

2. 手指传动机构

传动机构是向手指传递运动和动力，从而实现夹紧和松开动作的机构。该机构根据手指开合的动作特点分为回转型和平移型两种。其中回转型又分为一支点回转和多支点回转；根据手爪夹紧是摆动还是平动，回转型又可分为摆动回转型和平动回转型。

1) 回转型传动机构

回转型传动机构夹钳式手部中使用较多的是回转型手部，其手指就是一对杠杆，一般同斜楔、滑槽、连杆、齿轮、蜗轮蜗杆或螺杆等机构组成复合式杠杆传动机构，用以改变传动比和运动方向等。

图 2.18(a)所示为单作用斜楔式回转型手部结构简图。斜楔向下运动，克服弹簧拉力，使杠杆手指装着滚子的一端向外撑开，从而夹紧工件；斜楔向上移动，则在弹簧拉力作用下使手指松开。手指与斜楔通过滚子接触可以减少摩擦力，提高机械效率。有时为了简化，也可让手指与斜楔直接接触，如图 2.18(b)所示。

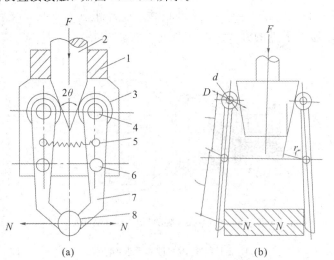

(a)　　　　　　　　　(b)

1—壳体；2—斜楔驱动杆；3—滚子；4—圆柱销；5—拉簧；6—铰销；7—手指；8—工件

图 2.18　斜楔杠杆式回转型手部结构简图

图 2.19 所示为滑槽式杠杆回转型手部简图。杠杆形手指 4 的一端装有 V 形块 5，另一端则开有长滑槽。驱动杆 1 上的圆柱销 2 在滑槽内，当驱动连杆同圆柱销一起做往复运动时，即可拨动两个手指各绕其支点（铰销 3）做相对回转运动，从而实现手指的夹紧与松开动作。

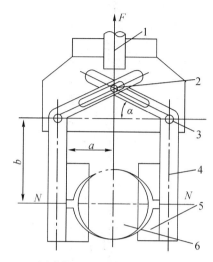

1—驱动杆；2—圆柱销；3—铰销；
4—杠杆形手指；5—V形块；6—圆形工件

图 2.19　滑槽式杠杆回转型手部简图

图 2.20 所示为连杆式杠杆回转型手部简图。驱动杆 2 末端与连杆 4 由铰销 3 铰接，当驱动杆 2 做直线往复运动时，通过连杆推动两手指各绕其支点做回转运动，从而使手指松开或闭合。

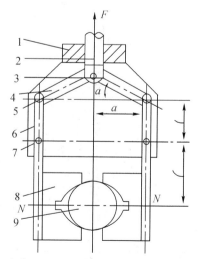

1—壳体；2—驱动杆；3—铰销；4—连杆；
5、7—圆柱销；6—手指；8—V形块；9—工件

图 2.20　连杆式杠杆回转型手部简图

图 2.21 所示为齿轮齿条直接传动的齿轮杠杆式手部的结构简图。驱动杆 2 末端制成双面齿条，与扇形齿轮 4 相啮合，而扇形齿轮 4 与手指 5 固连在一起，可绕支点回转。驱动力推动齿条做直线往复运动，带动扇形齿轮回转，从而使手指松开或闭合。

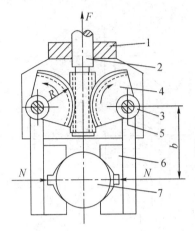

1—壳体；2—驱动杆；3—圆柱销；4—扇形齿轮；5—手指；6—V形块；7—工件

图 2.21　齿轮杠杆式手部的结构简图

2）平移型传动机构

平移型传动机构平移型夹钳式手部是通过手指的指面做直线往复运动，或平面移动来实现张开或闭合动作的，常用于夹持具有平行平面的工件（如钢板等）。其结构较复杂，不如回转型手部应用广泛。

（1）直线往复移动机构。实现直线往复移动的机构很多，常用的有斜楔传动、齿条传动和螺旋传动等，均可应用于手部结构。在图 2.22 中，图 2.22(a) 为斜楔平移机构，图 2.22(b) 为连杆杠杆平移结构，图 2.22(c) 为螺旋斜楔平移结构。它们既可是双指型的，也可是三指（或多指）型的；既可自动定心，也可非自动定心。

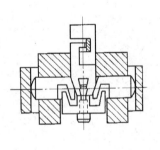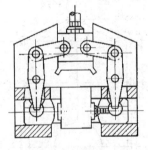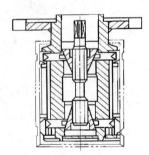

(a)斜楔平移结构　　　　(b)连杆杠杆平移结构　　　　(c)螺旋斜楔平移结构

图 2.22　直线半移型手部结构简图

（2）平面平行移动机构。图 2.23 所示为几种平面平行平移型夹钳式手部结构简图。它们的共同点是：都采用平行四边形的铰链机构——双曲柄铰链四连杆机构，以实现手指平移。其差别在于分别采用齿条齿轮、蜗杆蜗轮和连杆斜滑槽的传动方式。

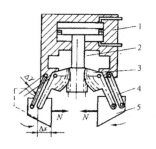
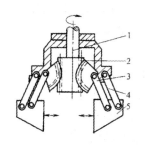
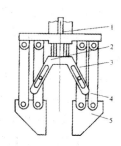

(a) 齿条齿轮转动的手部结构　　　(b) 蜗杆蜗轮传动的手部结构　　　(c) 连杆斜滑槽传动的手部结构

1—驱动器；2—驱动元件；3—驱动摇杆；4—从动摇杆；5—手指

图 2.23　四连杆机构平移型夹钳式手部结构简图

3. 手指驱动机构

手指驱动机构是向传动机构提供动力的装置。按驱动方式的不同，可分为液压、气动和电动等驱动机构；按实现的运动方式不同，可分为直线驱动机构和旋转驱动机构两种。

4. 手指其他机构

夹钳式手部不仅有上面所述的手指、传动机构和驱动机构，还有连接和支承元件，将上述各部分连接成一个整体，并实现手部与机器人腕部的连接。

夹钳式手部的设计要注意下面七个问题。

(1) 应具有足够的夹紧力。机器人的手部机构靠钳爪夹紧工件，以便把工件从一个位置移动到另一个位置。由于工件本身的重量，以及搬运过程产生的惯性力和振动等，钳爪必须具有足够大的夹紧力，才能防止工件在移动过程中脱落。一般要求夹紧力(用 F 表示)为工件重量(用 G 表示)的 $2\sim3$ 倍，用公式表示即

$$F=KG$$

式中：F——夹紧力(N)；

K——安全系数，$K=2\sim3$；

G——工件重量(N)。

(2) 应具有足够的张开角。钳爪为了抓取和松开工件，必须具有足够大的张开角度来适应不同尺寸大小的工件，而且夹持工件的中心位置变化要小(即定位误差要小)。对于移动式的钳爪要有足够大的移动范围。

(3) 应能保证工件的可靠定位。为了使钳爪和被夹持的工件保持准确的相对位置，必须根据被抓取工件的形状，选取相应的手指形状来定位，如圆柱形工件多数采用具有 V 形钳口的手指，以便自动定心。

(4) 应具有足够的强度和刚度。钳爪除受到被夹持工件的反作用力外，还受到机器人手部在运动过程中产生的惯性力和振动的影响。如果没有足够的强度和刚度，钳爪会发生折断或弯曲变形，因此对于受力较大的钳爪应进行必要的强度、刚度的校核计算。

(5) 应适应被抓取对象的要求。

① 适应工件的形状：工件为圆柱形，则采用带 V 形钳口的手爪；工件为圆球形状，则选用圆弧形二指或三指手爪；对于特殊形状的工件，应设计与工件相适应的手爪。

② 适应被抓取部位的尺寸：工件被抓取部位的尺寸尽可能是不变的，如果加工尺寸略有变化，那么钳爪应能适应尺寸变化的要求。工件表面质量要求高的，对钳爪应采取相应的措施，如加软垫等。

③ 要适应工作位置状况：如工作位置较窄小则可用薄片形状的手爪。

（6）应尽量做到结构紧凑、重量轻和效率高。手部处于腕部和臂部的最前端，运动状态变化显著。其结构和重量，以及惯性负荷将直接影响到腕部和臂部的结构，因此，在手部设计时，必须力求结构紧凑、重量轻和效率高。

（7）应具有一定的通用性和互换性。一般情况下的手部都是专用的，为扩大其使用范围，提高通用化程度，以适应夹持不同尺寸和形状的工件的需要，常采用可调整的方法，如更换手指，甚至更换整个手部。也可为手部设计专门的过渡接头，以便迅速准确地更换工具。

2.3.2　吸附式取料手

根据吸附力的种类不同，吸附式取料手可以分为磁吸式和气吸式两种。

1. 磁吸式手部

1）工作原理

磁吸式手部是利用永久磁铁或电磁铁通电后产生磁力来吸取铁磁性材料工件的装置。采用电磁吸盘的磁吸式手部结构如图 2.24 所示。当线圈通电瞬时，由于空气隙的存在，磁阻很大，线圈的电感和起动电流很大，这时产生磁性吸力可将工件吸住；一旦断电后，磁吸力消失，即将工件松开。若采用永久磁铁作为吸盘，则需要强制将工件取下。

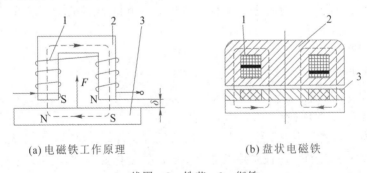

(a) 电磁铁工作原理　　　　　　　　　(b) 盘状电磁铁

1—线圈；2—铁芯；3—衔铁

图 2.24　电磁吸盘的结构示意图

2）磁吸式手部的设计要点

电磁吸引力应根据工件的重量而定。电磁吸盘的形状、尺寸以及线圈一旦确定，其吸力的大小也就基本上确定，吸力的大小可通过改变施加电压进行微调；应根据被吸附工件的形状、大小来确定电磁吸盘的形状、大小，吸盘的吸附面应与工件的被吸附表面形状一致。

3）电磁吸力的计算

（1）直流电磁铁的吸力计算。以"Ⅱ"形电磁铁为例，当通入直流电时，根据麦克斯韦

理论,电磁吸力为

$$F = 2\left(\frac{B_0}{500}\right)^2 S_0$$

式中:B_0——空气隙中的磁感应强度(T);

S_0——气隙的横截面积,也就是铁芯的横截面积(cm^2)。

(2) 交流电磁铁的吸力计算。对于交流电磁铁,由于通电后磁路中的磁通量是波动的,因此吸力是波动的,其平均吸力为

$$F_{平均} = \left(\frac{B_m}{500}\right)^2 S$$

式中:$F_{平均}$——平均电磁吸力(N);

B_m——空气隙中波动的磁感应强度的最大值(T);

S——铁芯的横截面积(cm^2)。

2. 气吸式手部

1)工作原理

气吸式手部是利用橡胶皮碗或软塑料碗中所形成的负压把工件吸住的装置,它适用于薄铁片、板材、纸张、薄而易脆的玻璃器皿和弧形壳体零件等的抓取。按形成负压的方法,可以将气吸式手部分为真空式、气流负压式和挤气负压式三种吸盘。

(1) 真空式吸盘。真空式吸盘吸附可靠、吸力大、结构简单,但是需要有真空控制系统,故成本较高。图 2.25 所示为真空吸附取料手结构图。其真空的产生是利用真空泵,真空度较高。主要零件为碟形橡胶吸盘 1,通过固定环 2 安装在支承杆 4 上,支承杆由螺母 6 固定在基板 5 上。取料时,碟形橡胶吸盘与物体表面接触,橡胶吸盘的边缘既起到密封作用,又起到缓冲作用,然后真空抽气,吸盘内腔形成真空,吸取物料;放料时,管路接通大气,失去真空,物体放下。为避免在取、放料时产生撞击,有的还在支承杆上配有弹簧缓冲。

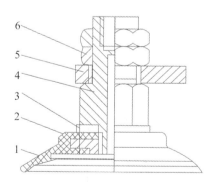

1—橡胶吸盘;2—固定环;3—垫片;4—支承杆;5—基板;6—螺母

图 2.25　真空吸附取料手结构图

(2) 气流负压式吸盘。当工业现场有压缩空气站时,采用气流负压式吸盘比较方便,并且成本低,因此应用较广。图 2.26 所示为气流负压吸附取料手结构图。气流负压吸附取料手利用流体力学的原理,当需要取物时,压缩空气高速流经喷嘴 5,其出口处的气压低

于吸盘腔内的气压，于是腔内的气体被高速气流带走形成负压，完成取物动作；当需要释放时，切断压缩空气即可。

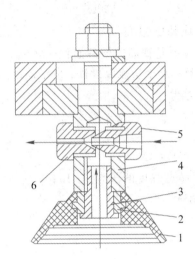

1—橡胶吸盘；2—心套；3—透气螺钉；4—支承杆；5—喷嘴；6—喷嘴套

图 2.26　气流负压吸附取料手结构图

如图 2.27 所示，当气源和电磁阀 2 的左位工作时，压缩空气从真空发生器 3 左侧进入，并产生主射流，主射流卷吸周围静止的气体一起向前流动，从真空发生器 3 的右口流出。于是在射流的周围形成了一个低压区，接收气爪 6 室内的气体被吸进来与其相融合在一起流出，在接收室内及吸头处形成负压，当负压达到一定值时，可将工件吸起来，此时压力开关 5 可发出一个工件已被吸起的信号。

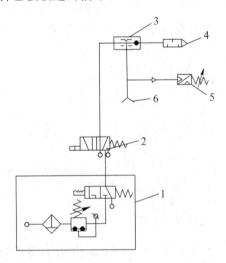

1—气源；2—电磁阀；3—真空发生器；4—消声器；5—压力开关；6—气爪

图 2.27　气流负压吸附取料手气路原理图

（3）挤气负压式吸盘。挤气负压式吸盘不需要配备复杂的进、排气系统，因此系统构成较简单，成本也较低。但由于吸力不大，仅适用于吸附轻小的片状工件。

图 2.28 所示为挤压式取料手结构图。其工作原理为：取料时吸盘压紧物体，橡胶吸盘变形，挤出腔内多余的空气，取料手上升，靠橡胶吸盘的恢复力形成负压，将物体吸住；释放时，压下拉杆，使吸盘腔与大气相连通而失去负压。该取料手结构简单，但吸附力小，吸附状态不易长期保持。

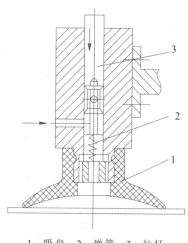

1—吸盘；2—弹簧；3—拉杆

图 2.28　挤压式取料手结构图

2）气吸式手部的设计要点

吸力大小与吸盘的直径大小、吸盘内的真空度（或负压大小），以及吸盘的吸附面积的大小有关。工件被吸附表面的形状和表面不平度也对其有一定的影响，设计时要充分考虑上述各种因素，以保证有足够的吸附力。应根据被抓取工件的要求确定吸盘的形状。由于气吸式手部多吸附薄片状的工件，因此可用耐油橡胶压制成不同尺寸的盘状吸头。

3）气吸式手部的吸力计算

吸盘吸力的大小主要取决于真空度（或负压的大小）与吸附面积的大小。气流负压式吸盘的气流压力与流量、挤气负压式吸盘内腔的大小等对吸盘均有影响。在计算吸盘吸力时，应根据实际的工作状态，对计算吸力进行必要的修正。

对于真空吸盘来说，吸盘吸力 F 可计算为

$$F = \frac{nDx^2\pi}{4K_1K_2K_3}\frac{H}{76}$$

式中：F——盘吸力（N）；

　　　H——真空度（mmHg）；

　　　n——吸盘数量；

　　　D——吸盘直径（cm）；

　　　K_1——安全系数，一般取 1.2～2；

　　　K_2——工况系数，一般取 1.1～2.5；

　　　K_3——方位系数。吸附水平放置的工件时，$K_3=1$；吸附垂直放置的工件时，$K_3=1/\mu$（μ 为摩擦因数），吸盘材料为橡胶，工件材料为金属时取 $\mu=0.5\sim0.8$。

2.3.3　专用末端操作器和换接器

1. 专用末端操作器

机器人是一种通用性很强的自动化设备，可根据作业要求完成各种动作，再配上各种专用的末端操作器后，就能完成各种动作。如在通用机器人上安装焊枪就成为一台焊接机器人，安装螺母机则成为一台装配机器人。

目前有许多由专用电动、气动工具改型而成的操作器，如图 2.29 所示，有拧螺母机、焊枪、电磨头、电铣头、抛光头和激光切割机等，所形成的一整套系列供用户选用，使机器人能胜任各种工作。图 2.29 中还有一个装有电磁吸盘式换接器的机器人手腕，电磁吸盘直径为 60 mm，质量为 1 kg，吸力为 1100 N，换接器可接通电源、信号、压力气源和真空源，电插头有 18 芯，气路接头有 5 路。为了保证连接位置精度，设置了两个定位销。在各末端操作器的端面装有换接器座，平时放置于工具架上，需要使用时机器人手腕上的换接器吸盘可从正面吸牢换接器座，接通电源和气源，然后从侧面将末端操作器退出工具架，机器人便可进行作业。

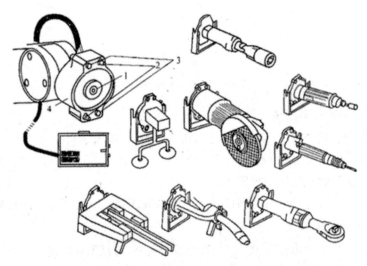

1—气路接口；2—定位销；3—电接头；4—电磁吸盘

图 2.29　各种专用末端操作器和电磁吸盘式换接器

2. 换接器

对于通用机器人来说，要在作业时能自动更换不同的末端操作器，就需要配置具有快速装卸功能的换接器。换接器通常由两部分组成：换接器插座和换接器插头，分别装在机器人腕部和末端操作器上，能够实现机器人对末端操作器的快速自动更换。

对换接器的要求主要有：同时具备气源、电源及信号的快速连接与切换能力；能承受末端操作器的工作载荷；在失电、失气情况下，机器人停止工作时不会自行脱离；具有一定的换接精度等。

图 2.30 所示为气动换接器与专用末端操作器库。该换接器也分成两部分：一部分装在手腕上，称为换接器；另一部分装在末端操作器上，称为配合器。利用气动锁紧器将两部分进行连接，并具有就位指示信号以表示电路、气路是否接通。

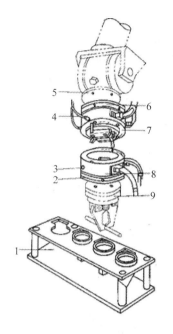

1——末端操作器库；
2、6——过渡法兰；
3——位置指示灯；
4——气路；
5——连接法兰；
7——换接器；
8——换接器配合端；
9——末端操作器

图 2.30　气动换接器与专用末端操作器库

3. 多工位换接装置

某些机器人的作业任务相对较为集中，需要换接一定量的末端操作器，又不必配备数量较多的末端操作器库。这样可以在机器人手腕上设置一个多工位换接装置。例如，在机器人柔性装配线某个工位上，机器人要依次装配如垫圈、螺钉等几种零件，装配采用多工位换接装置，可以从几个供料处依次抓取几种零件，然后逐个进行装配，既可以节省几台专用机器人，又可以避免通用机器人频繁换接操作器并且节省装配作业时间。

多工位换接装置示意图如图 2.31 所示，就像数控加工中心的刀库一样，有棱锥型和棱柱型两种形式。棱锥型换接装置可保证手爪轴线和手腕轴线一致，受力较合理，但其传动机构较为复杂；棱柱型换接器传动机构较为简单，但其手爪轴线和手腕轴线不能保持一致，受力不均。

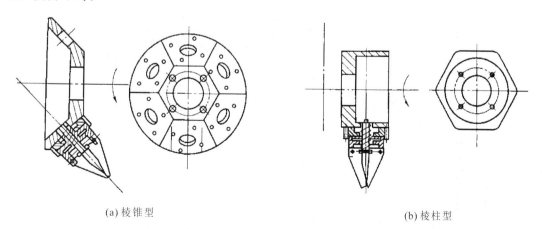

(a) 棱锥型　　　　　　　　　　　　　　　　　(b) 棱柱型

图 2.31　多工位换接装置

2.3.4　仿生多指灵巧手

夹钳式取料手不能适应物体外形变化，不能使物体表面承受比较均匀的夹持力，因此无法对复杂形状、不同材质的物体实施夹持和操作。为了提高机器人手爪和手腕的操作能力、灵活性和快速反应能力，使机器人能像人手那样进行各种复杂的作业，如装配作业、维修作业和设备操作等，就必须有一个运动灵活、动作多样的灵巧手。

1. 柔性手

为了能对不同外形的物体实施抓取，并使物体表面受力比较均匀，因此研制出了柔性手。

图 2.32 所示为多关节柔性手，每个手指由多个关节串联而成。手指传动部分由牵引钢丝组及摩擦滚轮组成，每个手指由两根钢丝绳牵引，一侧为握紧，另一侧为放松。驱动源可采用电动机驱动或液压、气动元件驱动。柔性手可抓取凹凸不平的物体，并使物体受力较为均匀。

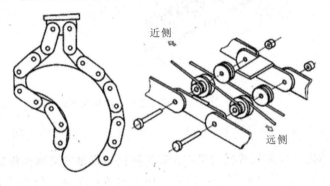

图 2.32　多关节柔性手

如图 2.33 所示为用柔性材料做成的柔性手，由工件 1、手指 2、电磁阀 3 和液压缸 4 等构成。该手一端固定，另一端为自由端的双管合一的柔性管状手爪；当一侧管内充液、另一侧管内抽液时形成压力差，柔性手爪就向抽空侧弯曲。此种柔性手适用于抓取轻型、圆形物体，如玻璃器皿等。

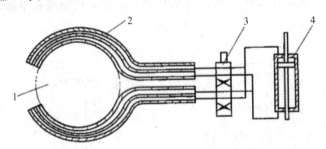

1—工件；2—手指；3—电磁阀；4—液压缸

图 2.33　柔性手

2. 多指灵巧手

多指灵巧手是指具有 3 个及其以上手指的机械手。它的较完美的形式是模仿人类的 5 指手。多指灵巧手作为人类活动肢体的有效延伸，能够完成灵活、精细的抓取操作。从 20

世纪后半期开始，多指灵巧手作为机器人领域的热门研究方向之一，被各国的科技人员所研究。例如，日本 Gifu 大学于 2002 年研制的 Gifull，如图 2.34 所示，有 5 个手指、16 个自由度；每个手指有 3 个自由度，末端的两个关节通过连杆耦合运动，拇指另有一个相对手掌和其余 4 指开合的自由度，类似人手的拇指。Gifull 采用集成在手内部的微型直流电动机驱动，具有指尖 6 维力/力矩、触觉等感知功能。

　　HIT/DLR 手（多指手）是哈尔滨工业大学（HIT，简称"哈工大"）和德国宇航中心（DLR）合作开发的多指多感知机器人灵巧手。2004 年和 2008 年分别研制成功了 HIT/DLR - Ⅰ型手和 HIT/DLR - Ⅱ型手。HIT/DLR - Ⅰ型手由 4 个相同的模块化手指组成，每个手指有 4 个关节、3 个自由度，拇指另有一个相对手掌开合的自由度，共有 13 个自由度；采用商业化的直流无刷电动机驱动，具有位置（电动机/关节）、关节力矩、指尖 6 维力/力矩、温度等多种感知功能，所有的驱动、减速、传感及电气等都集成在手掌或手指内，图 2.35 所示的 HIT/DLR - Ⅰ型多指灵巧手具有拟人手形的外观，基于多层 FPGA 和 DSP 实现了灵巧手的高速串行通信和实时控制，质量为 1.8 kg，体积大约是人手的 1.5 倍。HIT/DLR - Ⅱ型手由 5 个相同的模块化手指组成，共具有 15 个自由度，采用体积小、重量轻的盘式电动机驱动和谐波减速器及同步带的传动方案，具有 CAN、PPSECO（点对点高速串行通信）、Internet 等多种通信接口，将 PCI - DSP 控制卡集成到手掌内，利用更高容量的 FPGA 芯片和 NOS 双核处理器，实现灵巧手的实时通信和多种通信接口。其质量为 1.5 kg，体积与人手相当，在手指数目、体积、重量、集成度、电气接口等方面，相对柔性手有较大的提高，更加仿人手化。

图 2.34　日本 Gifu 大学研制的多指灵巧手　　　　　图 2.35　哈工大研制的多指灵巧手

　　随着世界科技的发展，机器人多指灵巧手正在日益朝着具有柔顺灵巧的操作功能，具有力觉、触觉、视觉等智能化方向发展。多指灵巧手的应用前景将更加广泛，不仅可以在核工业领域和宇宙空间作业，而且可以在高温、高压、高真空等各种极限环境下完成人无法实现的操作。

2.3.5　其他手

1. 弹性力手爪

　　弹性力手爪的特点是其夹持物体的抓力是由弹性元件提供的，不需要专门的驱动装置，在抓取物体时需要一定的压力，而在卸料时，则需要一定的拉力。图 2.36 所示为一种弹性力手爪的结构原理图，图中的手爪有一个固定爪 1 和另一个活动爪 6，靠压簧 4 提供抓力，活动爪绕轴 5 回转，空手时其回转角度由接触面 2、3 限制。抓物时，活动爪 6 在推力作用下张开，靠爪上的凹槽和弹性力抓取物体；卸料时，需固定物体的侧面，手爪用力拔出即可。

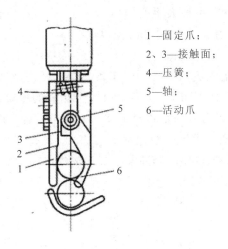

1—固定爪；

2、3—接触面；

4—压簧；

5—轴；

6—活动爪

图 2.36　弹性力手爪

2. 摆动式手爪

摆动式手爪的特点是在手爪的开合过程中，其手爪的运动状态是绕固定轴摆动的，结构简单，使用较广，适合于圆柱表面物体的抓取。图 2.37 所示为一种摆动式手爪的结构原理图。这是一种连杆摆动式手爪，活塞杆移动时，通过连杆带动手爪回绕同一轴摆动，以完成开合动作。

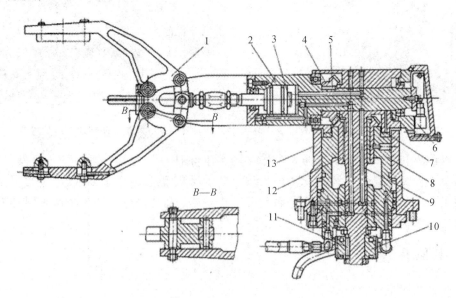

1—手爪；2—夹紧液压缸；3—活塞杆；4、12—锥齿轮；5、11—键；6—行程开关；7—推力轴承垫；
8—活塞套；9—主体轴；10—圆柱齿轮；13—升降液压缸体

图 2.37　摆动式手爪

3. 钩托式手

图 2.38 所示为钩托式手部结构示意图。钩托式手部不是靠外部施加的夹紧力来夹持工件，而是利用工件本身的重量，通过手指对工件的钩、托、捧等动作来托持工件。应用钩托方式可降低对驱动力的要求，简化手部结构，甚至可以省略手部驱动装置。该手部适用于在水平面内和垂直面内搬运大型笨重的工件或结构粗大而重量较轻且易变形的物体。钩托式手部又分为无驱动装置的手部和有驱动装置的手部两种类型。

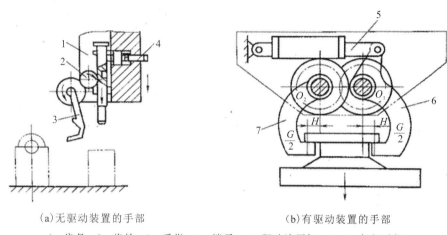

(a)无驱动装置的手部　　　　　　　　(b)有驱动装置的手部

1—齿条；2—齿轮；3—手指；4—销子；5—驱动液压缸；6、7—杠杆手指

图 2.38　钩托式手部结构示意图

2.4　工业机器人手腕

机器人手腕是连接末端操作器和手臂的部件。它的作用是调节或改变工件的方位，因而它具有独立的自由度，以使机器人末端操作器适应复杂的动作要求。

机器人一般需要 6 个自由度才能使手部达到目标位置并处于期望的姿态。为了使手部能处于空间任意方向，要求腕部能实现对空间 3 个坐标轴 x、y、z 的转动，即具有翻转、俯仰和偏转 3 个自由度，如图 2.39 所示。通常也把手腕的翻转称为 Roll，用 R 表示；把手腕的俯仰称为 Pitch，用 P 表示；把手腕的偏转称为 Yaw，用 Y 表示。

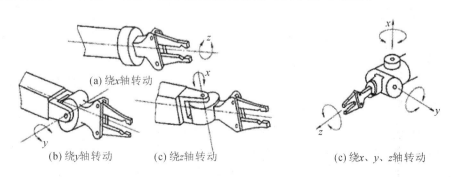

(a) 绕x轴转动

(b) 绕y轴转动　　(c) 绕z轴转动　　　　　　(c) 绕x、y、z轴转动

图 2.39　手腕自由度示意图

2.4.1　手腕的分类

1. 按自由度数目来分

手腕按自由度数目来分，可分为单自由度手腕、双自由度手腕和三自由度手腕。

（1）单自由度手腕。单自由度手腕如图 2.40 所示。图 2.40(a)是一种翻转（Roll）关节（简称 R 关节），它把手臂纵轴线和手腕关节轴线构成共轴形式。这种 R 关节旋转角度大，可达到 360°以上。图 2.40(b)是一种折曲（Bend）关节（简称 B 关节），关节轴线与前后两个连接件的轴线相垂直。这种 B 关节因为受到结构上的干涉，旋转角度小，大大限制了方向角。图 2.40(c)所示为移动关节。

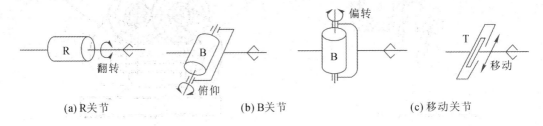

图 2.40　单自由度手腕示意图

（2）双自由度手腕。双自由度手腕如图 2.41 所示。双自由度手腕可以由一个 B 关节和一个 R 关节组成 BR 手腕（见图 2.41(a)）；也可以由两个 B 关节组成 BB 手腕（见图 2.41(b)）。但是，不能由两个 R 关节组成 RR 手腕，因为两个 R 关节共轴线，所以退化了一个自由度，实际只构成了单自由度手腕（见图 2.41(c)）。

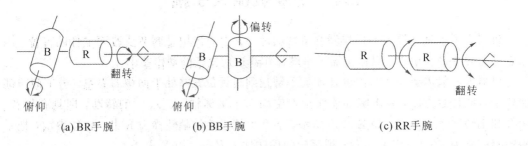

图 2.41　双自由度手腕示意图

（3）三自由度手腕。三自由度手腕如图 2.42 所示。三自由度手腕可以由 B 关节和 R 关节组成多种形式。图 2.42(a)所示是通常见到的 BBR 手腕，使手部具有俯仰、偏转和翻转运动，即 RPY 运动。图 2.42(b)所示是由一个 B 关节和两个 R 关节组成的 BRR 手腕，为了不使自由度退化，使手部产生 RPY 运动，第一个 R 关节必须进行如图中所示的偏置。图 2.42(c)所示是由 3 个 R 关节组成的 RRR 手腕，它也可以实现手部 RPY 运动。图 2.42(d)所示是 BBB 手腕，很明显，它已退化为双自由度手腕，只有 PY 运动，实际中并不采用这种手腕。此外，B 关节和 R 关节排列的次序不同，也会产生不同的效果，同时产生了其他形式的三自由度手腕。为了使手腕结构紧凑，通常把两个 B 关节安装在一个十字接头上，这对于 BBR 手腕来说，大大减小了手腕纵向尺寸。

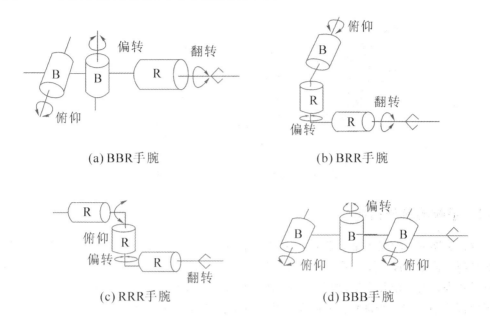

(a) BBR 手腕　　　　　　(b) BRR 手腕

(c) RRR 手腕　　　　　　(d) BBB 手腕

图 2.42　三自由度手腕示意图

2. 按驱动位置来分

手腕按驱动位置来分，可分为直接驱动手腕和间接远距离传动手腕。

图 2.43 所示为 Moog 公司的一种液压直接驱动 BBR 手腕，设计紧凑巧妙。M_1、M_2、M_3 是液压马达，直接驱动手腕的偏转、俯仰和翻转三个自由度。

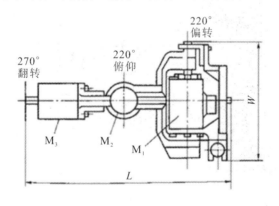

图 2.43　直接驱动型 BBR 手腕示意图

图 2.44 所示为一种远距离传动的 RBR 手腕。Ⅲ轴的转动使整个手腕翻转，即第一个 R 关节运动；Ⅱ轴的转动使手腕获得俯仰运动，即第二个 B 关节运动；Ⅰ轴的转动即第三个 R 关节运动。当 c 轴离开纸平面后，RBR 手腕便在三个自由度轴上输出 RPY 运动。这种远距离传动的好处是可以把尺寸、重量数值都较大的驱动源放在远离手腕处，有时放在手臂的后端做平衡重量用，这样不仅减轻了手腕的整体重量和转动惯量，而且改善了机器人整体结构的平衡性。

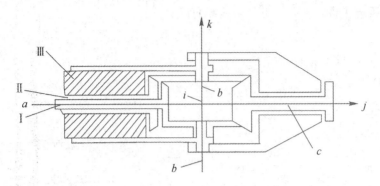

图 2.44　远距离传动 RBR 手腕示意图

2.4.2　手腕的典型结构

　　设计手腕时，除应满足启动和传送过程中所需的输出力矩外，还要求手腕结构简单，紧凑轻巧，避免干涉，传动灵活。多数情况下，要求将腕部结构的驱动部分安排在小臂上，使外形整齐；设法使几个电动机的运动传递到同轴旋转的心轴和多层套筒上去，运动传入腕部后再分别实现各个动作。下面介绍几个常见的机器人手腕结构。

　　图 2.45 所示为双手悬挂式机器人实现手腕回转和左右摆动的结构图。A—A 剖面所表示的是油缸外壳转动而中心轴不动，以实现手腕的左右摆动；B—B 剖面所表示的是油缸外壳不动而中心轴回转，以实现手腕的回转运动。

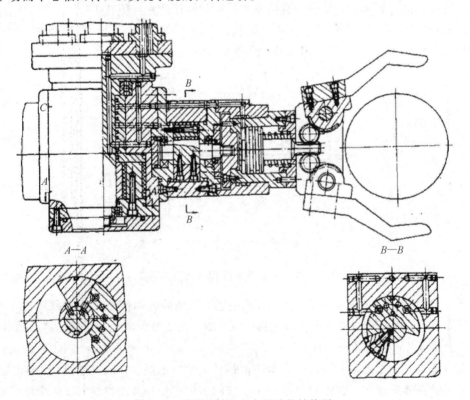

图 2.45　手腕回转和左右摆动的结构图

　　图 2.46 所示为 PT-600 型弧焊机器人手腕部结构图和传动原理图。由图可以看出，这是一个具有腕摆与手转两个自由度的手腕结构，其传动路线为：腕摆电动机通过同步齿形带传动带动腕摆谐波减速器 7，减速器的输出轴带动腕摆框 1 实现腕摆运动；手转电动机通过同步齿形带传动带动手转谐波减速器 10，减速器的输出通过一对锥齿轮 9 实现手转运动。需要注意的是，当腕摆框摆动而手转电动机不转时，连接末端操作器的锥齿轮在另一锥齿轮上滚动，将产生附加的手转运动，在控制上要进行修正。

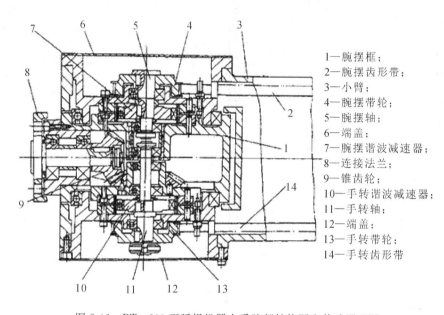

1—腕摆框；
2—腕摆齿形带；
3—小臂；
4—腕摆带轮；
5—腕摆轴；
6—端盖；
7—腕摆谐波减速器；
8—连接法兰；
9—锥齿轮；
10—手转谐波减速器；
11—手转轴；
12—端盖；
13—手转带轮；
14—手转齿形带

图 2.46　PT-600 型弧焊机器人手腕部结构图和传动原理图

　　图 2.47 所示为 KUKAIR-662/100 型机器人的手腕传动原理图。这是一个具有三个自由度的手腕结构，关节配置形式为臂转、腕摆、手转结构。其传动链分成两部分：一部分在机器人小臂壳内，三个电动机的输出通过带传动分别传递到同轴传动的心轴、中间套、外套筒上；另一部分传动链安排在手腕部，图 2.48 所示为手腕部分的装配图。

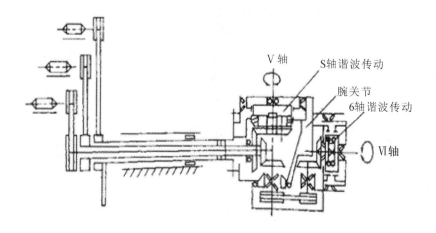

图 2.47　KUKA IR-662/100 型机器人手腕传动原理图

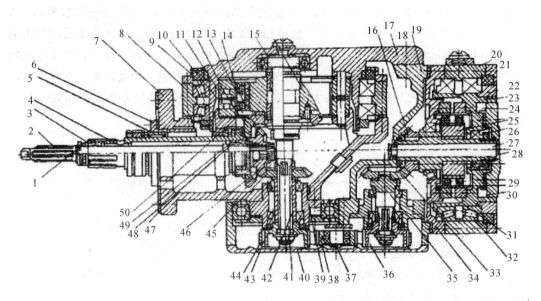

1—轴承；2—中心轴；3、5、42、43、49-轴套；4、28—空心轴；6、8、20、32、47—端盖；7—手腕壳体；
9、15、21、22、26、50—压盖；10、31-定轮；11、24—动轮；12、13、45、46—锥齿轮；14—柔轮；
16、25—波发生器；17、33—锥齿轮传动；18、40—盖；19—腕摆壳体；23—安装架；27—轴；29—柔轮；
30—法兰盘；34—底座；35、41—花键轴；36、44—同步齿形带传动；37、48—轴；38—轴承套；39—固定架

图 2.48　KUKA IR - 662/100 型机器人手腕装配图

其传动路线为：

（1）臂转运动。臂部外套筒与手腕壳体 7 通过端面法兰连接，外套筒直接带动整个手腕旋转完成臂转运动。

（2）腕摆运动。臂部中间套通过花键与空心轴 4 连接，空心轴另一端通过一对锥齿轮 12、13 带动腕摆谐波减速器的波发生器 16，波发生器上套有轴承和柔轮 14，谐波减速器的定轮 10 与手腕壳体相连，动轮 11 通过盖 18 和腕摆壳体 19 相固接，当中间套带动空心轴旋转时，腕摆壳体做腕摆运动。

（3）手转运动。臂部心轴通过花键与腕部中心轴 2 连接，中心轴的另一端通过一对锥齿轮 45、46 带动花键轴 41，花键轴的一端通过同步齿形带传动 44、36 带动花键轴 35，再通过一对锥齿轮传动 33、17 带动手转谐波减速器的波发生器 25，波发生器上套有轴承和柔轮 29，谐波减速器的定轮 31 通过底座 34 与腕摆壳体相连，动轮 24 通过安装架 23 与连接手部的法兰盘 30 相固定，当臂部心轴带动腕部中心轴旋转时，法兰盘做手转运动。

然而，臂转、腕摆、手转三个运动并不是相互独立的，彼此之间存在较复杂的干涉现象。当中心轴 2 和空心轴 4 固定不转仅有手腕壳体 7 做臂转运动时，由于锥齿轮 12 不转，锥齿轮 13 在其上滚动，因此有附加的腕转运动输出；同理，锥齿轮 45 在锥齿轮 46 上滚动时，也产生附加的手转运动。当中心轴 2 和手腕壳体 7 固定不转、空心轴 4 转动使手腕做腕摆运动时，也会产生附加的手转运动。这些在最后需要通过控制系统进行修正。

2.4.3　柔顺手腕结构

在用机器人进行的精密装配作业中，被装配零件之间的配合精度相当高。被装配零件的不一致性或工件的定位夹具和机器人手爪的定位精度无法满足装配要求时，会导致装配困难，因此提出了装配动作的柔顺性要求。

柔顺性装配技术有两种：一种是从检测、控制的角度，采取各种不同的搜索方法，实现边校正边装配。有的手爪还配有检测元件，如视觉传感器、力传感器等，这就是主动柔顺装配。另一种是从结构的角度，在手腕配置一个柔顺环节，以满足柔顺装配的需要。这种柔顺装配技术称为被动柔顺装配。

图 2.49 所示是具有水平浮动和摆动浮动机构的柔顺手腕。水平浮动机构由平面、钢球和弹簧构成，实现在两个方向上的浮动；摆动浮动机构由上、下球面和弹簧构成，实现两个方向的摆动。其在装配作业中如遇夹具定位不准或机器人手爪定位不准则可自行校正。其动作过程如图 2.50 所示，在插入装配中工件局部被卡住时，将会受到阻力，促使柔顺手腕起作用，手爪产生一个微小的修正量，使工件能顺利插入。图 2.51 所示是采

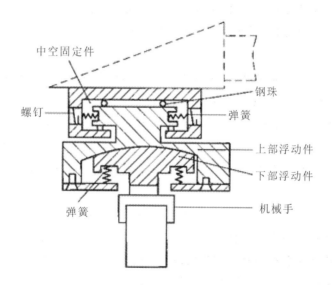

图 2.49　具有水平浮动和摆动浮动机构的柔顺手腕

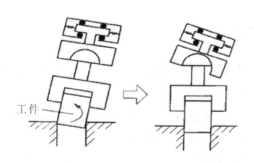

图 2.50　柔顺手腕动作过程

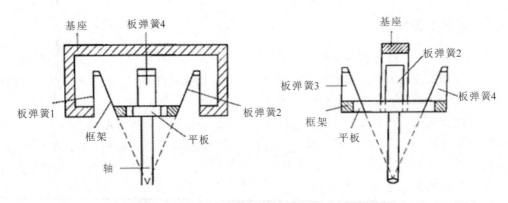

图 2.51　板弹簧柔顺手腕

2.5　工业机器人手臂

用板弹簧作为柔性元件的柔顺手腕，在基座上通过板弹簧1、板弹簧2连接框架，框架另两个侧面上通过板弹簧3、板弹簧4连接平板和轴，装配时通过4块板弹簧的变形实现柔顺性装配。

机器人手臂是支承手部和腕部，并改变手部空间位置的机构，是机器人的主要部件之一。手臂一般有2~3个自由度，即伸缩、回转、俯仰或升降。臂部的重量较重，受力一般也比较复杂：在运动时，直接承受腕部、手部和工件（或工具）的静、动载荷；尤其在高速时，将产生较大的惯性力或惯性力矩，引起冲击，影响定位的准确性。臂部运动部分零件的重量直接影响着臂部结构的刚度和强度。臂部一般与控制系统和驱动系统一起安装在机身（即机座）上。

一般机器人手臂有三个自由度，即手臂的伸缩、左右回转和升降（或俯仰）运动。手臂回转和升降运动是通过机座的立柱实现的，立柱的横向移动即为手臂的横移。手臂的各种运动通常由驱动机构和各种传动机构来实现，因此它不仅承受被抓取工件的重量，而且承受末端操作器、手腕和手臂自身的重量。手臂的结构、工作范围、灵活性、抓重大小（即臂力）和定位精度都直接影响机器人的工作性能。

2.5.1　直线运动机构手臂

机器人手臂的伸缩、升降及横向（或纵向）移动均属于直线运动，而实现手臂直线往复运动的机构形式较多，常用的有活塞液压（气）缸、齿轮齿条机构、丝杠螺母机构等。直线往复运动可采用液压或气压驱动的活塞缸。由于活塞液压（气）缸的体积小、重量轻，因而在机器人手臂结构中应用较多。图2.52所示为双导向杆手臂伸缩结构示意图。手臂和手腕是通过连接板安装在升降液压缸的上端，当双作用液压缸1的两腔分别通入液压油时，将推动活塞杆2（即手臂）做直线往复移动。导向杆3在导向套4内移动，以防手臂伸缩时的转动(并兼作手腕回转缸 6 及手部的夹紧液压缸 7 的输油管道)。由于手臂的伸缩液压缸安装在两根导向杆之间,由导向杆承受弯曲作用,活塞杆只受拉压作用,因此具有受力简单、传动平稳、外形整齐美观、结构紧凑的优点。

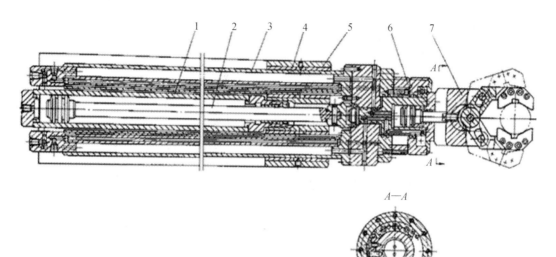

1—双作用液压缸;2—活塞杆;3—导向杆;4—导向套;5—支承座;
6—手腕回转缸;7—手部的夹紧液压缸

图 2.52　双导向杆手臂伸缩结构示意图

2.5.2　回转运动机构手臂

实现机器人手臂回转运动的机构形式是多种多样的,常用的有叶片式回转缸、齿轮传动机构、链轮传动机构和连杆机构。下面以齿轮传动机构中活塞缸和齿轮齿条机构为例说明手臂的回转。齿轮齿条机构是通过齿条的往复移动,带动与手臂连接的齿轮做往复回转,即可实现手臂的回转运动。带动齿条往复移动的活塞缸可以由液压油或压缩气体驱动。

图 2.53 所示为手臂做升降和回转运动的结构示意图。活塞液压缸两腔分别进液压油推动齿条活塞 7 做往复移动(见 $A-A$ 剖面),与齿条活塞 7 啮合的齿轮 4 即做往复回转。由于齿轮 4、升降缸体 2、连接板 8 均用螺钉连接成一体,连接板又与手臂固连,从而实现手臂的回转运动。升降缸体的活塞杆通过连接盖 5 与机座 6 连接而固定不动,升降缸体 2 沿导向套 3 做上下移动,因升降缸体外部装有导向套,故刚性好,传动平稳。

图 2.54 所示为采用活塞缸和连杆机构的一种双臂机器人手臂结构示意图,手臂的上下摆动由铰接活塞液压缸和连杆机构来实现。当铰接活塞液压缸 1 的两腔通液压油时,通过连杆 2 带动曲杆 3(即手臂)绕轴心做 90°的上下摆动(如图中细双点画线所示位置)。手臂下摆到水平位置时,其水平和侧向的定位由支承架 4 上的定位螺钉 6 和 5 来调节。此手臂结构具有传动结构简单、紧凑和轻巧等特点。

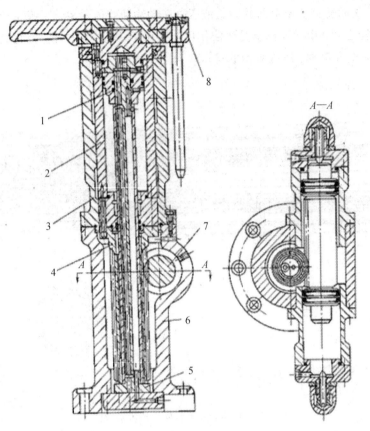

1—活塞杆；2—升降缸体；3—导向套；4—齿轮；5—连接盖；6—机座；7—齿条活；塞8—连接板

图 2.53　手臂做升降和回转运动的结构示意图

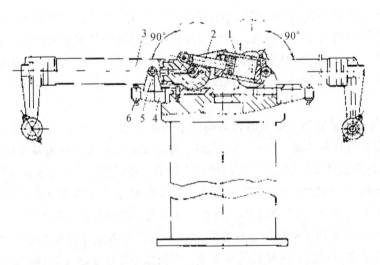

1—铰接活塞液压缸；2—连杆(即活塞杆)；3—曲杆(即手臂)；4—支承架；5、6—定位螺钉

图 2.54　双臂机器人手臂结构示意图

　　机器人手臂的俯仰运动一般采用活塞液压(气)缸与连杆机构联用来实现。手臂的俯仰
运动使用的活塞缸位于手臂的下方,其活塞杆和手臂用铰链连接,缸体采用尾部耳环或中
部销轴等方式与立柱连接,如图 2.55 和图 2.56 所示。此外,还有采用无杆活塞缸驱动齿轮
齿条或四连杆机构实现手臂俯仰运动的。

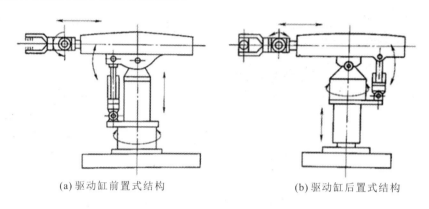

(a) 驱动缸前置式结构　　　　　　　　　　　　(b) 驱动缸后置式结构

图 2.55　驱动缸带动手臂俯仰运动结构示意图

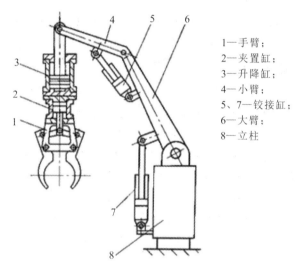

1—手臂;
2—夹置缸;
3—升降缸;
4—小臂;
5、7—铰接缸;
6—大臂;
8—立柱

图 2.56　铰接活塞缸实现手臂俯仰运动结构示意图

2.5.3　复合运动机构手臂

　　手臂的复合运动机构,不仅使机器人的传动结构简单,而且可简化驱动系统和控制系
统,并使机器人传动准确,工作可靠,因而在动作程序固定不变的专用机器人上应用得比
较多。除手臂能实现复合运动外,手腕与手臂的运动也能组成复合运动。

　　手臂和手臂(或手腕)的复合运动,可以由动力部件(如活塞缸、回转缸和齿条活塞缸
等)与常用机构(如凹槽机构、连杆机构和齿轮机构等)按照手臂的运动轨迹或手臂和手腕
的动作要求进行组合。下面分别介绍手臂及手臂与手腕的复合运动。

1. 手臂的复合运动

　　图 2.57(a)所示为曲线凹槽机构手臂结构。当活塞液压缸 1 通入液压油时,推动铣有 N

形凹槽的活塞杆 2 右移，由于销轴 6 固定在前盖 3 上，因此，滚套 7 在活塞杆的 N 形凹槽内滚动，迫使活塞杆 2 既做移动又做回转运动，以实现手臂 4 的复合运动。

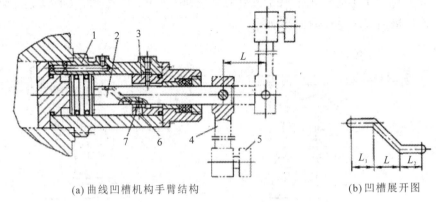

(a) 曲线凹槽机构手臂结构　　　　　　　　　(b) 凹槽展开图

1—活塞液压缸；2—活塞杆；3—前盖；4—手臂；5—手部；6—销轴；7—滚套

图 2.57　用曲线凹槽机构实现手臂复合运动的结构图

活塞杆 2 上的凹槽展开图如图 2.57(b)所示。其中，L_1 直线段为机器人取料过程；L 曲线段为机器人送料回转过程；L_2 直线段为机器人向卡盘内送料过程。当机床卡盘夹紧工件后立即发出信号，使活塞杆反向运动，退至原位等待上料，从而完成自动上料。

2. 手臂与手腕的复合运动

图 2.58 所示为由行星齿轮机构组成手臂和手腕回转运动的机构结构图和运动简图。如图 2.58(a)所示，齿条活塞液压缸驱动圆柱齿轮 10 回转，经键 5 带动主轴体 9(即行星架)回转，装在主轴体 9 上的手部 1 和锥齿轮 4 均绕主轴体的轴线回转，其中锥齿轮 4 和锥齿轮 12 相啮合，而锥齿轮 12 相对手臂升降液压缸体 13 的活塞套 8 是不动的，因此，锥齿轮 12 是"固定"太阳轮。锥齿轮 4 随同主轴体 9 绕主轴体的轴线公转时，迫使它又绕自身轴线自转，即锥齿轮 4 做行星运动，故称为行星轮。锥齿轮 4 的自转，经键 5 带动手部 1 的夹紧液压缸 2 回转，即为手腕回转运动。由于手臂的回转，通过锥齿轮行星机构使手腕回转。图 2.58(b)、(c)、(d)所示分别为手臂的结构图、运动简图和矢量图。

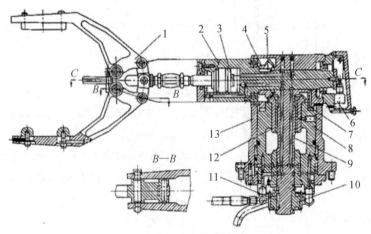

(a) 手臂和手腕的结构图

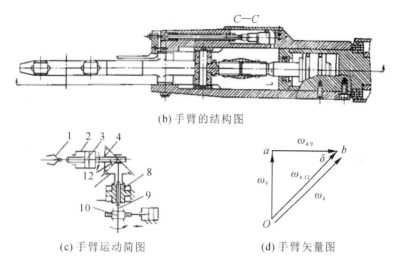

(b) 手臂的结构图

(c) 手臂运动简图   (d) 手臂矢量图

1—手部；2—夹紧液压缸；3—活塞杆；4、12—锥齿轮；5、11—键；6—行程开关；

7—轴承垫；8—活塞套；9—主轴体；10—圆柱齿轮；13—升降液压缸体

图 2.58   由行星齿轮机构组成手臂和手腕回转运动的机构结构图和运动简图

2.6   工业机器人机座

机器人机座可分成固定式和行走式两种，一般的工业机器人为固定式的。但随着海洋科学、核能工业及宇宙空间事业的发展，移动机器人和自动行走机器人的应用也越来越多。

2.6.1   固定式机座

固定式机器人的机座直接连接在地面基础上，也可固定在机身上。如图 2.59 所示的美国 PUMA - 262 型机器人为垂直多关节型机器人，主要包括立柱回转(第一关节)的二级齿轮减速传动，减速箱体即为基座。

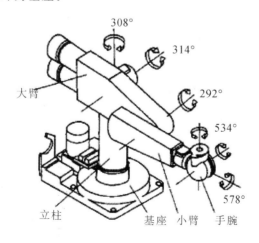

图 2.59   PUMA - 262 型机器人

PUMA - 262 型机器人的传动路线为：电动机 11 输出轴上装有电磁制动闸 16，然后连接轴齿轮 18；轴齿轮与双联齿轮 20 啮合，双联齿轮的另一端与大齿轮 4 啮合；电动机转动时，通过二级齿轮传动使主轴 6 回转。基座 2 是一个整体铝铸件，电动机通过连接板 12 与基座固定，轴齿轮通过轴承和固定套 17 与基座相连，双联齿轮安装在中间轴 19 上，中间轴通过两个轴承安装在基座上。主轴是个空心轴，通过两个轴承、立柱 7 和压环 5 与基座固定。立柱是一个薄壁铝管，主轴上方安装大臂部件，基座上还装有小臂零位定位用的支架 9 以及两个控制末端操作器手爪动作的空气阀门 15 和气管接头 14 等。

2.6.2　行走式机座

1. 车轮式行走机构

车轮式行走机构具有运动平稳、能耗小以及容易控制移动速度和方向等优点，因此得到普遍的应用。目前应用较广的主要是三轮式和四轮式行走机构。

三轮式行走机构具有一定的稳定性，其设计难点是移动方向的控制。典型车轮的配置方法是一个前轮和两个后轮，由前轮作为操纵舵来改变方向，后轮（或前轮）驱动；另一种配置方法是，用后面两轮独立驱动，前轮仅起支承作用，并靠两后轮的转速差来改变运动方向。图 2.60 所示为三轮式行走和转弯机构示意图，图 2.60(a) 所示为由一个驱动轮和转向机构来转弯，图 2.60(b) 所示为由两个驱动轮转速差来转弯。

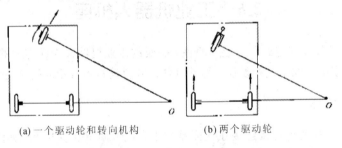

(a) 一个驱动轮和转向机构　　　　　(b) 两个驱动轮

图 2.60　三轮式行走和转弯机构示意图

四轮式行走机构也是一种应用较广的移动方式，其优点是承重量大、稳定性好，四个轮子要求同时着地。图 2.61 所示为四轮式行走和转弯机构示意图。图 2.61(a)、(b) 所示是

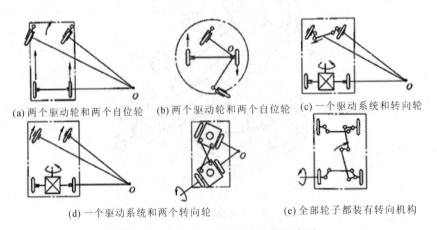

(a) 两个驱动轮和两个自位轮　(b) 两个驱动轮和两个自位轮　(c) 一个驱动系统和转向轮

(d) 一个驱动系统和两个转向轮　　　　(e) 全部轮子都装有转向机构

图 2.61　四轮式行走和转弯机构示意图

两个驱动轮和两个自位轮的机构；图 2.61(c)所示是一个驱动系统和转向轮的移动机构，为了转向，采用四连杆机构，回转中心大致在后轮车轴的延长线上；图 2.61(d)所示是一个驱动系统和两个转向轮的机构，可以独立地进行左右转向，因而可以提高回转精度；图 2.61(e)所示为全部轮子都可以进行转向，能够减小转弯半径。

在四轮式行走机构中，自位轮沿回转轴线回转，直到转到转弯方向为止，这期间驱动轮产生滑动，因而很难求出正确的移动量。另外，在用转向机构改变运动方向时，缺点是在静止状态下会产生较大的阻力。

2. 履带式行走机构

履带式行走机器人如图 2.62 所示。它不仅可以在凸凹不平的地面上行走，而且可以跨越障碍物，能爬一定的台阶等。

类似于坦克的履带式行走机器人，由于没有自位轮，也没有转向机构，要转弯只能靠左右两个履带的速度差，因此不仅在横向，而且在前进方向上也会产生滑动，转弯阻力大，不能准确地确定回转半径等。

形状可变式履带行走机构如图 2.63 所示。该履带形状可以适应台阶形状而改变，比一般履带式行走机器人的动作更为灵活。

 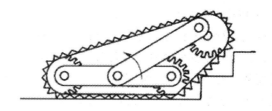

图 2.62　履带式行走机器人示意图　　　图 2.63　形状可变式履带行走机构示意图

3. 步行式行走机构

类似于人或动物，利用脚部关节机构，用步行方式实现移动的机械，称为步行式行走机构。步行机器人采用步行式行走机构，其特征是不仅能够在凸凹不平的地上行走、跨越沟壑、上下台阶，而且具有广泛的适应性，但控制上具有一定的难度。步行式行走机构有两足、三足、四足、六足和八足等形式，其中两足步行机构具有较好的适应性，也最接近人类，故又称为类人双足行走机构。

1）两足步行机构

两足步行机构是多自由度的系统，结构较简单，但其静、动行走性能及稳定性和高速运动性能都很难实现。如图 2.64 所示，两足步行机器人行走机构是一空间连杆机构。在行走过程中，行走机构始终满足静力学的静平衡条件，也就是机器人的重心始终落在接触地面的一只脚上。

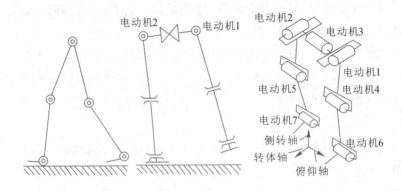

图 2.64 两足步行机器人行走机构示意图

两足步行机器人的动步行有效地利用了惯性力和重力。人的步行就是动步行，动步行的典型例子是踩高跷。高跷与地面只是单点接触，两根高跷不动时在地面站稳是非常困难的，要想原地停留，必须不断踏步，不能总是保持步行中的某种瞬间姿态。

从国内外研究较为成熟的两足步行机器人来看，几乎所有的两足步行机器人腿部都选择 6 自由度的方式（见图 2.65），其分配方式为：髋关节 3 个自由度、膝关节 1 个自由度、踝关节 2 个自由度。由于踝关节缺少了一个旋转自由度，当机器人行走中进行转弯时，只能依靠大腿与上身连接处的旋转来实现，需要先决定转过的角度，并且需要更多的步数来完成行走转弯这个动作。但是这样的设计可以降低踝关节的设计复杂程度，有利于踝关节的机构布置，从而减小机构的空间体积，减小下肢的质量。

2）四足步行机构

四足步行机构静止状态是稳定的，具备一切步行机器人的优点，所以它和六足步行机构一样具有一定的实用性。四足步行机构在步行中，当一只脚抬起、三只脚支承自重时，有必要移动身体，让重心移动到三只脚着地点所组成的三角形内。各脚相应其支点提起、向前伸出、接地、水平向后返回，像这样一连串动作均可由连杆机构来完成，不需要特别的控制。然而，为了适应凸凹不平的地面，每只脚至少要有 2 个自由度，图 2.65（a）所示是四足步行机构的例子。图 2.65（b）是平移与平移间的变换，由于是缩放机构，脚尖的位置容易计算。要实现步行方向的改变和上下台阶，各只脚只要有 3 个自由度就足够了。

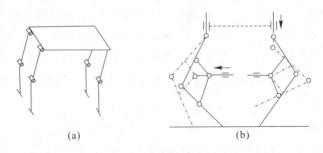

(a)   (b)

图 2.65 四足步行机构举例

3) 六足步行机构

六足步行机构的静稳定步行图如图 2.66 所示。从图中可以看到，为了保持机体以静稳定性的状态向前移动，首先由 A、B、C 三只脚处于立脚相，支承着机体的重量，使重心 G 在△ABC 内，如图 2.66(a)所示；而 D、E、F 三只脚处于游脚相，向前方位置移动；当 D、E、F 三只脚移动预定步长，到达位置 D'、E'、F' 并接触地面时，与 A、B、C 三只脚同时支承着体重，重心自然前移，如图 2.66(b)所示；随着 A、B、C 三只脚的提起，变为游脚相时，体重完全由 D、E、F 三只脚支承，如图 2.67(c)所示；重心 G 继续向前移，而 A、B、C 三只脚则向 A'、B'、C' 处移动，如图 2.66(d)所示。这样六只脚交替着步行，始终保持最少有三只脚着地，而机体重心则始终在所支承的三只脚所形成的三角形内，从而保持着静稳定的状态向前行走。

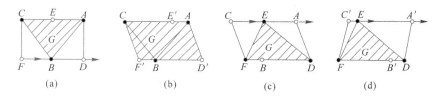

(a)　　　　　　　(b)　　　　　　　(c)　　　　　　　(d)

图 2.66　六足步行机构的静稳定步行图

如果各只脚有 2 个自由度，就可以在凸凹不平的地面上行走。为了能够转变方向，各脚需有 3 个自由度就足够了，如图 2.67 所示是 18 个自由度的六足步行机器人。该机器人可能有相当从容的步态，但总共要有 18 个自由度，包含力传感器、接触传感器和倾斜传感器等在内的稳定的步行控制也是相当复杂的。

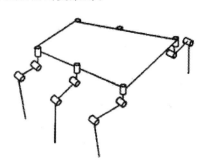

图 2.67　18 个自由度的六足步行机器人

综上所述可知，机器人行走机构按移动功能来分有车轮式、履带式和步行式三种。从运动的灵活性和快速性来考虑，可优先选用车轮式的移动方式；从越障和带载能力来考虑，可优先选用步行式的移动方式；从负重能力和对地面的适应性方面来看，可优先选用履带式的移动方式。

习　题

1. 工业机器人末端操作器的特点是什么？
2. 按工作原理不同，末端操作器大致分为哪几类？

3. 按夹持方式不同，末端操作器有哪几种？

4. 气吸附式取料手有哪几种？

5. 气吸附式取料手与夹钳式取料手相比具有哪些优点？有哪些要求？

6. 试述电磁吸盘的基本原理。

7. 如图 2.68 所示的平移型手爪，此时手爪动作是张开还是合拢？

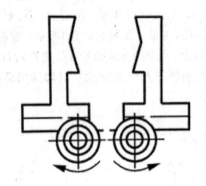

图 2.68　所示的平移型手爪

8. 什么叫 R 手腕、B 手腕？什么叫 RPY 运动？

9. 机器人的手臂有哪些运动形式？

10. 机器人的手臂特征有哪些？

11. 机器人的行走机构有哪些？各有什么特点？

12. 机器人的传动方式有哪些？各有什么特点？

13. 滚动轴承通常由_____、_____、_____和保持架四个主要部件组成。

14. 最适合用在工业机器人的关节部位或者旋转部位的轴承有两大类：一是_____轴承，另一类是_____轴承。

15. 按两轴平行齿轮的轮齿方向分，可分为_____轮、_____轮和_____齿轮。

第 3 章　工业机器人感觉系统

3.1　工业机器人的传感器概述

1. 传感器的定义

传感器(Transducer/Sensor)是一种检测装置，能感受到被测量的信息，并能将感受到的信息按一定规律变换成为电信号或其他所需形式的信息输出，以满足信息的传输、处理、存储、显示、记录和控制等要求。

国家标准 GB7665—87 对传感器下的定义是："能感受规定的被测量并按照一定的规律(数学函数法则)转换成可用信号的器件或装置，通常由敏感元件和转换元件组成。"

中国物联网校企联盟认为，传感器的存在和发展，让物体有了触觉、味觉和嗅觉等感官，让物体慢慢变得活了起来。

2. 工业机器人用传感器的分类

根据传感器输入、输出及工作原理等的不同，可将传感器分成不同的类型。

根据输入物理量可分为位移传感器、压力传感器、速度传感器、温度传感器及气敏传感器等。

根据工作原理可分为电阻式传感器、电感式传感器、电容式传感器及电势式传感器等。

根据输出信号的性质可分为模拟式传感器和数字式传感器。

根据能量转换原理可分为有源传感器和无源传感器。有源传感器将非电量转换为电能量，如电动势、电荷式传感器等；无源传感器不起能量转换作用，只是将被测非电量转换为电参数的量，如电阻式、电感式及电容式传感器等。

3. 传感器的性能指标

灵敏度：沿着传感器测量轴方向对单位振动量输入 x 可获得的电压信号输出值 u，即 $s=u/x$。与灵敏度相关的一个指标是分辨率，这是指输出电压变化量 Δu 可加辨认的最小机械振动输入变化量 Δx 的大小。为了测量出微小的振动变化，传感器应有较高的灵敏度。

使用频率范围：灵敏度随频率而变化的量值不超出给定误差的频率区间，其两端分别为频率下限和上限。为了测量静态机械量，传感器应具有零频率响应特性。传感器的使用频率范围，除了与传感器本身的频率响应特性有关外，还与传感器安装条件有关(主要影响频率上限)。

动态范围：可测量的量程，即灵敏度随幅值的变化量不超出给定误差限的输入机械量的幅值范围。在此范围内，输出电压和机械输入量成正比，所以也称动态范围为线性范围。动态范围一般不用绝对量数值表示，而用分贝作单位，这是被测值变化幅度过大的缘故，以分贝级表示会更方便一些。

相移：输入简谐振动时，输出同频电压信号相对输入量的相位滞后量。相移的存在有可能使输出的合成波形产生畸变，为避免输出失真，要求相移值为零或 π，或者随频率成正比变化。

3.2 位置和位移传感器

3.2.1 电位器式位移传感器

位移传感器又称为线性传感器，是一种属于金属感应的线性器件，其作用是把各种被测物理量转换为电量。在生产过程中，位移的测量一般分为测量实物尺寸和测量机械位移两种。按被测变量变换的形式不同，位移传感器可分为模拟式和数字式两种，其中模拟式又可分为物性型和结构型两种。常用的位移传感器以模拟式结构型居多，包括电位器式位移传感器、电感式位移传感器、电容式位移传感器、电涡流式位移传感器、霍耳式位移传感器等。数字式位移传感器的一个重要优点是便于将信号直接送入计算机系统，该类传感器发展迅速，应用日益广泛。图 3.1 为常见的位移传感器。下面介绍电位器式位移传感器。

电位器式位移传感器（如图 3.2 所示）通过电位器元件将机械位移转换成与之成线性或任意函数关系的电阻或电压输出。

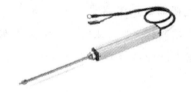

图 3.1 位移传感器   图 3.2 电位器式位移传感器

电位器式位移传感器的工作原理是：物体的位移引起电位器移动端的电阻变化，而阻值的变化量反映了位移的量值，阻值的增加或减小则表明了位移的方向。通常在电位器上通以电源电压，以把电阻变化转换为电压输出。线绕式电位器由于其电刷移动时电阻以匝电阻为阶梯而变化，其输出特性亦呈阶梯形。如果这种位移传感器在伺服系统中用作位移反馈元件，则过大的阶跃电压会引起系统振荡。因此在电位器的制作中应尽量减小每匝的电阻值。电位器式传感器的优点是结构简单、输出信号大、使用方便、价格低廉，主要缺点是易磨损。

磁致伸缩位移传感器是根据磁致伸缩原理制造的高精度、长行程绝对位置测量的位移传感器。该传感器通过两个不同磁场相交产生一个应变脉冲信号来准确地测量位置。测量元件是一根波导管，波导管内的敏感元件由特殊的磁致伸缩材料制成。测量过程是由传感器的电子室内产生电流脉冲，该电流脉冲在波导管内传输，从而在波导管外产生一个圆周磁场，当该磁场和套在波导管上作为位置变化的活动磁环产生的磁场相交时，由于磁致伸缩的作用，波导管内会产生一个应变机械波脉冲信号，这个应变机械波脉冲信号以固定的声音速度传输，并很快被电子室所检测到。由于这个应变机械波脉冲信号在波导管内的传输时间和活动磁环与电子室之间的距离成正比，通过测量时间，就可以高度精确地确定这个距离。因为输出信号是一个真正的绝对值，而不是按比例的或放大处理的信号，所以不存在信号漂移或变值的情况，更无需定期重标。磁致伸缩位移传感器采用非接触的测量方式，由于测量用的活动磁环和传感器自身并无直接接触，不至于被摩擦、磨损，因而其使用寿命长、环境适应能力强、可靠性高、安全性好、便于系统自动化工作，即使在恶劣的工业环境下也能正常工作。此外，它还能承受高温、高压和强振动，现已被广泛应用于机械位移的测量、控制中。

3.2.2　光电编码器

光电编码器是一种通过光电转换将输出轴上的机械几何位移量转换成脉冲或数字量的传感器，是应用最多的传感器之一。一般的光电编码器主要由光栅盘和光电探测装置组成。在伺服系统中，由于光电码盘与电动机同轴，电动机旋转时，光栅盘与电动机同速旋转，经发光二极管等电子元件组成的检测装置检测输出的若干脉冲信号。通过计算每秒光电编码器输出脉冲的个数就能获得当前电动机的转速。此外，为判断旋转方向，光电码盘提供了相位相差 90° 的两个通道的光码输出，由这两个通道光码的状态变化即可确定电机的转向。根据检测原理，光电编码器可分为光学式、磁式、感应式和电容式；根据刻度方法及信号输出形式，光电编码器可分为增量式、绝对式及混合式。

1. 增量式光电编码器

增量式光电编码器(如图 3.3 所示)是直接利用光电转换原理输出三组方波脉冲 A、B 和 Z 相；A、B 两组脉冲相位相差 90°，从而可方便地判断出旋转方向，而 Z 相用于每转一个脉冲时的基准点定位。该编码器的优点是原理构造简单，机械平均寿命可在几万小时以上，抗干扰能力强，可靠性高，适合于长距离传输；其缺点是无法输出轴转动的绝对位置信息。

图 3.3　增量式光电编码器

2. 绝对式光电编码器

绝对式光电编码器(如图 3.4 所示)是直接输出数字量的传感器，在它的圆形码盘上沿径向有若干同心码道，每条道上由透光和不透光的扇形区相间组成，相邻码道的扇区数目

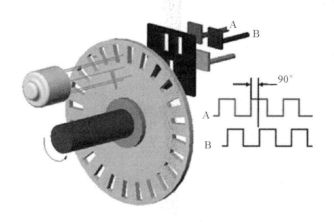

图 3.4　绝对式光电编码器

是双倍关系，码盘上的码道数就是它的二进制数码的位数，在码盘的一侧是光源，另一侧对应每一码道有一光敏元件；当码盘处于不同位置时，各光敏元件根据受光照与否转换出相应的电平信号，形成二进制数。这种编码器的特点是不要计数器，在转轴的任意位置都可读出一个固定的与位置相对应的数字码。显然，码道越多，分辨率就越高，对于一个具有 N 位二进制分辨率的编码器，其码盘必须有 N 条码道。国内已有 21 位的绝对编码器产品。

绝对式光电编码器是利用自然二进制或循环二进制（葛莱码）方式进行光电转换的。绝对式光电编码器与增量式编码器的不同之处在于圆盘上透光、不透光的线条图形，绝对式光电编码器可有若干编码，根据读出码盘上的编码，检测绝对位置。编码的设计可采用二进制码、循环码、二进制补码等。它的特点是：

（1）可以直接读出角度坐标的绝对值；

（2）没有累积误差；

（3）电源切除后位置信息不会丢失。分辨率是由二进制的位数来决定的，也就是说精度取决于位数，有 10 位、14 位等多种。

3. 混合式光电编码器

混合式光电编码器可输出两组信息：一组信息用于检测磁极位置，带有绝对信息功能；另一组则完全同增量式编码器的输出信息。

3.3　速度传感器

3.3.1　测速发电机

测速发电机的绕组和磁路经精确设计，其输出电动势 E 和转速 n 呈线性关系，即 $E = Kn$，K 是常数。测速发电机改变旋转方向，其输出电动势的极性也相应改变。在被测机构与测速发电机同轴连接时，只要检测出输出电动势，就能获得被测机构的转速，故测速发电机又称速度传感器。

测速发电机输出的信号（电压值或频率）与转速成正比例关系，某些测速发电机的输出信号还能反映转向。测速发电机广泛用于各种速度或位置控制系统，在自动控制系统中作为检测速度的元件，以调节电动机转速或通过反馈来提高系统稳定性和精度；在解算装置中可作为微分、积分元件，也可用来加速或延迟信号，还可用来测量各种运动机械在摆动或转动以及直线运动时的速度。

测速发电机分为直流和交流两种，其中交流测速发电机又可分为异步测速发电机和同步测速发电机。

1. 直流测速发电机

直流测速发电机有永磁式和电磁式两种，其结构与直流发电机相近。永磁式采用高性能永久磁钢励磁，受温度变化的影响较小，输出变化小，斜率高，线性误差小。这种电机在20 世纪 80 年代因新型永磁材料的出现而发展较快。电磁式采用他励式，不仅复杂且因励磁受电源、环境等因素的影响，输出电压变化较大，故使用得不多。

用永磁材料制成的直流测速发电机还分有限转角测速发电机和直线测速发电机,它们分别用于测量旋转或直线运动速度,其性能要求与直流测速发电机相近,但结构有些差别。

1) 概念

直流测速发电机采用直流电机结构的测速发电机,其输出直流电压的大小正比于转速,极性与转向有关。直流测速发电机按励磁方式可分为电磁式和永磁式。按电枢结构不同可分为有槽电枢、无槽电枢、空心电枢和圆盘式印制绕组电枢。电磁式采用他励式,不仅复杂而且输出电压变化较大,用得不多。永磁式的定子用高性能永久磁钢构成,输出电压变化小,受温度变化的影响小,线性误差小,输出斜率,在规定条件下,单位转速产生的输出电压高。永磁式测速发电机在 20 世纪 80 年代因新型永磁材料的出现而发展较快。永磁式有槽电枢的直流测速发电机应用较多。永磁式低速直流测速发电机的工作转速可低达每分钟十转或数百转以下,或有较高的输出斜率。无刷直流测速发电机是没有电刷和换向器结构,由电机和电子电路结合的测速发电机。

2) 原理

直流测速发电机的工作原理(如图 3.5 所示)与直流发电机相同。在恒定磁场下,旋转的电枢导体切割磁通,就会在电刷间产生感应电动势。空载时,电机的输出电压与转速成正比。负载时,由于负载电阻、电枢电阻和电刷接触电阻引起的电压降,温度变化、磁极和电枢的磁滞及涡流的影响,以及电枢反应、齿槽效应以及换向过程对感应电动势瞬时值的影响等,使电机输出特性[输出电压 U 与转速 n 的关系,即 $U = f(n)$]的线性度变差;电刷与换向器的接触压降导致产生不灵敏区。

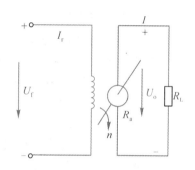

图 3.5　直流测速发电机原理图

3) 特点

直流测速发电机的主要优点是:输出为零时,无剩余电压;输出斜率大,负载电阻较小;温度补偿较容易。主要缺点是:由于有电刷和换向器,构造和维护比较复杂,摩擦转矩较大;输出电压有纹波;正、反转输出电压不对称;对无线电有干扰。

2. 异步测速发电机

异步测速发电机是输出交流电压频率与励磁频率相同,其幅值与转子转速成正比的交流测速发电机。异步测速发电机的结构和普通两相笼型感应电动机相同,定子上互差 90°的两相绕组中,一相为励磁绕组,接在 50 Hz 或 400 Hz 的交流电源上,另一相输出转速信号。当转子堵转时,定子励磁绕组在转子多相对称绕组中只产生变压器电动势,于是转子磁通势和定子磁通势方向相反,起去磁作用,与这两个磁通势垂直的输出绕组中不产生电动势。当转子转动后,笼型绕组中除产生变压器电动势外还将产生切割电动势。由切割电动势产生的磁通势具有交轴的性质,它交链输出绕组并在其中产生和转速成正比的信号电压。信号电压的频率和电源电压的相同,信号电压对电源电压的相位差随旋转方向改变,所以很适于和交流伺服电动机配套使用。笼型转子异步测速发电机的结构简单,可靠性高,输出斜率大;但线性度差,相位误差大,剩余电压高。为了提高异步测速发电机的精度，应用较广的是杯形转子异步测速发电机。这种电机的转子是一个薄壳非磁性圆环，由电阻率较高的硅锰青铜或锡锌青铜制成，杯的内外由内定子和外定子构成磁路，杯壁也不是铁磁材料。为了减小气隙，杯壁必须较薄，约为 0.2～0.3 mm。

异步测速发电机的励磁绕组中如果通以直流，直轴磁通就将不再脉振而变成恒定磁通。当转速恒定时，由切割电动势产生的交轴磁通亦将恒定不变，所以输出绕组中不产生电动势。当转速发生变化时，交轴磁通的大小将随着转速的变化而变化，它的交链输出绕组在其中产生和转子加速度成正比的电动势，所以向异步测速发电机的励磁绕组中送入直流，就成为一个加速度检测器。

阻尼型异步测速发电机具有较高的堵转加速度和较低的零速输出电压，当转速等于零时输出绕组两端产生的电压为零，它是转子位置的函数。比率型异步测速发电机的速敏输出电压(输出电压中为速度函数的基波输出电压分量，它在数值上等于在相同转速和试验条件下，按两个旋转方向所测得的基波输出电压之和的 1/2)与零速输出之比较高，转子转动惯量较低，在整个速度范围内具有较高的输出电压线性度。积分型异步测速发电机的输出电压随温度变化偏差小，加热时间短，通常具有温度控制和补偿网络。

3. 同步测速发电机

同步测速发电机采用同步电机结构，其输出交流电压的幅值和频率均与转速成正比。同步测速发电机又分为永磁式、感应子式和脉冲式。

(1) 永磁式不需要励磁电源，转子为永磁励磁，具有结构简单、易于维修的优点，但极数比较少，用二极管整流后纹波比较大，滤波比较困难。

(2) 感应子式按定、转子之间可变磁阻效应产生感应电动势的原理工作，极数比较多，整流后纹波比较小且便于滤波，但结构复杂维修困难。

以上两种测速发电机既可用输出电压的幅值去反映转速，也可用输出电压的频率去代表转速。前者是模拟量，需要整流和滤波；后者是数字量，可以直接输入微处理机。如果将幅值和频率合起来使用，就有可能实现高灵敏度的转速检测，但不能判别旋转方向，这一点不如直流测速发电机。

(3) 脉冲式以脉冲频率作为输出信号，可以直接输入微处理机，是测速码盘中每转发出脉冲数较少的一种。由于其结构简单，坚固耐用，可以判别旋转方向，20 世纪 90 年代后期随着数字技术的发展被广泛应用。

3.3.2　增量式光电编码器

增量式光电编码器主要由光源、码盘、检测光栅、光电检测器件和转换电路组成，如图 3.6 所示。码盘上刻有节距相等的辐射状透光缝隙，相邻两个透光缝隙之间代表一个增量周期；检测光栅上刻有 A、B 两组与码盘相对应的透光缝隙，用以通过或阻挡光源和光电检测器件之间的光线。它们的节距和码盘上的节距相等，并且两组透光缝隙错开 1/4 节距，使得光电检测器件输出的信号在相位上相差 90°电度角。当码盘随着被测转轴转动时，检测光栅不动，光线透过码盘和检测光栅上的透过缝隙照射到光电检测器件上，光电检测器件就输出两组相位相差 90°电度角的近似于正弦波的电信号，电信号经过转换电路的信号处理，可以得到被测轴的转角或速度信息。增量式光电编码器输出信号波形如图 3.7 所示。

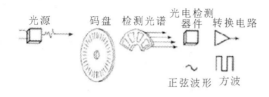
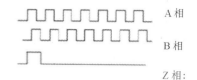

图 3.6　增量式光电编码器的组成　　　图 3.7　增量式光电编码器输出信号波形图

增量式光电编码器每产生一个输出脉冲信号就对应于一个增量位移，但是不能通过输出脉冲区别出在哪个位置上的增量。它能够产生与位移增量等值的脉冲信号，其作用是提供一种对连续位移量离散化或增量化以及位移变化(速度)的传感方法，它是相对于某个基准点的相对位置增量，不能直接检测出轴的绝对位置信息。一般来说，增量式光电编码器输出 A、B 两相互差 90°电度角的脉冲信号(即所谓的两组正交输出信号)，从而可方便地判断出旋转方向。同时还有用作参考零位的 Z 相标志(指示)脉冲信号，码盘每旋转一周，只发出一个标志信号。标志脉冲通常用来指示机械位置或对积累量清零。

增量式光电编码器的优点是：原理构造简单、易于实现；机械平均寿命长，可达到几万小时以上；分辨率高；抗干扰能力较强，信号传输距离较长，可靠性较高。其缺点是它无法直接读出转动轴的绝对位置信息。

在增量式光电编码器的使用过程中，对于其技术规格通常会提出不同的要求，其中最关键的就是分辨率、精度、输出信号的稳定性、响应频率、信号输出形式。

1. 分辨率

光电编码器的分辨率是以编码器轴转动一周所产生的输出信号基本周期数来表示的，即脉冲数/转(PPR)。码盘上的透光缝隙的数目就等于编码器的分辨率，码盘上刻的缝隙越多，编码器的分辨率就越高。在工业电气传动中，根据不同的应用对象，可选择分辨率通常在 500～6000 PPR 的增量式光电编码器，最高可以达到几万 PPR。交流伺服电机控制系统中通常选用分辨率为 2500 PPR 的编码器。此外对光电转换信号进行逻辑处理，可以得到 2 倍频或 4 倍频的脉冲信号，从而进一步提高分辨率。

2. 精度

增量式光电编码器的精度与分辨率完全无关，这是两个不同的概念。精度是一种度量在所选定的分辨率范围内，确定任一脉冲相对另一脉冲位置的能力。精度通常用角度、角分或角秒来表示。编码器的精度与码盘透光缝隙的加工质量、码盘的机械旋转情况等制造精度因素有关，也与安装技术有关。

3. 输出信号的稳定性

编码器输出信号的稳定性是指在实际运行条件下，保持规定精度的能力。影响编码器输出信号稳定性的主要因素是温度对电子器件造成的漂移、外界加于编码器的变形力以及光源特性的变化。由于受到温度和电源变化的影响，编码器的电子电路不能保持规定的输出特性，在设计和使用中都要给予充分考虑。

4. 响应频率

编码器输出的响应频率取决于光电检测器件、电子处理线路的响应速度。当编码器高速旋转时,如果其分辨率很高,那么编码器输出的信号频率将会很高。如果光电检测器件和电子线路元器件的工作速度与之不能相适应,就有可能使输出波形严重畸变,甚至产生丢失脉冲的现象。这样输出信号就不能准确反映轴的位置信息。所以,每一种编码器在其分辨率一定的情况下,它的最高转速也是一定的,即它的响应频率是受限制的。编码器的最大响应频率、分辨率和最高转速之间的关系如下:

$$f_{max} = \frac{R_{max} \times N}{60}$$

式中:f_{max} 为最大响应频率,R_{max} 为最高转速,N 为分辨率。

5. 信号输出形式

在大多数情况下,直接从编码器的光电检测器件获取的信号电平较低,波形也不规则,还不能适应于控制、信号处理和远距离传输的要求。所以,在编码器内还必须将此信号放大、整形。经过处理的输出信号一般近似于正弦波或矩形波。由于矩形波输出信号容易进行数字处理,所以这种输出信号在定位控制中得到广泛的应用。采用正弦波输出信号时基本消除了定位停止时的振荡现象,并且容易通过电子内插方法,以较低的成本得到较高的分辨率。增量式光电编码器的信号输出形式有:集电极开路输出(Open Collector)、电压输出(Voltage Output)、线性驱动输出(Line Driver Output)、互补型输出(Complemental Output)和推挽式输出(Push-pull Output)。

集电极开路输出这种输出方式通过使用编码器输出侧的 NPN 晶体管,将晶体管的发射极引出端子连接至 0 V,断开集电极与 +V_{cc} 的端子并把集电极作为输出端。在编码器供电电压和信号接收装置的电压不一致的情况下,建议使用这种类型的输出电路。集电极开路输出电路如图 3.8 所示。

电压输出这种输出方式通过使用编码器输出侧的 NPN 晶体管,将晶体管的发射极引出端子连接至 0 V,集电极端子与 +U_{cc} 和负载电阻相连,并作为输出端。在编码器供电电压和信号接收装置的电压一致的情况下,建议使用这种类型的输出电路。电压输出电路如图 3.9 所示。

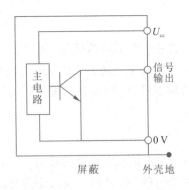

图 3.8　集电极开路输出电路

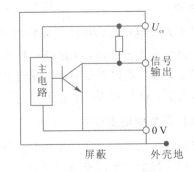

图 3.9　电压输出电路

线性驱动输出这种输出方式将线驱动专用 IC 芯片(26LS31)用于编码器输出电路,由于它具有高速响应和良好的抗噪声性能,使得线驱动输出适宜长距离传输。线性驱动输出电路如图 3.10 所示。

互补型输出这种输出方式由上下两个分别为 PNP 型和 NPN 型的三极管组成,当其中一个三极管导通时,另外一个三极管则关断。这种输出形式具有高输入阻抗和低输出阻抗,因此在低阻抗情况下可以提供大范围的电源。由于输入、输出信号相位相同且频率范围宽,因此它适合长距离传输。互补型输出电路如图 3.11 所示。

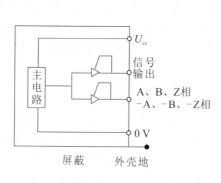
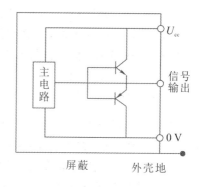

图 3.10　线性驱动输出电路　　　　　　图 3.11　互补型输出电路

推挽式输出这种输出方式由上下两个 NPN 型的三极管组成,当其中一个三极管导通时,另外一个三极管则关断。电流通过输出侧的两个晶体管向两个方向流入,并始终输出电流。因此它阻抗低,而且不易受噪声和变形波的影响。推挽式输出电路如图 3.12 所示。

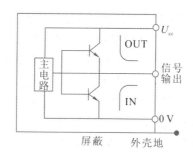

图 3.12　推挽式输出电路

3.3.3　微硅陀螺仪

微硅陀螺仪具有体积小、重量轻、可靠性高、易于系统集成等优点,所以它在汽车工业,航空航天以及机器人等领域具有广阔的运用价值和前景。影响陀螺仪性能的因素主要有以下几项。

1. 制造缺陷的影响

现在微硅陀螺仪制造所使用的工艺一般都是和微电子制造相兼容的工艺技术。由于微硅陀螺仪的尺寸很小(微米级别),因此微观尺寸效应较明显。虽然目前的微系加工技术能够控制比较高的制造精度,但是微尺寸误差仍会比较明显地影响着微陀螺仪的精度。有人分析,制造缺陷的主要表现形式是不对称和非等弹性。不对称的缺陷导致了机械和静电力的干扰;非等弹性的误差将改变陀螺仪振动的固有频率偏移,影响陀螺仪的振动模式。同时,由于陀螺仪结构中用的薄膜比较薄(几十纳米到数百微米),若与基体表面未良好结合，则会出现翘曲缺陷。此外，一般薄膜加工应力方向和大小也是影响系统性能的关键因素。

2. 材料性能的影响

硅材料在常温下表现出硬脆的特性，特别是材质不均匀和存在杂质的情况下，硅的性能会大大降低。由于其硬脆特性，而且微陀螺系统里普遍用到的结构是薄壁结构和细梁结构，其强度比较弱，因此一般微硅陀螺仪的失效形式表现为断裂。多晶硅有较低的温度系数，但是弹性模量和其他机械特性与单晶硅相比较弱。所以材料的选择和材料的性质也是影响微硅陀螺仪性能的重要因素之一。

3. 设计方法的影响

由于在微、纳米特征尺寸条件下，很多宏观下微弱的不确定因素成为了主要影响因素，例如摩擦力、静电力、弹性力和黏滞力等。设计过程中如何考虑这些不确定因素，通过积极的方法减弱其对性能影响的消极作用，也是设计结果能否改善性能的关键问题。通行的分析设计方法基本上还是普通机械设计和系统设计方法的移植，这些方法的应用没有充分体现出微机械、微陀螺系统的特殊性。现在微机械系统设计方法和设计理论还不是很成熟和完备，经验性和实践性仍然是主要的研究特征。同时，设计过程中所涉及的微动力学、微机构学也有待进一步的发展以适应微系统发展的需要。

4. 模型建立的影响

由于微观条件下，不确定因素很多，因此微陀螺系统的非线性特点很明显。同时，微观制造的形状误差表现多种多样，有侧向腐蚀、钻蚀、单点缺陷、加工应力带来的表面变形等，这些因素为建模带来了很大的困难；除此之外，重心漂移会产生干扰力矩，温度变化对结构的影响较大。目前国际、国内基本上还是处于样品系统的结构设计和试验阶段。很多文献介绍了多种新结构以及带来的性能的提高，但是很少涉及系统模型以及改进系统模型对系统分析和误差控制的改进。同时，建模研究的难点还表现在：两个或多个时间尺度，一个是用陀螺仪的固有频率来定义的（在 kHz 范围）；另一个是以输入角速度来定义的（变化范围在 $10°/s \sim 0.1°/h$）。这两个时间尺度在能量上差别很大，给建模带来一定难度。

5. 接口检测的影响

微硅陀螺仪具有哥氏效应，能够检测出系统的角速度。但是由于系统检测元件的尺寸较小，因此输出量一般很微弱，基本上和白噪声处于一个数量级。如何检测出传感元件的输出，并且抑制噪声的影响，也是决定陀螺系统性能的关键因素。

提高陀螺系统性能的改进方法如下：

（1）结构改进成为主流。为了提高微硅陀螺仪的精度，改善陀螺仪的性能，改进陀螺仪的结构设计是首选。基本的结构形式有音叉式、梳状式、振环式等几种结构。梳状结构和音叉结构相结合的振动陀螺给出了典型的梳状驱动音叉式振动陀螺仪，美国的 Draper 实验室和 Rockwel 公司联手研制的这种陀螺仪，其有效面积在 $1 \, mm^2$ 以内，单晶硅平板的厚度约为 $10 \, \mu m$，在 13.3 Pa 压力下驱动模态和检测模态的机械品质因数分别为 40000 和 5000，60 Hz 带宽内的分辨率为 $0.15°/s$，非线性小于 0.2%，标度因素为 $40 \sim 90 \, mV/(rad/s)$。梳状结构和振环结构相结合的振动陀螺给出了典型的梳状驱动振环式振动陀螺仪。该种陀螺仪的工作条件是 5 V、30 mA，输出范围是 $0.5 \sim 4.5 \, V$，带宽和测量范围是可以调节的，典型值分别为 25 Hz 和 $\pm 100^\circ/s$，非线性度小于 0.2%。

（2）采用新型结构的陀螺仪。自从 1965 年，美国的 R.M.White 等人发明了能在压电材料表面激励声表面波（SAW）的金属叉指换能器之后，声表面波技术以及相关的声表面波器件都得到了极大的发展。同时，当声表面波器件所组成的振荡器发生转动时，SAW 的传播参数将发生变化，这就是 SAW 中的角速度效应。能不能利用声表面波的陀螺效应，开发新型结构的和原理的陀螺器件，成为很多国家微硅陀螺仪发展的新尝试。基于 SAW 的微硅陀螺仪具有很多优点：完全采用平面工艺，使集成电路工艺得到了充分的应用，能够形成很高的制造精度；理论上可以达到很高的精度，因为它直接把感受到的角速度转化为频率信号，而频率信号抗干扰能力很强；同时由于其没有任何机械振动或旋转部件，完全固定在基体表面，因此抗冲击和振动的能力很强，可靠性高。

（3）改进接口检测结构。由于输出电压为微伏或纳伏级，因此，通过改进接口的结构设计，才能精确地检测出微弱的电信号。在陀螺系统中，电容是机械部件和电子电路之间的主要接口元器件。电容作为接口的优点：① 结构形成的加工技术简单；② 既可以作为检测传感器也可以用于微执行器；③ 可实现较高的性能，且温度敏感性较弱。所以改进电容的结构及其敏感极板的大小，可以降低后续检测电路的难度。还有其他的改进方法在双框架振动陀螺仪和梳状振动陀螺仪上得到了应用，具有良好的效果。这些方法从整体上改进了陀螺的结构，此外在同一系统机构中，通过控制系统尺寸及改进某个局部特征，也能很好地改进接口检测性能。

（4）采用新制造工艺。虽然微机械制造工艺起源于半导体加工工艺，但是它也有自己独特的特点，不等同于半导体工艺。由于微陀螺结构的不同，其采用的制造工艺方法也会有很大的区别。但是总体的制造方法类别还是只有那么几种，目标就是控制制造精度，减少制造缺陷。

3.3.4　接近觉传感器

接近觉传感器是代替限位开关等接触式检测方式，以无需接触检测对象进行检测为目的的传感器的总称。该传感器能将检测对象的移动信息和存在信息转换为电气信号。在转换为电气信号的检测方式中，包括电磁感应引起的检测对象的金属体中产生涡电流的方式，捕测体接近引起的电气信号容量变化的方式，利用和引导开关的方式。

机器人接近觉传感器的作用如下：

（1）发现前方障碍，限制机器人的运动范围，以避免与障碍物发生碰撞。

（2）在接触对象物前得到必要信息，比如与物体的相对距离、相对倾角，以便为后续做准备。

（3）获取物体表面各点间的距离，从而得到有关对象物表面形状信息。

1. 电容式与电感式接近觉传感器

1）电容式接近觉传感器

电容式接近觉传感器（如图 3.13 所示）是一个以电极为检测端的经电电容接近开关，它由高频振荡电路、检波电路、放大电路、整形电路及输出电路组成。平时检测电极与大地之间存在一定的电容量，它成为振荡电路的一个组成部分。当被检测物体接近检测电极时，由于检测电极加有电压，检测电极就会受到静电感应而产生极化现象，被测物体越靠近检测电极，检测电极上的感应电荷就越多。因为检测电极上的静电电容 $C=\dfrac{Q}{U}$，所以随着电荷量的增多，使检测电极电容 C 随之增大。由振荡电路的振荡频率 $f=\dfrac{1}{2\pi\sqrt{LC}}$ 知，振荡频率与电容成反比，所以当电容 C 增大时，振荡电路的振荡减弱，甚至停止振荡。振荡电路的振荡与停振这两种状态被检测电路转换为开关信号后向外输出。

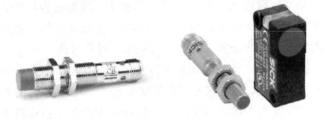

图 3.13　电容式接近觉传感器和电感式接近觉传感器

需要注意的是：电容式接近觉传感器检测的物体是金属导体，非金属导体不能用该方法测量。

2）电感式接近觉传感器

电感式接近觉传感器由高频振荡电路、检波电路、放大电路、整形电路及输出电路组成。检测用敏感元件为检测线圈，它是振荡电路的一个组成部分，振荡电路的振荡频率 $f=\dfrac{1}{2\pi\sqrt{LC}}$。当检测线圈通以交流电时，在检测线圈的周围就产生一个交变的磁场，当金属物体接近检测线圈时，金属物体就会产生电涡流而吸收磁场能量，使检测线圈的电感 L 发生变化，从而使振荡电路的振荡频率减小，以致停振。振荡与停振这两种状态经监测电路转换为开关信号输出。

需要注意的是：与电容式接近觉传感器相同，电感式接近觉传感器检测的物体也是金属导体，非金属导体不能用该方法测量。振幅变化随目标物金属种类而不同，因此检测距离也随目标物金属的种类而不同。

2. 光电式接近觉传感器

光电式接近觉传感器（如图 3.14 所示）中，发光二极管（或半导体激光管）的光束轴线和光电三极管的轴线在一个平面上，并成一定的夹角，两轴线在传感器前方交于一点。当被检测物体表面接近交点时，发光二极管的反射光被光电三极管接收，产生电信号。当物体远离交点时，反射区不在光电三极管的视角内，检测电路没有输出。一般情况下，送给发光二极管的驱动电流并不是直流电流，而是一定频率的交变电流，这样，接收电路得到的也是同频率的

图 3.14　光电式接近觉传感器

交变信号。如果对接收来的信号进行滤波，只允许同频率的信号通过，则可以有效地防止其他杂光的干扰，并可以提高发光二极管的发光强度。

3. 霍尔接近觉传感器

霍尔接近觉传感器(如图 3.15 所示)介于触觉传感器和视觉传感器之间,不仅可以测量距离和方位,而且可以融合视觉和触觉传感器的信息。该接近觉传感器可以辅助视觉系统功能,来判断对象物体的方位、外形,同时识别其表面形状。为准确抓取部件,对机器人接近觉传感器的精度要求比较高。

图 3.15　霍尔接近觉传感器

4. 超声波传感器

超声波传感器(如图 3.16 所示)是将超声波信号转换成其他能量信号(通常是电信号)的传感器。超声波是振动频率高于 20 000 Hz 的机械波。它具有频率高、波长短、绕射现象小,特别是方向性好、能够成为射线而定向传播等特点。超声波对液体、固体的穿透能力很强,尤其是在阳光不透明的固体中。超声波碰到杂质或分界面会产生显著反射形成反射回波,碰到活动物体能产生多普勒效应。

图 3.16　超声波传感器

超声波传感器广泛应用在工业、国防、生物医学等方面。

1) 工作原理

人们能听到声音是由于物体振动产生的,它的频率在 20 Hz~20 kHz 超声波传感器范围内,超过 20 kHz 称为超声波,低于 20 Hz 的称为次声波。常用的超声波频率为几十 kHz 至几十 MHz。

超声波传感器主要材料有压电晶体（电致伸缩）及镍铁铝合金（磁致伸缩）两类。电致伸缩的材料有锆钛酸铅（PZT）等。压电晶体组成的超声波传感器是一种可逆传感器，它可以将电能转变成机械振荡而产生超声波，同时它接收到超声波时，也能转变成电能，所以它可以分成发送器或接收器。有的超声波传感器既能发送，也能接收。这里仅介绍小型超声波传感器，其发送与接收略有差别，适用于在空气中传播，工作频率一般为 23～25 kHz 及 40～45 kHz。这类传感器适用于测距、超声波传感器、防盗等用途，具体的有 T/R-40-16，T/R-40-12 等（其中 T 表示发送，R 表示接收，40 表示频率为 40 kHz，16 及 12 表示其外径尺寸，以毫米计）。另有一种密封式超声波传感器（MA40EI 型），它的特点是具有防水作用（但不能放入水中），可以作料位及接近开关用，性能较好。超声波传感器有三种基本类型：透射型用于遥控器、防盗报警器、自动门、接近开关等；分离式反射型用于测距、液位或料位；反射型用于材料探伤、测厚等。

2）工作模式

超声波传感器利用声波介质对被检测物进行非接触式无磨损的检测。超声波传感器对透明或有色物体，金属或非金属物体，固体、液体、粉状物质均能检测。其检测性能几乎不受任何环境条件的影响，包括烟尘环境和雨天。

检测模式：超声波传感器主要采用直接反射式的检测模式。位于传感器前面的被检测物通过将发射的声波部分地发射回传感器的接收器，从而使传感器检测到被测物。

检测范围：超声波传感器的检测范围取决于其使用的波长和频率。波长越长，超声波传感器频率越小，检测距离越大，如具有毫米级波长的紧凑型传感器的检测范围为 300～500 mm，波长大于 5 mm 的传感器检测范围可达 8 m。一些传感器具有较窄的 6°声波发射角，因而更适合精确检测相对较小的物体；另一些声波发射角在 12°～15°的传感器能够检测具有较大倾角的物体。此外，我们还有外置探头型的超声波传感器，相应的电子线路位于常规传感器外壳内。这种结构更适用于检测安装空间有限的场合。

3）检测方式

根据被检测对象的体积、材质以及是否可移动等特征，超声波传感器采用的检测方式有所不同，常见的检测方式有如下四种。

（1）穿透式：发送器和接收器分别位于两侧，当被检测对象从它们之间通过时，根据超声波的衰减（或遮挡）情况进行检测。

（2）限定距离式：发送器和接收器位于同一侧，当限定距离内有被检测对象通过时，根据反射的超声波进行检测。

（3）限定范围式：发送器和接收器位于限定范围的中心，反射板位于限定范围的边缘，并以无被检测对象遮挡时的反射波衰减值作为基准值。当限定范围内有被检测对象通过时，根据反射波的衰减情况（将衰减值与基准值比较）进行检测。

（4）回归反射式：发送器和接收器位于同一侧，以检测对象（平面物体）作为反射面，根据反射波的衰减情况进行检测。

5. 接近觉传感器

1）接近觉传感器的概念

接近觉传感器介于触觉传感器和视觉传感器之间，不仅可以测量距离和方位，而且可以融合视觉传感器和触觉传感器的信息。接近觉传感器可以辅助视觉系统的功能，来判断对象物体的方位、外形，同时识别其表面形状。因此，为准确抓取部件，对机器人接近觉传感器的精度要求比较高。

2）接近觉传感器的作用

接近觉传感器的作用可以归纳如下：

（1）发现前方障碍物后，限制机器人的运动范围，以避免其与障碍物发生碰撞。

（2）在机器人接触对象物前得到必要信息，比如与物体的相对距离、相对倾角，以便为后续动作做准备。

（3）获取物体表面各点间的距离，从而得到有关对象物表面形状的信息。

3）接近觉传感器的分类

机器人的接近觉传感器根据测量方法的不同，分为接触式和非接触式两种。接触式接近觉传感器主要采用机械机构完成测量；非接触式接近觉传感器的测量原理不同，采用的装置也不同。接触式接近觉传感器又可以分为触须接近觉传感器、接触棒接近觉传感器和气压接近觉传感器，如图 3.17 所示。

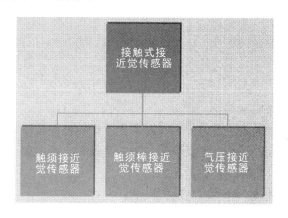

图 3.17　接触式接近觉传感器

（1）触须接近觉传感器。这种触须式的传感器可以安装在移动机器人的四周，用以发现外界环境中的障碍物。图 3.18 为猫胡须传感器，其控制杆由柔软弹性物质制成，相当于微动开关，当触及物体时接通输出回路输出电压信号。此传感器安装在机器人的脚上，可用来检测机器人脚在台阶上的具体位置。

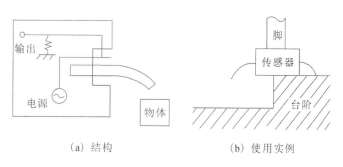

（a）结构　　　　　　　　　　（b）使用实例

图 3.18　猫胡须传感器

　　（2）接触棒接近觉传感器。图 3.19 所示为安装在机器人手上的接近觉传感器。该传感器由一端伸出的接触棒和内部开关组成。机器人手在移动过程中碰到障碍物或者接触作业对象时，传感器的内部开关接通电路即可输出信号。多个传感器安装在机器人的手臂或腕部，可以感知障碍物和物体。

　　（3）气压接近觉传感器。图 3.20 所示的气压接近觉传感器利用反作用力的方法，通过检测气流喷射遇到物体时的压力变化来检测和物体之间的距离。

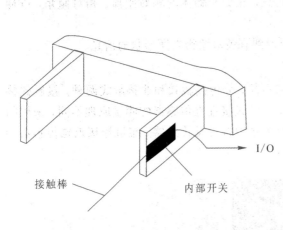

图 3.19　接触棒接近觉传感器

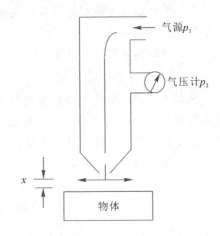

图 3.20　气压接近觉传感器

　　综上所述，接近觉传感器的特点如下：

　　（1）因为能以非接触方式进行检测，所以不会磨损和损伤检测对象物。

　　（2）与光检测方式不同，适合在水和油等环境下使用，检测时几乎不受检测对象的污渍和油、水等的影响。

　　（3）与接触式开关相比，可实现高速响应能。

　　（4）能适应广泛的温度范围。

　　（5）对检测对象的物理性质变化进行检测，几乎不受表面颜色等的影响。

　　（6）会受周围温度、周围物体、同类传感器的影响，传感器之间也会相互影响，因此对传感器进行设置时需要考虑相互干扰。

3.4　触觉传感器

　　触觉传感器是用于机器人中模仿触觉功能的传感器。触觉是人与外界环境直接接触时的重要感觉功能，研制满足要求的触觉传感器是机器人发展中的技术关键之一。随着微电子技术的发展和各种有机材料的出现，已经提出了多种多样的触觉传感器的研制方案，但目前大都属于实验室阶段，达到产品化的不多。触觉传感器按功能大致可分为接触觉传感器、力觉传感器和滑觉传感器等。

3.4.1　接触觉传感器

　　接触觉传感器是用来判断机器人是否接触物体的测量传感器，可以感知机器人与周围障碍物的接近程度。接触觉传感器可以使机器人在运动中接触到障碍物时向控制器发出信号。

从接触觉实现的原理分，接触觉传感器可以分为激光式、超声波式、红外线式等几种。目前国内外对接触觉传感器的研究，主要有气压式、超导式、磁感式、电容式、光电式五种工作类型。因接触觉是机器人接近目标物的感觉，并没有具体的量化指标，故与一般的测距装置相比，其精确度并不高。

传感器输出信号常为 0 或 1，最经济适用的形式是各种微动开关。常用的微动开关由滑柱、弹簧、基板和引线构成，具有性能可靠、成本低、使用方便等特点。接触觉传感器不仅可以判断是否接触物体，还可以大致判断物体的形状。一般接触觉传感器装于机器人末端执行器上。除微动开关外，接触觉传感器还采用碳素纤维及聚氨基甲酸酯为基本材料。当机器人与物体接触时，接触觉传感器通过碳素纤维与金属针之间建立导通电路，与微动开关相比，碳素纤维具有更高的触电安装密度、更好的柔性，可以安装于机械手的曲面手掌上。

3.4.2　力觉传感器

力觉传感器(Force Sensor)是用来检测机器人的手臂和手腕所产生的力或其所受反力的传感器，如图 3.21 所示。手臂部分和手腕部分的力觉传感器，可用于控制机器人手所产生的力，在费力的工作中以及限制性作业、协调作业等方面是有效的，特别是在镶嵌类的装配工作中，它是一种特别重要的传感器。

图 3.21　力觉传感器

力觉传感器的元件大多使用半导体应变片。将这种传感器件安装于弹性结构的被检测处，就可以直接地或通过计算机检测具有多维的力和力矩。

力觉传感器经常安装于机器人关节处，通过检测弹性体变形来间接测量所受力。装于机器人关节处的力觉传感器常以固定的三坐标形式出现，有利于满足控制系统的要求。目前出现的六维力觉传感器可实现全力信息的测量，因其主要安装于腕关节处被称为腕力觉传感器。腕力觉传感器大部分采用应变电测原理，按其弹性体结构形式可分为筒式和十字形腕力觉传感器。其中筒式腕力觉传感器具有结构简单、弹性梁利用率高、灵敏度高的特点；十字形腕力觉传感器结构简单、坐标建立容易，且加工精度高。

力觉传感器根据力的检测方式不同，可分为应变片式(检测应变或应力)、利用压电元件式(压电效应)及差动变压器、电容位移计式(用位移计测量负载产生的位移)。其中，应变片式压力传感器最普遍，商品化的力传感器大多是这一种。

压电元件很早就用在刀具的受力测量中，但它不能测量静态负载。电阻应变片式压力传感器是利用金属拉伸时电阻变大的现象，将它粘贴在加力方向上，可根据输出电压检测出电阻的变换，如图 3.22 所示。电阻应变片在左、右方向上加力，用导线接到外部电路。

在不加力时，电桥上的电阻都是 R，当加左、右方向力时，电阻应变片是一个很小的电阻 ΔR，则输出电压

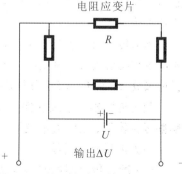

图 3.22　输出检测电路

$\Delta U = [(U/2) \cdot (\Delta R/2R)]/(1 + \Delta R/2R) \approx U \cdot \Delta R/4R$，电阻变换为 $\Delta R \approx 4R \cdot \Delta U/U$。

在应用应变片的力觉传感器中，应变片的好坏与传感器的结构同样重要，甚至比结构更为重要。多轴力觉传感器的应变片检测部分应该具有以下特性：

(1) 至少能获取 6 个以上独立的应变测量数据；

(2) 由黏结剂或涂料引起的滞后现象或输出的非线性现象尽量小；

(3) 不易受温度和湿度影响。

选用力传感器时，首先要特别注意额定值。人们往往只注意作用力的大小，而容易忽视作用力到传感器基准点的横向距离，即忽视作用力矩的大小。一般传感器力矩定值的裕量比力额定值的裕量小。因此，虽然控制对象是力，但是在关注力的额定值的同时，不能忘记检查力矩的额定值。

其次，在机器人通常的力控制中，力的精度意义不大，重要的是分辨率。为了实现平滑控制，力觉信号的分辨率非常重要。高分辨和高精度并非统一，在机器人负载测量中，一定要分清分辨率和测量精度究竟哪一个更重要。

所谓力觉，是指机器人作业过程中对来自外部的力的感知，它和压觉不同，压觉力是垂直于力接触表面的力、三维力和三维力矩的感知。机器人力觉传感器是模仿人类四肢关节功能的机器人获得实际操作时的大部分力信息的装置，是机器人主动柔顺控制必不可少的，它直接影响着机器人的力控制性能。分辨率、灵敏度和线性度高，可靠性好，抗干扰能力强是机器人力觉传感器的主要性能要求。根据传感器安装部位的不同，力觉传感器可分为腕力传感器、关节力传感器、握力传感器、脚力传感器、手指力传感器等。

1. 腕力传感器

腕力传感器（如图 3.23 所示）是一个两端分别与机器人腕部和手爪相连接的力觉传感器。当机械手夹住工件进行操作时，通过腕力传感器可以输出六维（三维力和三维力矩）分量反馈给机器人控制系统，以控制或调节机械手的运动，完成所要求的作业。腕力传感器分为间接输出型和直接输出型两种。间接输出型腕力传感器敏感体本身的结构比较简单，但需对传感器进行校准，要经过复杂的计算求出传递矩阵系数，使用时进行矩阵运算后才能提取出六维分量。直接输出型腕力传感器敏感体本身的结构比较复杂，但只需要经过简单的计算就能提取出六个分量，有的甚至可以直接得到六个分量。

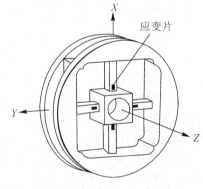

图 3.23　腕力传感器

腕力传感器的系统硬件通常由传感器和信息处理两部分组成。传感器部分由弹性体、测量电桥和前级放大器组成，主要完成六维分量并进行信号前级放大的任务。信号处理部分包括后级放大、滤波、信号采样保持、A/D 转换，以及进行系统控制、计算和通信的微机系统。

腕力传感器的系统软件一般包括数据采集和 A/D 转换控制软件、非线性校正和矩阵解耦运算软件、系统通信及输出软件等。

腕力传感器的优缺点：

(1) 腕力传感器虽然结构较复杂，但原理比较类似，一般都是通过应变片来测量内部弹性体的变形，再解耦求得多维力信号。

（2）腕力传感器（如六维腕力传感器）获得的力信息较多，分辨率、灵敏度和精度高，可靠性好，使用方便。

（3）腕力传感器对不同类型的机器人能实现通用化，所以得到广泛的应用。

（4）弹性元件一般为整体结构，加工极为困难。

（5）应变片粘贴过程复杂，应变片的输出信号较弱，需要高性能的放大器，市场上供应的放大器体积较大。

（6）从腕力传感器的工作原理可以看出，腕力传感器工作时产生的变形必将影响机器人操作臂的定位精度。

（7）由于传感器设计、制造上的原因，使得传感器的输出信号与实际六维向量的分力之间存在相互耦合作用，即传感器的相互干扰，这种干扰非常复杂，难以从理论上进行分析和解耦消除，通常需要采用实验方法进行标定。

2. 握力传感器

握力传感器一般采用光纤进行力觉的感知与测量，当物体压力作用于握力传感器时，传感器中的光纤会产生变形，通过测量光信号的衰减可间接得知压力的大小。在此原理的基础上设计和制作的握力传感器具有测量结果范围大、灵敏度高、效果良好的特点。

3. 脚力传感器

二足步行机器人在人类生活的环境中应用较为方便，但不稳定，控制较复杂。为了解步行时的状态，需装各种传感器，其中脚力传感器是与外界接触的传感器，对步行控制来说是相当重要的。

常用的脚力传感器为圆筒式脚力传感器。圆筒式脚力传感器的上表面板为铝板，下表面板为丙烯板。为了减少脚底与地面之间的滑动，在丙烯板表面上贴一层橡胶。圆筒的材料是聚氯乙烯树脂，圆筒外径为 26 mm，内径为 20 mm，长度为 15 mm。其上部两处与脚的上表面板固定，下部两处与脚的下表面板固定。圆筒左右侧壁的内外表面贴 4 片应变片，通过桥式放大输出反映垂直负荷。为了削弱脚前部传感器与脚后部传感器之间的相互影响，圆筒式脚力传感器的脚前部传感器与脚后部传感器的下表面板不相连。二足步行机器人的每只脚上装有 4 个传感器，两只脚共 8 个传感器。

4. 手指力传感器

手指力传感器（如图 3.24 所示）一般通过应变片或压阻敏感元件测量多维力而产生输出信号，常用于小范围作业（如灵巧手抓鸡蛋等实验），精度高、可靠性好，逐渐成为力控制研究的一个重要方向，但对于多指协调控制较为复杂。

图 3.24　手指力传感器

　　传感器弹性体是组合式结构,分上、下两个部分:上部是中空正方形薄壁筒,4个侧面贴有应变片,当薄壁筒有微应变时,应变片能够测出作用力矩。传感器弹性体的下部是圆环,圆环上面有对称的3个矩形弹性梁,弹性梁的两面分别贴有应变片,共有6个应变片组成3组桥路。环上其他高出部分的厚度与梁高比较大,当弹性梁发生微应变时,3个高出来的部分不产生变形,相当于基座。当传感器受外力作用时,应变梁发生变形,可根据桥路输出值测出力和力矩。上部分与下部分通过3个桥梁相连,这中间部分可以看成是刚体,受力不产生变形。传感器的输出分量有耦合,通过对其进行标定、建立解耦矩阵,进而解耦。机器人手指五维力/力矩传感器,安装在手指的顶部并有外壳,其作用是防止外力冲击而使传感器弹性体发生塑性变形。手指力传感器外径为 21 mm,高度为 17.5 mm,最大力为 10 N,最大力矩为 0.2 N·m。传感器底座上可以安装插座,引线方便,安全可靠。为减少长线传输产生噪声,传感器放大电路应安装在传感器内部,形成集成度高的传感器。

3.4.3　滑觉传感器

　　滑觉传感器是一种用来检测机器人与抓握对象间滑移程度的传感器。为了在抓握物体时确定一个适当的握力值,需要实时检测接触表面的相对滑动,然后判断握力,在不损伤物体的情况下逐渐增加力量。滑觉检测功能是实现机器人柔性抓握的必备条件。通过滑觉传感器可实现识别功能,对被抓物体进行表面粗糙度和硬度的判断。滑觉传感器按被测物体的滑动方向可分为三类:无方向性、单方向性和全方向性。其中无方向性传感器只能检测是否产生滑动,无法判别方向;单方向性传感器只能检测单一方向的滑移;全方向性传感器可检测各方向的滑动情况,这种传感器一般制成球形以满足需要。

3.5　工业机器人视觉技术

3.5.1　机器人视觉技术

　　机器人视觉技术主要用计算机来模拟人的视觉功能,但并不仅仅是人眼的简单延伸,更重要的是具有人脑的一部分功能——从客观事物的图像中提取信息,进行处理并加以理解,最终用于实际检测、测量和控制。

　　机器人视觉技术是一门涉及人工智能、神经生物学、心理物理学、计算机科学、图像处理、模式识别等诸多领域的交叉学科。机器人视觉技术最大的特点是速度快、信息量大、功能多。

3.5.2　机器人视觉系统的技术

　　机器人视觉系统所涉及的技术包括图像处理技术、机械工程技术、控制技术、光源照明技术、光学成像技术、传感器技术、模拟与数字视频技术、计算机软硬件技术、人机接口技术等。下面主要介绍图像处理技术。

　　图像处理技术是用计算机对图像信息进行处理的技术,主要包括图像数字化、图像增强、图像恢复、图像数据编码、图像分割和图像识别等。

1. 研究内容

（1）图像增强。图像增强的目的是改善图像的视觉效果，它是各种技术的汇集，还没有形成一套通用的理论。常用的图像增强技术有对比度处理、直方图修正、噪声处理、边缘增强、变换处理和伪彩色处理等。在多媒体应用中，对各类图像主要进行图像增强处理，各类图像处理软件一般都支持图像增强技术。

（2）图像恢复。图像恢复的目的是力求图像保持本来面目，用来纠正图像在形成、传输、存储、记录和显示过程中产生的变质和失真。图像恢复必须首先建立图像变质模型，然后按照其退化的逆过程恢复图像。

（3）图像识别。图像识别也称模式识别，就是对图像进行特征抽取，然后根据图形的几何及纹理特征对图像进行分类，并对整个图像作结构上的分析。通常在识别之前，要对图像进行预处理，包括滤除噪声和干扰、提高对比度、增强边缘、几何校正等。图像识别的应用范围极其广泛，如工业自动控制系统、指纹识别系统以及医学上的癌细胞识别等。

（4）图像编码。图像编码的目的是解决数字图像占用空间大，特别是在进行数字传输时占用频带太宽的问题。图像编码的核心技术是图像压缩。对那些实在无法承受的负荷，只好利用数据压缩使图像数据达到有关设备能够承受的水平。评价图像压缩技术要考虑三个方面的因素：压缩比、算法的复杂程度和重现精度。

（5）图像分割。图像分割是数字图像处理的关键技术之一。图像分割是将图像中有意义的特征部分提取出来，其有意义的特征有图像的边缘、区域等，这是进一步进行图像识别、分析和理解的基础。

（6）图像描述。图像描述是图像识别和理解的必要前提。最简单的二值图像可采用其几何特性描述；一般图像采用二维形状描述，有边界描述和区域描述两类方法。对于特殊的纹理图像，可采用二维纹理特征描述。随着图像处理研究的深入发展，已开始进行三维物体描述的研究，提出了体积描述、表面描述、广义圆柱体描述等方法。

2. 处理方法

图像的处理包括点处理、组处理、几何处理和帧处理四种方法。

处理图像最基本的方法是点处理，该方法处理的对象是像素，故此得名。点处理方法简单有效，主要用于图像的亮度调整、图像对比度调整以及图像亮度的反置处理等。

图像的组处理方法处理的范围比点处理大，处理的对象是一组像素，因此又叫"区处理或块处理"。组处理方法在图像上的应用主要表现在：检测图像边缘并增强边缘，进行图像柔化和锐化，增加和减少图像随机噪声等。

图像的几何处理方法是指经过运算，改变图像的像素位置和排列顺序，从而实现图像的放大与缩小、图像旋转、图像镜像以及图像平移等效果。

图像的帧处理方法是指将一幅以上的图像以某种特定的形式合成在一起，形成新的图像。特定的形式是指：经过"逻辑与"运算进行图像的合成，按照"逻辑或"运算关系合成，以"异或"逻辑运算关系进行合成，将图像按照相加或者相减以及有条件的复合算法进行合成，将图像覆盖或取平均值进行合成。图像处理软件通常具有图像的帧处理功能，并且以多种特定的形式合成图像。

3. 分类

图像处理技术一般分为两大类：模拟图像处理和数字图像处理。

(1) 模拟图像处理。模拟图像处理（Analog Image Processing）包括光学处理和电子处理，如照相、遥感图像处理、电视信号处理等。模拟图像处理的特点是速度快，一般为实时处理，理论上讲可达到光速，并可同时并行处理。电视图像是模拟信号处理的典型例子，它处理的是 25 帧/秒的活动图像。模拟图像处理的缺点是精度较差、灵活性差以及判断能力和非线性处理能力弱。

(2) 数字图像处理。数字图像处理（Digital Image Processing）一般都采用计算机或实时硬件进行处理，因此也称为计算机图像处理（Computer Image Processing）。其优点是处理精度高，处理内容丰富，可进行复杂的非线性处理，有灵活的变通能力，只要改变软件就可以改变处理内容。其缺点是处理速度慢，特别是进行复杂的处理更是如此，实时处理一般精度的数字图像需要具有 100MIPS 的处理能力；其次是分辨率及精度尚有一定限制，如一般精度图像的分辨率是 512 bit×512 bit×8 bit，分辨率高的可达 2048 bit×2048 bit×12 bit，如果精度及分辨率再高，所需处理时间将显著增加。

广义上讲，一般的数字图像很难为人所理解，因此数字图像处理也离不开模拟技术。此外，为实现人机对话和自然的人机接口，特别是在需要人去参与观察和判断的情况下，模拟图像处理技术是必不可少的。

4. 应用领域

图像是人类获取和交换信息的主要来源，因此，图像处理的应用领域必然涉及人类生活和工作的方方面面，包括航天和航空技术、生物医学工程、通信工程、工业和工程、军事和公安、文化与艺术等。

3.5.3　工业机器人视觉伺服控制系统

工业机器人视觉伺服控制系统是指使用视觉反馈的工业机器人控制系统，其控制目标是在工业机器人执行任务的过程中将任务函数 $e(s^* - s(m(t);a))$ 调节到最小，其中 s、s^* 分别为系统的当前状态和期望状态。与常规控制系统不同的是，s 基于图像信息 $m(t)$ 和系统参数 a 构造，比传统的传感器信息具有更高的维度和更大的信息量，提高了机器人系统的灵活性。

视觉伺服控制系统通常由视觉系统、控制策略和机器人系统组成，其中视觉系统通过图像获取和视觉处理得到合适的视觉反馈信息，再由控制器得到机器人的控制输入。在应用中，需要根据任务需求设计视觉伺服控制系统的实现策略。

3.5.4　机器人视觉技术的应用

1. 工业领域的应用

机器人视觉技术以其极高的精确度和稳定度，在工业领域具有广阔的应用前景。在进行电子制造时，需利用此技术进行高精度 PCB 定位和 SMT 元件放置，减小误差；在进行食品包装加工时，可以利用此技术进行分类识别，方便高效。此外，对于人眼无法识别的光线范围，机器人视觉技术可利用红外传感器、超声波传感器获得更多的信息，不存在主观测量误差，且节约了大量的财力，降低了工业生产成本。

（1）零件识别及检测。在工业生产中，常常需要对零件的形状、尺寸、材料进行识别，而机器人视觉技术不仅可以测出产品的长度、面积、周长等数据，还可以提取出类似孔洞、尖角、凹陷、凸起等信息。

若在制造时某些步骤缺失导致零部件丢失，会影响产品的品质。通过对前期图像的采集和处理，可根据目标检测算法来进行识别，从而获取零件的信息。零件检测同样是机器人视觉技术在工业领域的重要应用。传统的人工检测随机性较强而且效率较低，无法满足大量生产检测的需求，且人工成本在逐步上升。机器人视觉技术克服了传统人工检测的缺点，因此被广泛应用。

（2）尺寸测量。随着人类对于美好事物的不断追求和工业生产技术的不断提高，工业产品的外形设计日趋复杂而多样。由于其体积和重量巨大，利用传统的测量方式不足以达到测量的要求，因此机器人视觉技术在尺寸测量方面具有极大的优势，应用日渐增多。机器人视觉技术基于光学成像、图像处理等无接触的测量方式，拥有严谨的理论基础，测量范围广，测量精度高，且拥有更高的测量效率。根据不同的光照方式和几何关系，视觉检测方法可以分为两种：被动视觉探测和主动视觉检查。

2. 生活领域的应用

机器人视觉技术在生活中获得了广泛的应用。在大数据、物联网的时代背景下，智能家居正走入寻常百姓家。不论是自动感知光强的智能窗帘，还是能自动避障的扫地机器人，都离不开机器人视觉技术。随着机器人视觉技术的发展进步，无人驾驶汽车的实用化进程将再一次加快。此外，定位导航也成为我们生活中不可或缺的一部分，为了增加其定位的准确性，机器人视觉技术发挥着重要作用。

3. 农业领域的应用

视觉技术在农业上的应用始于 20 世纪 70 年代，受限于当时的科技水平，大部分的成果仍属于试验阶段，没有转换成生产力。随着科学技术的进步，机器人视觉技术的应用步入正轨，包括收获、农田作业、农产品颜色识别在内的实验成果，有的已经转换成了实际成果，并取得了不斐的成绩。当前，机器人视觉技术主要应用在植物生长检测上，有效缓解了农业生产人员的工作压力，其实时性和无损性都对农业生产极有裨益。中国作为传统的农业生产大国，视觉技术在农业生产上的应用前景广泛，中国农业的集约化发展，离不开视觉技术作保障。发展好视觉技术，对保障国家粮食安全以及提高农业生产的效率具有重要意义。

4. 无人驾驶技术

近年来被火热报道的无人驾驶技术、无人驾驶车辆，其目标是开发在高速公路和城市道路环境下的辅助驾驶系统，从而提高交通系统的效率，而其赖以生存的根本正是机器人视觉技术。令人欣喜的是，无人驾驶技术的发展一日千里，由英国牛津大学改装的一辆 BowlerWildcat4X4 在 2011 年成功通过测试，标志着无人驾驶技术的进一步成熟，意味着该技术的实用化进程再一次加快。其中，驾驶员对路况的分析工作将由机器人视觉系统和其他传感系统承担。因此，模拟人的驾驶经验来建立控制规则是一种有效的途径。基于间接感知型的无人驾驶技术是通过多个子系统的合作间接达到图像分析目的的方法，其中主要包括目标检测、目标跟踪、场景语义分割、三维重建等子系统。直接感知型的无人驾驶技术则是略去分析图像中的目标信息，而通过直接学习图像代表的车辆状态信息从而指导驾驶的感知模式，省却了各种子系统的集成和整合，降低了复杂性。

5. SLAM 技术

SLAM 技术凭借其能实现机器人的自主定位和导航的优势，成为生活应用中的翘楚。所谓 SLAM 技术，是指实时定位与地图构建技术。Google 的无人车就应用了 SLAM 技术对场景进行构建；现在，基于激光雷达的 LidarSlam 技术已经较为成熟。LidarSlam 是指利用激光雷达作为外部传感器，获取地图数据，使机器人实现同步定位与地图构建功能。鉴于 SLAM 技术广泛的应用需求，我们可以相信 SLAM 技术的发展前景将十分光明。

3.6　其他外部传感器

1. 电涡流传感器

电涡流传感器主要用于检测由金属材料制成的对象物体距离探头表面的距离，该传感器利用一个导体在非均匀磁场中移动或处在交变磁场内，导体内将会出现感应电流，这种感应电流称为涡流。电涡流传感器常用于对大型旋转机械的轴位移、轴振动、轴转速等参数进行长期实时监测，可以分析出设备的工作状况和故障原因。

2. 触须传感器

触须传感器可以安装在移动的机器人四周，用以发现外界环境中的障碍物。

习　　题

1. 工业机器人用传感器的分类有哪些？请举例说明。
2. 工业机器人用传感器的选择依据是什么？
3. 电位式位移传感器的工作原理是什么？
4. 光电编码器的工作原理是什么？
5. 接近觉传感器的分类及应用有哪些？
6. 触觉传感器分为哪几类？简述其工作原理。
7. 超声波传感器的应用有哪些？
8. 工业机器人视觉技术的应用有哪些？
9. 图像处理技术的研究内容有哪些？

第 4 章 工业机器人控制系统

控制系统是工业机器人的主要组成部分，它的功能类似于人脑。工业机器人要与外围设备协调动作，共同完成作业任务，就必须具备一个功能完善、灵敏可靠的控制系统。工业机器人的控制系统可分为两大部分：一部分是对其自身运动的控制；另一部分是工业机器人与周边设备的协调控制。

4.1 工业机器人控制系统的特点

机器人的结构多为空间开链机构，其各个关节的运动是独立的，为了实现末端点的运动轨迹，需要多关节的运动协调。因此，其控制系统与普通的控制系统相比要复杂得多，具体如下：

（1）机器人的控制与机构运动学及动力学密切相关。机器人手足的状态可以在各种坐标下进行描述，应当根据需要选择不同的参考坐标系，并做适当的坐标变换。经常要求正向运动学和反向运动学的解，除此之外还要考虑惯性力、外力(包括重力)、哥氏力及向心力的影响。

（2）一种简单的机器人一般有3~5个自由度，比较复杂的机器人有十几个甚至几十个自由度。每个自由度一般包含一个伺服机构，它们必须协调起来，组成一个多变量控制系统。

（3）把多个独立的伺服系统有机地协调起来，使其按照人的意志行动，甚至赋予机器人一定的"智能"，这个任务只能由计算机来完成。因此，机器人控制系统必须是一个计算机控制系统。同时，计算机软件担负着艰巨的任务。

（4）描述机器人状态和运动的数学模型是一个非线性模型，随着状态的不同和外力的变化，其参数也在变化，各变量之间还存在耦合。因此，仅仅利用位置闭环是不够的，还要利用速度甚至加速度闭环。系统中经常使用重力补偿、前馈、解耦或自适应控制等方法。

（5）机器人的动作往往可以通过不同的方式和路径来完成，因此存在一个"最优"的问题。较高级的机器人可以用人工智能的方法，用计算机建立起庞大的信息库，借助信息库进行控制、决策、管理和操作。根据传感器和模式识别的方法获得对象及环境的工况，按照给定的指标要求，自动地选择最佳的控制规律。

总而言之，机器人控制系统是一个与运动学和动力学原理密切相关的、有耦合的、非线性的多变量控制系统。由于它的特殊性，经典控制理论和现代控制理论都不能照搬使用。因此到目前为止，机器人控制理论还不完整、不系统。我们相信随着机器人技术的发展，机器人控制理论将日趋成熟。

4.2　工业机器人控制系统的主要功能

工业机器人的控制系统的主要任务是控制工业机器人在工作空间中的运动位置、姿态和轨迹、操作顺序及动作的时间等项目，其中有些项目的控制是非常复杂的。工业机器人控制系统的主要功能有示教再现功能和运动控制功能两种。

示教再现功能是指控制系统可以通过示教盒或手把手进行示教，将动作顺序、运动速度、位置等信息用一定的方法预先教给工业机器人，由工业机器人的记忆装置将所教的操作过程自动地记录在存储器中，当需要再现操作时，重放存储器中存储的内容即可。如需更改操作内容，只需重新示教一遍。

运动控制功能是指对工业机器人末端操作器的位姿、速度、加速度等项目进行控制。

4.2.1　示教再现控制

示教再现控制的内容主要包括示教及记忆方式和示教编程方式。

1. 示教及记忆方式

1）示教的方式

示教的方式种类繁多，总的可分为集中示教方式和分离示教方式。

集中示教方式就是指同时对位置、速度、操作顺序等进行的示教方式。分离示教方式是指在示教位置之后，再一边动作，一边分别示教位置、速度、操作顺序等的示教方式。

当对 PTP（点位控制方式）控制的工业机器人示教时，可以分步编制程序，且能进行编辑、修改等工作。但是在作曲线运动并且位置精度要求较高时，示教点数一多，示教时间就会延长，且在每一个示教点都要停止和启动，因而很难进行速度的控制。

对需要控制连续轨迹的喷漆、电弧焊等工业机器人进行连续轨迹控制的示教时，示教操作一旦开始，就不能中途停止，必须不中断地进行完为止，且在示教途中很难进行局部修正。

示教方式中经常会遇到一些数据的编辑问题，其编辑功能有如图 4.1 所示的几种方法。

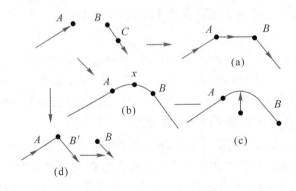

图 4.1　示教数据的编辑功能

在图中，要连接 A 与 B 两点时，可以这样做：① 直接连接，如图(a)所示；② 先在 A 与 B 之间指定一点 x，然后用圆弧连接，如图(b)所示；③ 用指定半径的圆弧连接，如图(c)所示；④ 用平行移动的方式连接，如图(d)所示。

CP(连续轨迹控制方式)控制的示教是多轴同时动作，与 PTP 控制不同，它几乎必须在点与点之间的连线上移动，故有如图 4.2 所示的两种方法；如图(a)所示，在指定的点之间用直线连接进行示教；如图(b)所示，按指定的时间对每一个间隔点的位置进行示教。

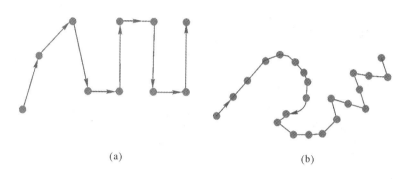

(a)　　　　　　　　　　　　　　　　　　(b)

图 4.2　CP 控制示教举例

2) 记忆的方式

工业机器人的记忆方式随着示教方式的不同而不同。又因记忆内容的不同，故其所用的记忆装置也不完全相同。通常，工业机器人操作过程的复杂程序取决于记忆装置的容量。容量越大，其记忆的点数越多，操作的动作也越多，工作任务就越复杂。

最初工业机器人使用的记忆装置大部分是磁鼓，随着科学技术的发展，逐渐出现了磁线、磁芯等记忆装置。随着计算机技术的发展，出现了半导体记忆装置，尤其是集成化程度高、容量大、高度可靠的随机存取存储器和可编程只读存储器等半导体的出现，使工业机器人的记忆容量大大增加，特别适合于复杂程度高的操作过程的记忆，并且其记忆容量可达无限。

2. 示教编程方式

目前，大多数工业机器人都具有采用示教方式来编程的功能。示教编程一般可分为手把手示教编程和示教盒示教编程两种方式。

1) 手把手示教编程

手把手示教编程方式主要用于喷漆、弧焊等要求实现连续轨迹控制的工业机器人的示教编程。具体的方法是人工利用示教手柄引导末端操作器经过所要求的位置，同时由传感器检测出工业机器人各关节处的坐标值，并由控制系统记录、存储这些数据信息。实际工作当中，工业机器人的控制系统重复再现示教过的轨迹和操作技能。

手把手示教编程也能实现 PTP 控制，与 CP 控制不同的是，它只记录各轨迹程序移动的两端点位置，轨迹的运动速度则按各轨迹程序段对应的功能数据输入。

2) 示教盒示教编程

示教盒示教编程方式是人工利用示教盒上所具有的各种功能的按钮来驱动工业机器人

的各关节轴，按作业所需要的顺序单轴运动或多关节协调运动，从而完成位置和功能的示教编程。

示教盒通常是一个带有微处理器的、可随意移动的小键盘，内部 ROM 中固化有键盘扫描和分析程序，其功能键一般具有回零、示教方式、自动方式和参数方式等。

示教编程控制由于其编程方便、装置简单等优点，在工业机器人的初期得到较多的应用。同时，又由于其编程精度不高、程序修改困难、示教人员要熟练等缺点的限制，促使人们又开发了许多新的控制方式和装置，以使工业机器人能更好更快地完成作业任务。

4.2.2　运动控制

工业机器人的运动控制是工业机器人的末端操作器从一点移动到另一点的过程中，对其位置、速度和加速度的控制。由于工业机器人末端操作器的位置和姿态是由各关节的运动引起的，因此，对其运动控制实际上是通过控制关节运动实现的。

工业机器人关节运动控制一般可分为两步进行：第一步是关节运动伺服指令的生成，即指将末端操作器在工作空间的位置和姿态的运动转化为由关节变量表示的时间序列或表示为关节变量随时间变化的函数，这一步一般可离线完成；第二步是关节运动的伺服控制，即跟踪执行第一步所生成的关节变量伺服指令，这一步是在线完成的。

4.3　工业机器人的控制方式

工业机器人的控制方式多种多样，根据作业任务的不同，主要分为点位控制方式（PTP）、连续轨迹控制方式（CP）、力（力矩）控制方式和智能控制方式。

1. 点位控制方式

点位控制方式（PTP）的特点是只控制工业机器人末端操作器在作业空间中某些规定的离散点上的位姿。控制时只要求工业机器人快速、准确地实现相邻各点之间的运动，而对到达目标点的运动轨迹则不作任何规定。这种控制方式的主要技术指标是定位精度和运动所需的时间。由于其控制方式易于实现、定位精度要求不高的特点，因而常被应用在上下料、搬运、点焊和在电路板上安插元件等只要求目标点处保持末端操作器位姿准确的作业中。一般来说，这种控制方式比较简单，但是，要达到 $2\sim3~\mu m$ 的定位精度是相当困难的。

2. 连续轨迹控制方式

连续轨迹控制方式（CP）的特点是连续地控制工业机器人末端操作器在作业空间中的位姿，要求其严格按照预定的轨迹和速度在一定的精度范围内运动，而且速度可控，轨迹光滑，运动平稳，以完成作业任务。工业机器人各关节连续、同步地进行相应的运动，其末端操作器即可形成连续的轨迹。这种控制方式的主要技术指标是工业机器人末端操作器位姿的轨迹跟踪精度及平稳性。通常弧焊、喷漆、去毛边和检测作业机器人都采用这种控制方式。

图 4.3 分别为点位控制与连续轨迹控制。

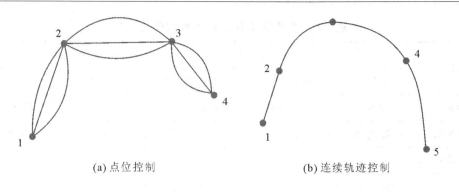

| (a) 点位控制 | (b) 连续轨迹控制 |

图 4.3 点位控制与连续轨迹控制

3. 力(力矩)控制方式

在完成装配、抓放物体等工作时,除要准确定位之外,还要求使用适度的力或力矩进行工作,这时就要利用力(力矩)伺服控制方式。这种方式的控制原理与位置伺服控制原理基本相同,只不过输入量和反馈量不是位置信号,而是力(力矩)信号,此系统中必须有力(力矩)传感器。有时也利用接近、滑动等传感功能进行自适应式控制。

4. 智能控制方式

机器人的智能控制是通过传感器获得周围环境的知识,并根据自身内部的知识库作出相应的决策。采用智能控制技术,使机器人具有较强的环境适应性及自学习能力。智能控制技术的发展体现于近年来人工神经网络、基因算法、遗传算法、专家系统等人工智能的迅速发展。

4.4 电动机控制

在工业机器人中,电动机用得最为广泛。因此,本节将从实际应用的角度出发,针对机器人控制中应用的电动机的种类和特征及其控制方法进行说明。

4.4.1 电动机控制概述

1. 机器人电动机的特征

机器人中电动机的控制特征和电动机的种类多种多样,根据各自的特点,工业界早已在家电、玩具、办公仪器设备、测量仪器甚至电气铁路这样一些广泛的领域内制定了各种不同的使用方法。在这些应用中,机器人中的电动机有其自身的特点。

表 4.1 列出了机床和机器人电动机的特征对比情况。用于生产线上的机器人,主要承担着零件供应、装配和搬运等工作,其控制目的是位置控制。因为机器人的动作基本上是腕部的运动,所以对电动机来说,主要的负载是惯性负载,并且还存在有重力负载。有负载运动时,电动机的速度最慢;无负载运动时,电动机的速度最快。此外,从电动机的输出功率考虑,多数为十瓦(W)到数千瓦(kW)的电动机。本节只考虑小型电动机的分类。

表 4.1　机床和机器人电动机的特征对比

项目	机　器　人			NC 机床	机床
	正交型	水平多关节	垂直多关节	光杠	主轴
用途	装配	零件的搬运	零件的供应	金属的成型	机械加工
控制对象	位置（速度）	位置（速度）	位置（速度）	位置	位置和速度
变速范围	1∶50	1∶100	1∶100	1∶100 000	1∶100
负载类型	惯性负载 重力支持	惯性负载	惯性负载 重力支持	加工负载	惯性负载

在一般的机械中，多数都要求提供低速度、大转矩的机械功率，与此相应，机器人则是一种以电动机的高速度和低转矩形式提供机械功率的设备。因此，为了使两者相匹配，在电动机与机械系统之间，需要采用减速机构。但是，由于间隙和扭转变形，减速器在机械系统的运动过程中会产生振动。由于存在这样的一些问题，因此近年来开发出了一种直接驱动电动机，它可以直接连接到机械系统中，并且可以产生低速度和大转矩。

2. 机器人电动机的种类

电动机根据输出形式的不同，可以分为旋转型和直线型，如图 4.4 所示。

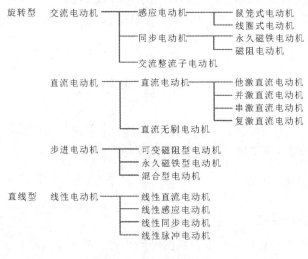

图 4.4　电动机的种类

当考虑电动机在机器人中的应用时，应主要关注电动机的如下基本性能：能实现启动、停止、连续的正反转运行，且具有良好的响应特性；正转与反转时的特性相同，且运行特性稳定；维修容易，且不用保养；具有良好的抗干扰能力，且相对于输出来说，体积小，重量轻。

在机器人中，首先采用比较多的是直流电动机和无刷直流电动机，因为它们可以满足上述要求；其次也推荐使用感应电动机和步进电动机。本书只对直流电动机和感应电动机进行说明。

3. 机器人电动机的变换器

对于直流电动机，变换器首先将其电压和电流控制到希望的数值；对于交流电动机，变换器首先将其电压、电流和频率控制到希望的数值，然后对电动机的速度进行控制，进而对电动机的位置进行控制。

表 4.2 概括了在电动机控制中采用的电力变换器的分类和主要用途。除了在电车和蓄电池吊动起重车等一些特殊领域应用外，一般来说，不用电池和蓄电池作为直流电源，而是使用对商用的交流电进行整流后得到直流电。把交流电变换成直流电的过程，称为顺变换，这里采用的电力变换器称为整流电路。一般来说，由于交流电的正弦波波形畸变会引起电压的变动和感应干扰，因此应采取措施，设法保持输入电流波形的正弦波形状。所以，电力变换器不同于通常的整流电路，可称之为 PWM 变换器。

表 4.2　电动机控制中采用的电力变换器的分类及用途

变换功能	代表性例子	主要用途
交流—直流（顺变换）	整流电路 PWM 变换器	直流电动机控制，直流电源（高频抑制）直流电源
直流—交流（电压控制）	断续器（四象限断续器）	直流电动机控制直流电动机的可逆控制
直流—交流（逆变换）	变频器	交流电源交流电动机控制
交流—交流	交流电力调整循环换流器	感应电动机控制，热与光的控制，大容量交流电动机控制

注意，为了控制交流电动机的速度，需要使用变频器。

4. 电动机控制系统的构成

图 4.5 表示了用电动机和电力变换器组合而成的电动机控制系统的一般构成。

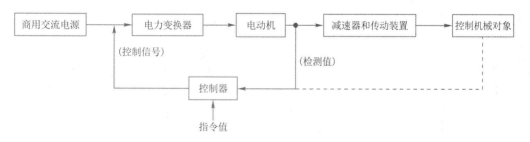

图 4.5　电动机控制系统的一般构成

正如前面讲过的那样，通过电力变换器，将商用电源的电压、电流和频率进行交换，然后再对电动机进行控制。电动机的输出量 p（W）虽然用电量表示，但它是通过减速器和传动装置（连接器、齿轮、传送带等）传送至机械系统的。这里用负载速度 ω_L（rad/s）和负载转矩 T_L（N·m）表示机械动力，并用下式表示它们与电动机输出量 p（W）的关系：

$$p = \omega_L \cdot T_L \tag{4-1}$$

该式为电气功率与机械功率的重要关系式，并且是以 SI（国际标准单位）表示的。但是，通常情况下，转速的单位用 r/min，转矩的单位用 kg·m，当采用这种单位时，式

（4-1）就变成了

$$p = 1.026\omega_{\mathrm{L}} \cdot T_{\mathrm{L}} \tag{4-2}$$

为了实现机械系统预期的速度和位置，需要利用传感器进行检测，并且将检测量转换成控制装置的输入量，然后分别与其指令值进行比较后，通过控制运算，作为电力变换器的控制信号进行反馈，最终实现对送往电动机的电压、电流和频率等的调整。对检测出来的机械系统的最终速度和位置进行反馈，称为全闭环系统；对检测出来的电动机轴的速度和位置进行反馈，称为半闭环系统。在实际应用方面，后者的应用范围要广泛得多。

4.4.2　电动机速度的控制

直流电动机的速度与转矩的关系。

依据图 4.4 中表示的磁场与电枢连接方式的不同，直流电动机有他激、并激、串激和复激电动机等类型。在机器人中，他激电动机中多采用永久磁铁的电机，所以本节只对这种电机进行说明。

根据电机学原理，当设电动机的速度为 ω_{m}（rad/s），电动机电枢的电压、电流、电阻分别为 U、I、R，电动势系数为 K_{E} 时，它们之间满足下列关系：

$$\omega_{\mathrm{m}} = \frac{U - IR - U_{\mathrm{b}}}{K_{\mathrm{E}}} \tag{4-3}$$

式中，U_{b} 称为电刷电压降，通常为 2～3 V，多数情况下可以忽略不计；但在外加电压比较小的电动机中，则必须予以考虑。

对于转矩 T_{m}，设转矩系数为 K_{T}（N·m/A）时，可求得转矩为

$$T_{\mathrm{m}} = K_{\mathrm{T}}(I - I_0) \tag{4-4}$$

式中，I_0 为轴等零件上承受的摩擦转矩的电流换算值，多数情况下可以忽略不计，但是当电动机的输出功率比较小时，就不能忽略不计。于是，从上述两式中消去电枢电流后，电动机的速度与转矩之间的关系可以用下式表示：

$$\omega_{\mathrm{m}} = \frac{U - \dfrac{R}{K_{\mathrm{T}}T_{\mathrm{m}} - (I_0 R + U_{\mathrm{b}})}}{K_{\mathrm{E}}} \tag{4-5}$$

由式（4-5）可以看出，电动机的速度相对于转矩成直线关系减小，其减小的比例显然由电枢的电阻、电动势系数和转矩系数决定。另外，在表 4.3 中表示了三种直流电动机的产品目录，它们是一些具有代表性的产品。

表 4.3　直流电动机产品目录

代号	型号/额定	电压/V	电流/A	转速/(r/min)	功率/W	转矩/(N·m)	工作制	重量/kg
A	ZTY-22	110	7	1800	500	2.74	连续	8.00
		220	3.5	1800	500	2.74		
		220	3.5	3600	500	2.54		
		220	3.5	4500	500	2.54		
B	42GA775	12/24 V	0.13～0.8	10～600	25	60	连续	4.5
C	5DC120-24GU-18	12/24 V	0.15	10～600	120	25	连续	5.4

这里若以电动机 B 为例，首先应注意式（4-3）中的单位，再将额定值代入式（4-3），于是可以确定电刷上的电压降为

$$66.5 = 7.4 \times 1.03 + 0.0187 \times 3000 + U_b$$

$$U_b = 2.73 \text{ V}$$

此外，将额定值代入式（4-4）时，可求出轴上承受的摩擦转矩的电流换算值。将这些值代入式（4-5）中，即可求出这个电动机的转矩与速度的关系，其形式为

$$\omega_m = \frac{U - 5.78 T_m - 2.97}{0.178} \tag{4-6}$$

因此，当用这个电动机驱动机器人手臂，并且希望产生的转矩为 0.85 N·m、电动机旋转速度为 2200 r/min 时，对这个电动机应该施加的电压和电流，可以依据下列方法予以确定：首先，将转矩和转速代入式（4-6），并且注意式中的单位，于是可以确定外加电压为

$$U = 0.0178 \times 2200 \times \frac{2\pi}{60} + 5.78 \times 0.85 + 2.73 = 48.7 \text{ V}$$

电流可以根据式（4-4）计算得到，其值为

$$I = \frac{0.85}{0.178} + 0.237 = 5.0 \text{ A}$$

4.4.3　电动机的机械动态特性分析

根据电动机的机械性能动态特性，如果电动机产生的转矩 T_m 大于负载的反作用转矩 T_L，则会产生加速运动；反之，则会产生减速运动；如果两者处于平衡状态，则系统会以一定速度进行稳定的工作。现在如果设换算到电动机轴上的全部转动惯量为 J，黏性摩擦系数为 D，负载转矩为 T_L，则这个机械系统的运动方程式可以由下式给出：

$$J \frac{\mathrm{d} w_L}{\mathrm{d} t} + D \omega_m = T_m - T_L \tag{4-7}$$

多数驱动系统都采用了如图 4.6 所示的减速器。

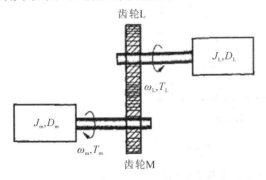

图 4.6　减速器

若设图中电动机和负载的速度分别为 ω_m 和 ω_L，并且设减速器的效率为 100%，则齿数比 $\frac{1}{a}$ 定义如下：

$$\frac{\omega_L}{\omega_m} = \frac{齿轮 M \cdots}{齿轮 L \cdots} \cdots 1 \cdots \omega_m T_m = \omega_L T_L \qquad (4-8)$$

这时，负载一侧的运动方程式变成式……形式，且可以写成

$$J_L \frac{d\omega_L}{dt} + D_L \omega_L = aT_m - T_L \qquad (4-9)$$

从电动机轴观察到转矩为负载转矩的 $\frac{1}{a}$，而负载一侧的机械常数则变为原来的 $\frac{1}{a^2}$。这时电动机的转动惯量和黏性摩擦系数应分别进行相加，并且必须对式(4-7)中的 J、D 进行设置。此外，在实际计算中，多数情况下可以忽略黏性摩擦系数。

4.4.4　动态特性的控制

为了能对转矩进行控制，可在机械轴上安装转矩检测器，以构成一个反馈系统。但要得到性价比高、体积小、频率特性好的转矩检测器则比较困难。

另外，在直流他激电机、无刷电机和向量控制感应电机中，转矩和电流之间存在比例关系。为了得到期望的转矩，需采用电流传感器。霍尔元件的电流传感器因其价格低、体积小、频率特性好，因而在实践中得到了广泛应用。

图 4.7 是采用断路器的直流他激电动机的力控制系统构成原理图。设用电动机的转矩系数 K_T 除转矩指令 T^*，得到的结果用电流指令 i 表示，如果实际的电动机电流 i^* 与厂基本一致，那么电动机就能够产生与转矩指令 T^* 相同的转矩。因此，如图 4.13 所示，可以把由电流传感器检测得到的实际电动机电流 i^* 与电流指令 i 比较，得到电流误差：

$$\Delta i = i^* - i \qquad (4-10)$$

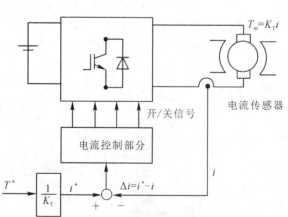

图 4.7　力控制系统构成原理图

为了使这个值趋于 0，在电流控制部分广泛地采用了产生断路器开/关信号的方式。这里在利用 Δi 产生断路器的开/关信号时，只对具有代表性的三角波比较法进行说明。在这种方法中，根据图 4.8(a)中表示的三角波信号 S_m 和 Δi 的关系，生成断路器的开/关信号。三角波比较法的原理在图 4.8(b)中清楚地表示了出来，断路器的开信号依据如图中规律发生。

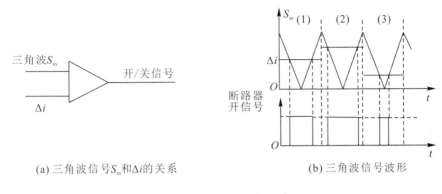

(a) 三角波信号 S_m 和 Δi 的关系　　　　　　　(b) 三角波信号波形

图 4.8　三角波比较法的原理

4.5　机械系统控制

4.5.1　机器人手指位置的确定

对于工业机器人来说，搬运物料是其抓取作业方式中较为重要的应用之一。工业机器人作为一种具有较强通用性的作业设备，其作业任务能否顺利完成直接取决于夹持机构，因此机器人末端的夹持机构(见图 4.9)要结合实际的作业任务以及工作环境的要求来设计，这使得夹持机构的结构形式多样化。

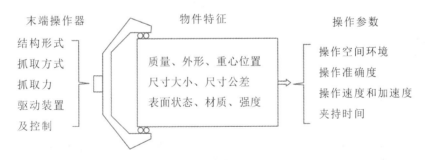

图 4.9　末端夹持机构要素、特征、参数的联系

大多数机械式夹持机构为双指头爪式，根据手指运动方式的不同可分为回转型和平移型；根据夹持方式的不同又可分成内撑式与外夹式；根据结构特性可分为气动式、电动式、液压式及其组合夹持机构。机器人手指结构主要包括：大拇指、中指、食指、无名指、小指。当通入直流电后，各指节形成的机器人手指由伸直状态逐渐弯曲，以抓取物体。手指、大拇指为两指节结构，食指、中指、无名指、小指为三指节结构。这种手指的特点为只需一对直流导线控制，断电时手指张开，通电时手指弯曲合拢，以抓取物体。由一对电流线同时控制大拇指一个关节，其余四指八个关节，即一对电流线可同时控制九个关节的动作，结构简单。五指仿人机械手采用欠驱动控制方式，所以机器手系统大大简化，机械手大小基本与普通人手大小一致，便于安装到各种服务机器人的移动平台上；同时每个手指都靠

手指末端拉力进行运动,也就是说只需要一个拉力便可以实现机械手指的仿人类手指运动方式,结构紧凑、便于控制、动作灵活;材料可以采用塑料纤维进行加工实现,因此质量轻、价格便宜,易于普及;可以采用嵌入式的控制方式进行控制,处理速度快,响应时间短。

4.5.2　设计方法

工业机器人由控制系统、驱动系统和主体三个基本部分构成,如图4.10所示。其中机座和执行机构(包括手部、腕部、臂部、腰部)构成了机器人的主体;动力装置与传动机构组成了机器人的驱动系统;控制系统主要是根据输入程序对驱动系统和主体发出各种指令集进行控制。

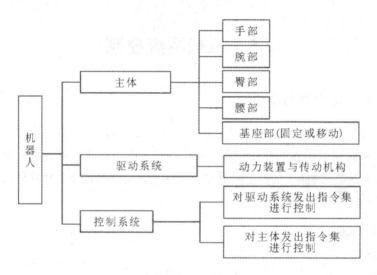

图4.10　机器人一般构成

工业机器人按照不同的分类方式可分为不同种类。

(1) 按臂部运动形式,可分为四类:直角坐标型的臂部可沿三个直角坐标移动;圆柱坐标型的臂部可做升降、回转和伸缩动作;球坐标型的臂部能回转、俯仰和伸缩;关节型的臂部有多个转动关节。

(2) 按执行机构运动的控制功能,可分为两类:点位型和连续轨迹型。点位型是指控制其执行机构由一点到另一点的精确定位,通常适用于机床上下料、点焊、一般搬运、装卸等;连续轨迹型可实现按照输入程序指定的轨迹连续作业,通常适用于涂装、连续焊接等。

(3) 按程序输入方式,可分为两类:编程输入型和示教输入型。编程输入型指通过串口或以太网通信方式将计算机中已编好的程序文件传送至机器人控制柜;而示教输入型指示教再现型工业机器人。

智能型工业机器人指能够在复杂环境下工作,且具备触觉、力觉或简单视觉以及识别功能或进一步增加自适应、学习等功能的复杂机器人。机器人各部分间相互作用、相互联系,其关系如图4.11所示。

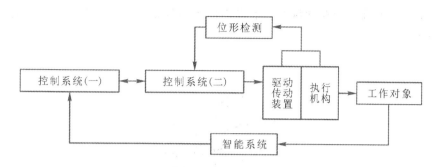

图 4.11　机器人各部分之间的相互关系

1. 主体结构设计

1) 按照直角坐标机器人设计

一般直角坐标机器人的手臂能垂直上下移动（Z 方向运动），并可沿滑架和横梁上的导轨进行水平面内二维移动（X 和 Y 方向运动），如图 4.12 所示。直角坐标机器人主要用于生产设备的上下料，也可用于高精度的装配和检测作业。其主体结构具有三个自由度，而手腕自由度的多少可视用途而定。直角坐标机器人的优点是：① 结构简单；② 容易编程；③ 采用直线滚动导轨后，速度高，定位精度高；④ 在 X、Y 和 Z 三个坐标轴方向上的运动没有耦合作用，对控制系统设计相对容易。当然这类机器人也有缺点：① 导轨面的防护比较困难；② 导轨的支承结构增加了机器人的重量，并减少了有效工作范围；③ 为了减少摩擦需要用很长的直线滚动导轨，价格高；④ 结构尺寸与有效工作范围相比显得庞大；⑤ 移动部件的惯量比较大，增加了驱动装置的尺寸和能量消耗。

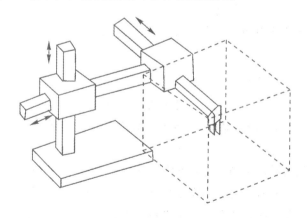

图 4.12　直角坐标机器人的工作空间示意图

2) 按照圆柱坐标机器人设计

圆柱坐标机器人的主体结构具有三个自由度：腰转、升降、手臂伸缩。手腕通常采用两（三）个自由度，绕手臂纵向轴线转动和绕与其垂直的水平轴线转动。圆柱坐标机器人的优点有：① 除了简单的"抓—放"作业外还可以用在许多其他生产领域；② 结构紧凑；③ 在垂直方向和径向有两个往复运动，可采用伸缩套筒式结构，当机器人开始腰转时可把手臂缩进去，在很大程度上减少了转动惯量，改善了动力学载荷。圆柱坐标机器人的缺点是：由于机身结构的缘故，手臂不能抵达底部，减少了机器人的工作范围（如图 4.13 所示）。

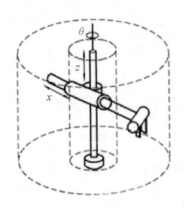

图 4.13　圆柱坐标机器人的工作范围

3）按照球面坐标机器人设计

球面坐标机器人具有较大的工作范围，设计和控制系统比较复杂。如图 4.14 所示，机器人主体结构有三个自由度：绕垂直轴线（柱身）转动、绕水平轴线转动、手臂伸缩移动。这种机器人的优点是可绕中心轴旋转，中心支架附近的工作范围大，两个转动驱动装置容易密封，覆盖工作空间较大；其缺点是该坐标复杂，难于控制，且直线驱动装置仍存在密封及工作死区的问题。球坐标机器人的最大行程决定了球面最大半径，其工作范围呈球缺状。

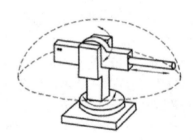

图 4.14　球坐标机器人的工作范围

4）按照关节坐标机器人设计

关节坐标机器人的主体结构有三个自由度：腰转关节、肩关节、肘关节，全部是转动关节。手腕的三个自由度上的转动关节（俯仰、偏转和翻转）用来最后确定末端操作器的姿态。关节坐标机器人的优点是：① 结构紧凑，工作范围大而安装占地面积小；② 具有很高的可达性；③ 因为没有移动关节，所以不需要导轨；④ 所需关节驱动力矩小，能量消耗较少。其缺点是：① 肘关节和肩关节轴线是平行的，当大小臂舒展成直线时虽能抵达很远的工作点，但是机器人结构刚度比较低；② 机器人手部在工作范围边界上工作时有运动学上的退化行为。

平面关节机器人可看作是关节坐标机器人的特例，它只有平行的肩关节和肘关节，关节轴线共面。如 SCARA（Selective Compliance Assembly Robot Arm）机器人有两个并联的旋转关节，可以使机器人在水平面上运动，此外，再用一个附加的滑动关节做垂直运动。SCARA 机器人常用于装配作业，最显著的特点是它们在 $x-y$ 平面上的运动具有较大的柔性，而沿 z 轴具有很强的刚性，所以，它具有选择性的柔性。这种机器人在装配作业中获得了较好的应用。平面关节机器人的工作空间如图 4.15 所示。

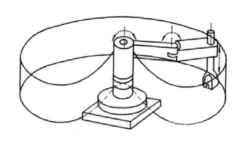

图 4.15　平面关节机器人的工作空间

2. 传动方式的选择

传动方式的选择是指选择驱动源及传动装置与关节部件的连接形式和驱动方式。基本的连接形式和驱动方式有如下几种：

(1) 直接连接传动：驱动源或带有的机械传动装置直接与关节相连。其优点是：驱动电机直接装在关节上，结构紧凑。其缺点是：电机比较重，腰转时大臂关节电机和小臂关节电机随之运动；大臂转动时小臂关节电机也随之运动，不仅增加了能量消耗，而且增大了转动惯量，从动力学观点来看对系统相对有损害。操作时可把肘关节电机、肩关节电机都放到机器人的基础部件上，通过远距离的机械传动把电机动力传给肘关节和肩关节。

(2) 远距离连接传动：驱动源通过远距离机械传动后与关节相连。其主要优点是：克服了直接连接传动的缺点并且可以把电机作为一个平衡质量，可获得平衡性良好的机器人主体结构。其缺点是：远距离传动产生额外的间隙和柔性，影响机器人的精度同时增加能量消耗；机器人结构庞大，传动装置占据了机器人其他子系统所需要的空间。

(3) 间接驱动：驱动源经一个速比远大于 1 的机械传动装置与关节相连。使用机械传动装置有以下理由：① 工业机器人关节转轴的速度不高，而关节驱动力矩要求比较大，一般电机满足不了这个要求，所以需要采用速比较大、传动效率较高的机械传动装置作为电机和关节之间传递力矩和速度的中间环节；② 用于直接驱动的高转矩低速电机虽然已经开发出来，但是电机价格高，而且转矩/体积比和转矩/重量比还比较小；③ 直接驱动对载荷变化十分敏感；④ 采用机械传动装置后，可选用高速低转矩电机，对制动器设计和选用十分有利，制动器尺寸小；⑤ 可以通过机械传动装置解决可能出现的倾斜轴之间、平行轴之间以及转动—移动之间的运动转换问题。

(4) 直接驱动：驱动源不经过中间环节或经过一个速比等于 1 的机械传动这样的中间环节与关节相连。直接驱动机器人也叫 DD 机器人（Direct Drive Robot，DDR）。DD 机器人一般指驱动电机通过机械接口直接与关节连接，也包括一种采用速比等于 1 的钢带传动的直接驱动机器人。其特点是驱动电机和关节之间没有速度和转矩的转换。DD 机器人与间接驱动机器人相比有如下优点：① 机械传动精度高；② 振动小，结构刚度好；③ 机械传动损耗小；④ 结构紧凑、可靠性高；⑤ 电机峰值转矩大，电气时间常数小，短时间内可以产生很大转矩，响应速度快，调速范围宽。但 DD 机器人目前仍存在一些问题，如：电机成本较高，其转矩/重量比、转矩/体积比不大，需开发小型实用的 DD 电机；该驱动对位置、速度的传感元件提出了相当高的要求；载荷变化、耦合转矩及非线性转矩对驱动及控制影响显著，使控制系统设计困难和复杂。

3. 模块化结构设计

模块化机器人是由一些标准化、系列化的模块通过具有特殊功能的结合部用积木拼搭的方式组成一个工业机器人系统。模块化设计是指基本模块设计和结合部设计。模块化工业机器人具有经济性、灵活性等特点。其经济性主要体现在：采用批量制造技术来生产标准化系列化的工业机器人模块，自由拼装工业机器人，满足用户经济性好和基本功能全的要求。其灵活性主要体现在：① 根据工业机器人所要实现的功能来决定模块的数量，机器人的自由度可方便地增减；② 为了扩大工业机器人的工作范围，可更换具有更长长度的手臂模块或加接手臂模块；③ 能不断对工业机器人更新改造。

模块化工业机器人也存在许多问题：① 模块化工业机器人整个机械系统的刚度比较差；② 因为有许多机械接口及其他连接附件，所以模块化工业机器人的整体重量有可能增加；③ 虽然功能模块多种多样，但是尚未真正做到根据作业对象就可以合理进行模块化分析和设计。

4. 材料的选择

正确选用结构件材料不仅可降低机器人的成本价格，更重要的是可适应机器人的高速化、高载荷化及高精度化，满足其静力学及动力学特性要求。材料选择的基本要求：强度高、弹性模量大、重量轻、阻尼大、材料价格低。

5. 平衡系统设计

平衡系统在工业机器人设计中具有重要作用，借助平衡系统能降低因机器人重力引起关节驱动力矩变化的峰值；借助平衡系统能降低因机器人运动而导致惯性力矩引起关节驱动力矩变化的峰值；借助平衡系统能减少动力学方程中内部耦合项和非线性项，改进机器人动力特性；借助平衡系统能减小机械臂结构柔性所引起的不良影响；借助平衡系统能使机器人运行稳定，降低地面安装要求。同时在安全方面，根据机器人动力学方程，关节驱动力矩项包括重力矩项，即各连杆质量对关节产生的重力矩。因为重力是永恒的，即使机器人停止了运动，重力矩项仍然存在。这样，当机器人完成作业切断电源后，机器人机构会因重力而失去稳定。平衡系统是为了防止机器人因动力源中断而失稳，引起向地面"倒塌"的趋势。

现主要有三种平衡系统设计途径：质量平衡技术、弹簧力平衡技术、可控力平衡技术。其中质量平衡技术通常采用平行四边形机构构成平衡系统，其原理是在系统中增加一个质量，与原构件的质量形成一个力的平衡，该平衡系统不随机器人位置的变化而失去平衡。

4.5.3 电动机

1. 电动驱动式

电动驱动系统利用各种电动机产生力矩和力，即由电能产生动能，直接或间接地驱动机器人各关节动作。电动驱动方式控制精度高，能精确定位，反应灵敏，可实现高速、高精度的连续轨迹控制，适用于中小负载、位置控制精度要求较高、速度要求较高的机器人。

电动驱动式电动机有许多种，如图 4.16 所示，直流无刷电动机、交流伺服电动机或步进电动机可使用在对点位重复精度和运行速度有较高要求的情况下；直驱（DD）电动机适用于对速度、精度要求均很高的情况或洁净的环境中。

(a) 直流无刷电动机

(b) 交流伺服电动机

(c) 步进电动机

(d) 直驱电动机

图 4.16　各种电动机

1) 永磁式直流电动机

永磁式直流电动机有很多不同的类型。低成本的永磁式直流电动机使用陶瓷(铁基)磁铁,玩具机器人和非专业机器人常应用这种电动机,如图 4.17 所示。无铁芯转子式电动机通常用在小机器人上,有圆柱形和圆盘形两种结构。这种电动机有很多优点,如电感系数很低、摩擦很小且没有嵌齿转矩。其中圆盘电枢式电动机总体尺寸较小,同时有很多换向节,可以产生具有低转矩的平稳输出。但是无铁芯电枢式电动机的缺点在于热容量很低。这是因为其质量小同时传热的通道受到限制,所以在高功率工作负荷下,它们有严格的工作循环间隙限制以及被动空气散热需求。直流有刷电动机换向时有火花,对环境的防爆性能较差。

2) 无刷电动机

无刷电动机使用光学的或者有磁场的传感器以及电子转换电路来代替石墨电刷以及铜条式换向器,因此可以减小摩擦、瞬间放电量以及换向器的磨损。无刷电动机包括直流无刷电动机与交流伺服电动机等。如图 4.18 所示,直流无刷电动机利用霍耳传感器感应到的转子位置,开启(或关闭)换流器中功率晶体管的顺序,产生旋转磁场,并与转子的磁铁相互作用,使电动机顺时针(逆时针)转动。无刷电动机在低成本的条件下表现突出,主要归功于其降低了电动机的复杂性。但是,其使用的电动机控制器要比有刷电动机的控制器更复杂,成本也更高。交流伺服电动机在工业机器人中的应用最广,实现了位置、速度和力矩的闭环控制,其精度由编码器的精度决定;它具有反应迅速、速度不受负载影响、加减速快、精度高等优点,不仅高速运行性能好,一般额定转速能达到 2000～3000 r/min,而且低速运行平稳;其抗过载能力强,能承受 3 倍于额定转矩的负载,对有瞬间负载波动和要求快速启动的场合特别适用。

图 4.17　永磁式直流电动机

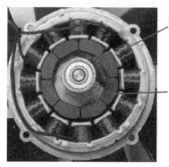

定子
(通电线圈)

转子
(永磁体)

图 4.18　直流无刷电动机

3）步进电动机

步进电动机是将电脉冲信号变换为相应的角位移或直线位移的元件，它的角位移量和线位移量与脉冲数成正比，转速或线速度与脉冲频率成正比。在负载能力的范围内，这些关系不因电源电压、负载大小、环境条件的波动而变化，误差不长期积累。但由于其控制精度受步距角限制，调速范围相对较小，高负载或高速运行时易失步，低速运行时会产生步进运行等缺点，因此一般只应用于小型或简易型机器人。

2. 液压驱动式

液压驱动系统将液压泵产生的工作油的压力能转变成机械能，即发动机带动液压泵，液压泵转动形成高压液流（动力），液压管路将高压液体（液压油）接到液压马达/泵，使其转动，形成驱动力，如图 4.19 所示。液压驱动系统控制精度较高，可无级调速，反应灵敏，可实现连续轨迹控制，操作力大，功率体积比大，适合于大负载、低速驱动。但液压驱动系统对密封的要求较高，且不宜在高温或低温的场合工作，要求的制作精度较高，快速反应的伺服阀成本也非常高，漏液以及复杂的维护也限制了液压驱动在机器人中的应用。

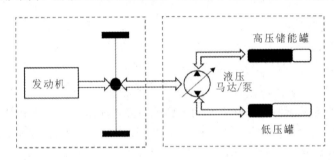

图 4.19　液压驱动系统

液压式驱动器通常有直线液压缸和液压马达等几种，驱动控制是通过电磁阀以及一个由低功率的控制电路控制的伺服阀的开闭来实现的。

3. 气动驱动式

气动驱动式电动机的工作原理与液压驱动式相同，靠压缩空气来推动气缸运动进而带动元件运动。由于气体压缩性大，因此其精度低，阻尼效果差，低速不易控制，难以实现伺服控制，能效比较低；但其结构简单，成本低。故气动驱动适用于轻负载、快速驱动、精度要求较低的有限点位控制的工业机器人（如冲压机器人），或用于点焊等较大型通用机器人的气动平衡，或用于装备机器人的气动夹具。气动驱动装置的结构如图 4.20 所示。

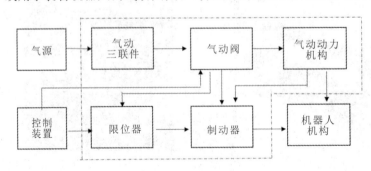

图 4.20　气动驱动装置的结构

气动驱动装置大致由气源、气动三联件、气动阀、气动动力机构与执行机构组成。气源包括空气压缩机(气泵)、储气罐、油水分离器与调压过滤器等;气动三联件包括分水滤气器、调压器和油雾器(有的采用气动二联件、油水分离器);气动阀包括电磁阀、节流调速阀和减压阀等;气动动力机构多采用直线气缸和摆动气缸。气缸连接执行机构(如手爪),产生所需的运动。

气动手爪运动时,气泵、油水分离器控制阀与夹具采用气管相连,机器人控制器与电磁阀采用电线相连,一般采用 24 V 或 220 V 电压控制电磁阀的通断来调整气流的走向。

气动手爪具有动作迅速、结构简单、造价低等优点;其缺点是操作力小、体积大、速度不易控制、响应慢、动作不稳定、有冲击。此外,由于空气在负载作用下会压缩和变形,因此气缸的精确控制很难。

柔性手爪也可使用气动驱动方式,由柔性材料做成一端固定、一端自由的双管合一的柔性管状手爪,当一侧管内充气、另一侧管内抽气时,形成压力差,柔性手爪就向抽气侧弯曲。此种柔性手爪适用于抓取轻型、圆形物体,如玻璃器皿等。

4.5.4 驱动器

工业机器人的驱动系统包括驱动器和传动机构两部分,如图 4.21 所示。

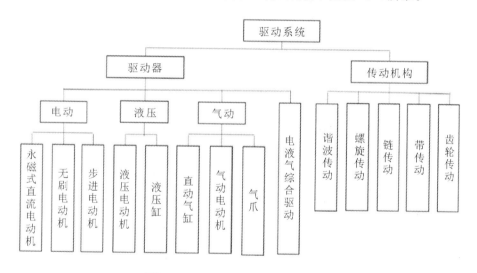

图 4.21 工业机器人驱动系统的组成

驱动装置相当于机器人的"肌肉"与"筋络",向机械结构系统各部件提供动力。有些机器人通过减速器、同步带、齿轮等机械传动机构进行间接驱动,也有些机器人由驱动器直接驱动,大大减少了机械部件的使用,从而减轻了整个系统的重量并减小了体积。

工业机器人的驱动器有三类:电动驱动器(电动机)、液压驱动器和气动驱动器。早期的工业机器人选用的是液压驱动器,后来电动驱动式机器人逐渐增多。工业机器人可以单独采用一种驱动方式,也可以采用混合驱动。比如有些喷涂机器人、重载点焊机器人和搬运机器人不仅有连续轨迹控制功能,而且具有防爆性能。

4.5.5　检测位置用的脉冲编码器和检测速度用的测速发电机

1. 检测位置用的脉冲编码器

在闭环系统中,位置检测装置的主要作用是检测位移,并将发出反馈信号和数控装置发出的指令信号相比较,若有偏差,则经放大后控制执行部件,使其向消除偏差的方向运动直至偏差等于零为止。

脉冲编码器是一种旋转式脉冲发生器,能把机械转角变成电脉冲,可分为增量式和绝对式两类,如图 4.22 所示。从产生元件上分,脉冲编码器有光电式、接触式、电磁感应式三种,从精度和可靠性来看,光电式较好。

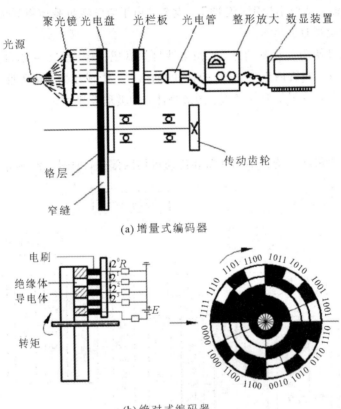

(a) 增量式编码器

(b) 绝对式编码器

图 4.22　脉冲编码器

1) 增量式编码器

增量式编码器通常与电机做在一起,或者安装在电机非轴伸端,电动机可直接与滚珠丝杠相连,或通过减速比为 i 的减速齿轮,然后与滚珠丝杠相连,每个脉冲对应机床工作台移动的距离可用下式计算:

$$\delta = \frac{S}{iM}$$

式中,δ 为脉冲当量(mm/脉冲),S 为滚珠丝杠的导程(mm),i 为减速齿轮的减速比,M 为脉冲编码器每转的脉冲数(p/r)。

增量式编码器由光源、聚光镜、光电盘、圆盘、光电元件和信号处理电路等组成。光电盘用玻璃材料研磨抛光制成,玻璃表面在真空中镀上一层不透光的铬,然后用照相腐蚀法在上面制成向心透光窄缝。透光窄缝在圆周上等分,其数量从几百条到几千条不等。圆盘也用玻璃材料研磨抛光制成,其透光窄缝为两条,每一条后面安装有一只光电元件。光电盘与工作轴连在一起,光电盘转动时,每转过一个缝隙就发生一次光线的明暗变化,光电元件把通过光电盘和圆盘射来的忽明忽暗的光信号转换为近似正弦波的电信号,经过整形、放大和微分处理后,输出脉冲信号。通过记录脉冲的数目,就可以测出转角。测出脉冲的变化率,即单位时间脉冲的数目,这样就可以求出转速。

2）绝对式编码器

绝对编码器是直接输出数字量的传感器,在它的圆形码盘上沿径向有若干同心码道,每条道上由透光和不透光的扇形区相间组成,相邻码道的扇区数目是双倍关系,码盘上的码道数就是它的二进制数码的位数,在码盘的一侧是光源,另一侧对应每一码道有一光敏元件;当码盘处于不同位置时,各光敏元件根据受光照与否转换出相应的电平信号,形成二进制数。

用二进制代码做的码盘,如果电刷安装不准,会使得个别电刷错位,而出现很大的数值误差。为消除这种误差,可采用葛莱码盘,如图 4.23 所示。其各码道的数码不同时改变,任何两个相邻数码间只有一位是变化的,每次切换一位数,把误差控制在最小范围内。二进制码右移一位并舍去末位的数码,再与二进制数码作不进位加法,结果即为葛莱码。

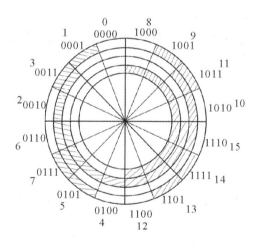

图 4.23　葛莱码盘

2. 检测速度用的测速发电机

测速发电机是一种测量转速的微电机,它将输入的机械转速变换成为电压信号输出,其输出电动势与转速之间呈比例关系。测速发电机的绕组和磁路经精确设计,其输出电动势 E 和转速 n 呈线性关系,即 $E = Kn$,K 是常数。改变测速发电机转子的旋转方向时输出电动势的极性即相应改变。在被测机构与测速发电机同轴连接时,只要检测出输出电动势,就能获得被测机构的转速,故又称速度传感器。同时要求输出电压与转速成正比,$U = Kn$,并保持稳定;剩余电压(转速为零时的输出电压)要小;输出电压的极性或相位能反映被测对象的转向；温度变换对输出特性的影响小；灵敏度高，即输出电压对转速的变化反应灵敏，输出特性斜率要大；转动惯量和摩擦转矩小，以保证反应迅速。

测速发电机广泛用于各种速度或位置控制系统。在自动控制系统中作为检测速度的元件，以调节电动机转速或通过反馈来提高系统稳定性和精度；在解算装置中可作为微分、积分元件，也可作为加速或延迟信号用或用来测量各种运动机械在摆动或转动以及直线运动时的速度。测速发电机分为直流和交流两种，如图 4.24 所示。

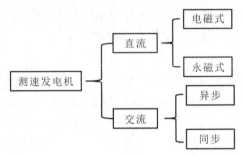

图 4.24　测速发电机的主要类型

1）直流测速发电机

直流测速发电机有永磁式和电磁式两种。其结构与直流发电机相近。永磁式测速发电机采用高性能永久磁钢励磁，受温度变化的影响较小，输出变化小，输出特性曲线斜率高，线性误差小。这种电机在 20 世纪 80 年代因新型永磁材料的出现而发展较快。电磁式测速发电机采用他励式励磁，不仅复杂且因励磁受电源、环境等因素的影响，输出电压变化较大，使用得不多。用永磁材料制成的直流测速发电机还分有限转角测速发电机和直线测速发电机。它们分别用于测量旋转或直线运动速度，其性能要求与直流测速发电机相近，但结构有些差别。

直流测速发电机的工作原理与普通直流发电机相同。其电枢电势为

$$E = C\varPhi n = K_e n$$

式中，C 为常数，K_e 为与发电机结构有关的常数。

空载时，有

$$I_a = 0, \quad U_a = E_a$$

式中，I_a 为电动机的电枢电流，U_a 为电枢电压，E_a 为电枢绕组的感应电动势。

负载时，有

$$U_a = E_a - I_a R_a, \quad I_a = \frac{U_a}{R_L}$$

式中，R_a 为电动机的电阻。

所以，有

$$U_a = E_a - \frac{U_a}{R_L} R_a$$

可得

$$U_a = \frac{E_a}{1 + \dfrac{R_a}{R_L}} = \frac{K_e}{1 + \dfrac{R_a}{R_L}} n = C n$$

可见，在理想情况下，C 为常数，直流测速发电机负载时的输出特性仍然是一条直线，负载电阻越大，直线斜率就越大。实际情况是输出特性会偏离直线（见图 4.25）。

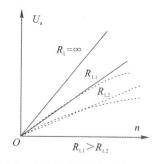

图 4.25　直流测速发电机输出特性曲线

【例 4 - 1】　一台直流测速发电机在转速 3000 r/min 时的空载输出电压为 52 V，接入 200 Ω 负载后的输出电压为 50 V，求转速为 1500 r/min、负载为 5000 Ω 的输出电压 U_a。

解　由 $U_a = E = K_e n$ 得

$$K_e = \frac{U_a}{n} = \frac{52}{3000}$$

$$R_a = \left(\frac{K_e n}{U_a} - 1\right)R_L = \left(\frac{52 \times 3000/3000}{50} - 1\right) \times 2000 = 80 \ \Omega$$

因此

$$U_a = \frac{K_e}{1 + \dfrac{R_a}{R_L}}n = \frac{\dfrac{52}{3000} \times 1500}{1 + \dfrac{80}{5000}} = 25.5 \ V$$

2）交流测速发电机

交流测速发电机有空心杯转子异步测速发电机、笼式转子异步测速发电机和同步测速发电机三种。

空心杯转子异步测速发电机主要由内定子、外定子及在它们之间的气隙中转动的杯形转子所组成。励磁绕组、输出绕组嵌在定子上，彼此在空间相差 90°电角度。杯形转子由非磁性材料制成。当转子不转时，励磁后由杯形转子电流产生的磁场与输出绕组轴线垂直，输出绕组不感应电动势；当转子转动时，由杯形转子产生的磁场与输出绕组轴线重合，在输出绕组中感应的电动势大小正比于杯形转子的转速，而频率和励磁电压频率相同，与转速无关。反转时输出电压相位也相反。杯形转子是传递信号的关键，其质量好坏对性能起很大作用。由于它的技术性能比其他类型的交流测速发电机优越，结构不很复杂，同时噪声低，无干扰且体积小，因此空心杯转子异步交流测速发电机是目前应用最为广泛的一种交流测速发电机。

笼式转子异步测速发电机与交流伺服电动机相似，因输出的线性度较差，仅用于要求不高的场合。

同步测速发电机是以永久磁铁作为转子的交流发电机。由于其输出电压和频率随转速同时变化，又不能判别旋转方向，使用不便，因此在自动控制系统中用得很少，主要用于转速的直接测量。

因此，同步测速发电机因感应电势频率随转速而变，致使电机本身的阻抗及负载阻抗均随转速而变化，故输出电压不再与转速成正比关系，应用较少。异步测速发电机其结构与杯形转子交流伺服电动机类似，由内、外定子，非磁性材料制成的杯形转子等部分组成；定子上放置两个在空间相互垂直的单相绕组，一个为励磁绕组，另一个为输出绕组。

交流异步测速发电机的工作原理如图 4.26 所示，图(a)为转子静止时，图(b)为转子旋转时。

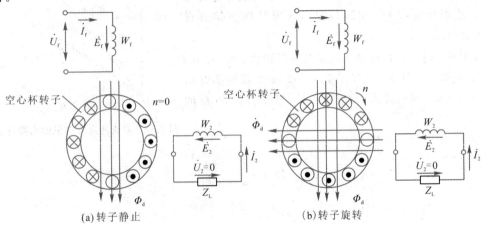

(a)转子静止　　　　　　　　　　　(b)转子旋转

图 4.26　交流异步测速发电机的工作原理

空心杯转子切割磁通 Φ_d 而产生旋转电动势 E_r，其交变频率为 f，大小为

$$E_r = C_2 n \Phi_d$$

式中，C_2 为常数。当磁通 Φ_d 的幅值恒定时，电动势 E_r 与转子的转速 n 成正比。

4.5.6　直流电动机的传递函数表示法

直流电动机在忽略其微小电感 L_a 的情况下，可以看成一个典型的一阶系统。该系统的传递函数是一个典型的惯性环节。图 4.27 是电枢控制直流电动机原理图，其中 i_f 表示励磁电流，L_a 表示电枢绕组电感(H)，J_a 表示电动机转子的转动惯量。

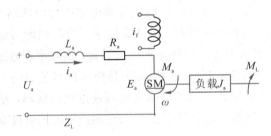

图 4.27　电枢控制直流电动机原理图

当电枢控制直流电动机的输入为电枢电压 U_a、输出为转轴转速 n 时，其传递函数 $N(s)/U_a(s)$ 可以按照下面的方法推导。

直流电动机由两个子系统构成：一个是电网络系统，由电网络得到电能，产生电磁转矩；另一个是机械运动系统，由转动机械能带动负载转动。

电网络平衡方程：

$$L_a \frac{\mathrm{d}I_a}{\mathrm{d}t} + R_a I_a + E_a = U_a \qquad (4-11)$$

式中，I_a 为电动机的电枢电流，R_a 为电动机的电阻，L_a 为电动机的电感，E_a 为电枢绕组的感应电动势。

电动势平衡方程：

$$E_a = K_c \omega \tag{4-12}$$

式中，K_c 为电动势常数，由电动机的结构参数确定。

机械平衡方程：

$$J_a \frac{\mathrm{d}\omega}{\mathrm{d}t} = M_a - M_L \tag{4-13}$$

式中，J_a 为电动机转子的转动惯量，M_a 为电动机的电磁转矩，M_L 为折合阻力矩。

转矩平衡方程：

$$M_a = K_d I_a \tag{4-14}$$

式中，K_d 为电磁力矩常数，由电动机的结构参数确定。

将上述四个方程联立，因为空载下的阻力矩很小，略去 M_L，并消去中间变量 I_a、E_a、M_a，得到关于输入输出的微分方程式：

$$\frac{J_a L_a}{K_d} \frac{\mathrm{d}^2 \omega}{\mathrm{d}t^2} + \frac{J_a R_a}{K_d} \frac{\mathrm{d}\omega}{\mathrm{d}t} + K_c \omega = U_a \tag{4-15}$$

这是一个二阶线性微分方程，因为电枢绕组的电感一般很小，所以略去 L_a，则可以得到简化的一阶线性微分方程：

$$\frac{J_a R_a}{K_d} \frac{\mathrm{d}\omega}{\mathrm{d}t} + K_c \omega = U_a$$

$$\frac{2\pi J_a R_a}{K_d} \frac{\mathrm{d}n}{\mathrm{d}t} + 2\pi K_c n = U_a$$

令初始条件为零，两边进行拉氏变换，求得传递函数 $G(s)$ 为

$$G(s) = \frac{N(s)}{U_a(s)} = \frac{\dfrac{1}{2\pi K_c}}{\dfrac{J_a R_a}{K_d K_c} s + 1} = \frac{K}{Ts + 1}$$

4.5.7　位置控制和速度控制

1. 位置控制

工业机器人的位置控制可分为点位（Point To Point，PTP）控制和连续轨迹（Continuous Path，CP）控制两种方式（见图 4.28），其目的是使机器人各关节实现预先规划的运动，保证工业机器人的末端操作器能够沿预定的轨迹可靠运动。

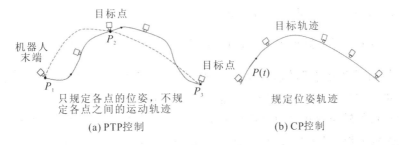

(a) PTP控制　　　　　　　　　(b) CP控制

图 4.28　工业机器人的点位控制与连续轨迹控制

PTP 控制要求工业机器人末端操作器以一定的姿态尽快而无超调地实现相邻点之间的运动，但对相邻点之间的运动轨迹不做具体要求，其主要技术指标是定位精度和运动速度。那些从事在印刷电路板上安插元件、点焊、搬运及上/下料等作业的工业机器人，采用的都是 PTP 控制方式。

CP 控制要求工业机器人末端操作器沿预定的轨迹运动，即可在运动轨迹上任意特定数量的点处停留。这种控制方式将机器人运动轨迹分解成插补点序列，然后在这些点之间依次进行位置控制，点与点之间的轨迹通常采用直线、圆弧或其他曲线进行插补。由于要在各个插补点上进行连续的位置控制，因此可能会在运动过程中发生抖动。实际上，由于机器人控制器的控制周期为几毫秒到 30 ms 之间，时间很短，可以近似认为运动轨迹是平滑连续的。在工业机器人的实际控制中，通常是利用插补点之间的增量和雅各比逆矩阵求出各关节的分增量，各电动机再按照分增量进行位置控制。

2. 速度控制

工业机器人在进行位置控制的同时，有时候还需要进行速度控制，使机器人按照给定的指令，控制运动部件的速度，实现加速、减速等一系列转换，以满足运动平稳，定位准确等要求。这就如同人的抓举过程，要经历宽拉、高抓、支撑蹲、抓举等一系列动作一样，不可一蹴而就，从而以最精简省力的方式，将目标物平稳、快速地托举至指定位置。为了实现这一要求，机器人的行程要遵循一定的速度变化曲线，图 4.29 为机器人行程的速度-时间曲线。

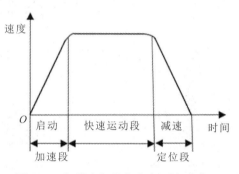

图 4.29　机器人行程的速度-时间曲线

4.5.8　通过实验识别传递函数

根据直流电动机传递函数式，$G(s)=\dfrac{K}{Ts+1}$，如果能够记录下输入与输出的信号，则 T、K 就很容易被确定。现通过一个开关 S 把直流电压加到直流电动机电枢上，则直流电机的速度变化如图 4.30 所示。

在图 4.30 的输入与输出信号上，可找到 $K=\dfrac{n(\infty)}{u}(\infty)$。由输出信号稳态值所对应的时间可直接

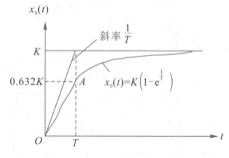

图 4.30　直流电动机的速度变化

得到 T 值。但由于直流电机转速的变化情况，无法记录下来，为此采用测速发电机装置。由于此发电机的输出电压正比于轴的转速，现将其轴与直流电动机轴机械地连接在一起，这样直流电动机的转速变化可由测速发电机输出电压反映出来。此电压送入示波器后，观测到电压变化的波形，它与图 4.30 所示转速的变化规律是一致的，按上述确定 T 的方法，时间常数就可确定下来。

用光电测速仪测出加于直流电动机电枢上的电压所对应的转速,两者的比值即为所求的 K 值。

按照图 4.31 连接好线路后,接通稳压电源。交流电源接入低频示波器,做好观测准备。打开示波器,合上开关观察从启动到稳态时的 T 值。

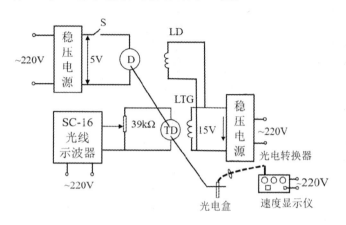

图 4.31　连接线路图

测定直流电动机稳定时的转速完毕后,断开开关,直流电动机停止转动。根据实测数据,计算时间常数 T 和 K ,并将 T 值和 K 值代入 $\dfrac{K}{Ts+1}$ 中,可得出直流电动机的传递函数表达式。

4.5.9　通过 PID 补偿改善系统特性

在自动控制系统中,P、I、D 调节分别是比例调节、积分调节和微分调节。调节控制质量的好坏取决于控制规律选取和参数整定的合理与否。在控制系统中总是希望被控参数稳定在工艺要求的范围内,但在实际中被控参数总是与设定值有一定的差别。控制规律的选取原则为:调节规律有效,能迅速克服干扰。

比例调节简单,控制及时,参数整定方便,控制结果有余差。因此,比例控制适用于对象容量大、负荷变化不大、纯滞后小、允许有余差存在的系统,一般可用于液位、次要压力的控制。积分调节可以消除偏差,但积分会使控制速度变慢,系统稳定性变差。因此,积分调节适用于对象滞后大、负荷变化较大、但变化速度缓慢并要求控制结果没有余差的系统,可广泛用于流量、压力、液位以及时间滞后小的对象。微分调节响应快、偏差小,能增加系统稳定性,有超前控制作用,可以克服对象的惯性,控制结果有余差,适应于对象滞后大、负荷变化不大、被控对象变化不频繁、结果允许有余差的系统。

在自动调节系统中,$E=SP-PV$。其中,E 为偏差,SP 为给定值,PV 为测量值。当 SP 大于 PV 时为正偏差,反之为负偏差。比例调节作用的动作与偏差的大小成正比:当比例度为 100 时,比例调节的输出与偏差按各自量程范围的 1:1 动作;当比例度为 10 时,按 10:1 动作。即比例度越小,比例作用越强。比例作用太强会引起震荡,太弱则产生比例欠调,造成系统收敛过程的波动周期太多、衰减比太小。其作用是稳定被调参数。积分调节作用的动作与偏差对时间的积分成正比，即偏差存在积分作用就会有输出。它起着消除余差的作用。积分作用太强也会引起震荡，太弱会使系统存在余差。微分调节作用的动作与偏差的变化速度成正比。其效果是阻止被调参数的一切变化，有超前调节的作用，对滞后大的对象有很好的效果，但不能克服纯滞后，适用于温度调节。使用微分调节可使系统收敛周期的时间缩短，但微分时间太长也会引起震荡。

PID 控制（实际中还有仅用到 PI 和 PD 的控制），就是根据系统的误差或者加上系统误差的变化率，利用比例、积分、微分计算出控制量进行控制。任何闭环控制系统的调节目标是使系统的响应达到快、准、稳的最佳状态，PID 调整的主要工作就是如何实现这一目标。

增大比例 P 项将加快系统的响应，其作用是放大误差的幅值，它能快速影响系统的控制输出值。但仅靠比例系数的作用，系统并不能很好地稳定在一个理想的数值上，其结果是虽较能有效地克服扰动的影响，但会出现稳态误差。过大的比例系数还会使系统出现较大的超调并产生震荡，使稳定性变差。

积分 I 项的作用是消除稳态误差，它能对稳定后有累积误差的系统进行误差修整，减小稳态误差。在积分控制中，控制器的输出与输入误差信号的积分成正比关系。对于一个自动控制系统，如果在进入稳态后存在稳态误差，则称这个控制系统为有差系统。为了消除稳态误差，在控制器中必须引入积分项。积分项对误差的作用取决于时间的积分，随着时间的增加，积分项会增大。这样，即使误差很小，积分项也会随着时间的增加而增大，它推动控制器的输出向稳态误差减小的方向变化，直到稳态误差等于零。

微分 D 项具有超前作用。对于具有滞后的控制系统，引入微分控制，在微分项设置得当的情况下，对于提高系统的动态性能指标有着显著效果，它可以使系统超调量减小、稳定性增加、动态误差减小。在微分控制中，控制器的输出与输入误差信号的微分（即误差的变化率）成正比关系。自动控制系统在克服误差的调节过程中可能会出现震荡甚至失稳，其原因就是由于存在有较大惯性环节或滞后的被控对象，具有抑制误差的作用，其变化总是落后于误差的变化。解决办法是使抑制误差作用的变化"超前"，即在误差接近零时，抑制误差的作用就应该是零，甚至为负值，从而避免了被控量的严重超调，改善了系统在调节过程中的动态特性。

4.5.10　通过 PID 控制改善系统特性

按照偏差的比例（P）、积分（I）、微分（D）进行控制的 PID 控制到目前为止仍是机器人控制的一种基本算法，它具有原理简单、易于实现、鲁棒性强和适用面广等优点。

1. 理想 PID 控制

理想 PID 控制的基本形式如图 4.32 所示，其数学表达式为

$$u = k_p\left(e + \frac{1}{T_i}\int e\,dt + T_d\frac{de}{dt}\right) \qquad (4-16)$$

其中，k_p 为比例增益；T_i 为积分时间；T_d 为微分时间；u 为操作量；e 为控制输入量 y 和给定值之间的偏差。

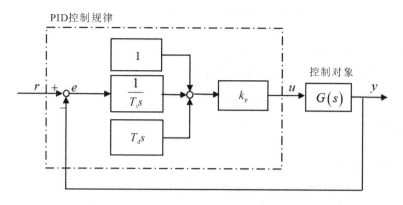

图 4.32　PID 控制的基本形式

PID 控制的拉普拉斯变换为

$$\frac{U(s)}{E(s)}=k_{\mathrm{p}}\left(1+\frac{1}{T_{\mathrm{i}}s}+T_{\mathrm{d}}s\right) \tag{4-17}$$

由于机器人的控制系统采用的是计算机控制，因此以下着重讨论数字实现的算法。为便于计算机实现，需要将积分式和微分式分离化，即

$$\int e\,\mathrm{d}t=\sum_{i=1}^{n}Te(i) \tag{4-18}$$

$$\frac{\mathrm{d}e}{\mathrm{d}t}=\frac{e(n)-e(n-1)}{T} \tag{4-19}$$

其中，T 为采样时间；n 采样序列；$e(n)$ 为第 n 次采样的偏差信号。

将式（4-18）和式（4-19）代入式（4-16）可得

$$u(n)=k_{\mathrm{p}}\left\{e(n)+\frac{T}{T_{\mathrm{i}}}\sum_{i=1}^{n}e(i)+\frac{T_{\mathrm{d}}}{T}\left[e(n)-e(n-1)\right]\right\} \tag{4-20}$$

由于理想 PID 控制的实际控制效果并不理想，其微分作用只持续一个采样周期，而机器人的执行机构的调节速度受到限制，使得微分作用并不能充分发挥，因此常常采用实际 PID 控制算法。

2. 实际 PID 控制

由于上述原因，以惯性环节代替式（4-17）中的微分环节，即

$$\frac{U(s)}{E(s)}=k_{\mathrm{p}}\left(1+\frac{1}{T_{\mathrm{i}}s}+\frac{T_{\mathrm{d}}s}{1+\frac{T_{\mathrm{d}}}{k_{\mathrm{d}}}s}\right) \tag{4-21}$$

分别将比例、积分和微分环节用差分方程离散化，得到实际编程用的增量形式：

$$\Delta u_{\mathrm{p}}(n)=k_{\mathrm{p}}\left[e(n)-e(n-1)\right] \tag{4-22}$$

$$\Delta u_{\mathrm{i}}(n)=\frac{k_{\mathrm{p}}T}{T_{\mathrm{i}}}e(n) \tag{4-23}$$

$$u_{\mathrm{d}}(n)=\frac{T_{\mathrm{d}}}{k_{\mathrm{d}}T-T_{\mathrm{d}}}\{u_{\mathrm{d}}(n-1)+k_{\mathrm{p}}k_{\mathrm{d}}\left[e(n)-e(n-1)\right]\} \tag{4-24}$$

$$\Delta u_{\mathrm{d}}(n)=u_{\mathrm{d}}(n)-u_{\mathrm{d}}(n-1) \tag{4-25}$$

$$\Delta u(n) = \Delta u_p(n) + \Delta u_i(n) + \Delta u_d(n) \qquad (4-26)$$

$$u(n) = u(n-1) + \Delta u(n) \qquad (4-27)$$

实际 PID 控制的优点在于微分作用能持续多个周期,使一般工业机器人系统能够较好地跟踪微分作用的输出,并且其所含的一阶惯性环节具有数字滤波作用,使得控制系统的抗干扰能力较强,因而其控制品质较理想微分 PID 控制要好些。

4.5.11　电流控制

1. 电流控制的方式

在恒定频率开关变换器或开关模式功率变换器中,一般都是通过占空比控制而提供输出调节,也就是说通过调节功率开关器件的导通时间和关断时间的比率以响应输入或输出电压的变化。在这方面,常用的占空比控制和电流型控制是类似的,它们都是通过调节占空比来完成输出调节的。但它们的不同之处在于常用的占空比控制只能根据输出电压的改变来调节占空比,而电流控制则根据主(功率)电感电流的变化来调节占空比。

电流控制的优点如下:

(1) 具有良好的线性调整率和快速的输入输出动态响应,无电压型控制的增益变化问题。

(2) 消除了输出滤波电感带来的极点和系统的二阶特性,使系统不存在有条件的环路稳定性问题,具有最佳的大信号特性。

(3) 固有的逐个脉冲电流限制,简化了过载保护和短路保护,在推挽电路和全桥电路中具有自动磁通平衡功能。多电源单元并联易于实现自动均流。

电流控制的缺点如下:

(1) 需要双环控制,增加了电路设计和分析的难度。

(2) 因电流上升率不够大,在没有斜坡补偿时,当占空比大于 50% 时,控制环变得不稳定,抗干扰性能差。

(3) 因控制信号来自输出电流,功率级电路的谐振会给控制环带来噪声。

(4) 因控制环控制电流,使负载调整率变差,在多路输出时,需要耦合电感实现交互调节。

(5) 所有的电流控制器当占空比超过 50% 时,在电流波形上都要加一个斜率补偿器以保证系统稳定。通常的做法是将振荡器波形加在电流波形上。

2. 电流控制的模式

电流控制模式可分为峰值电流控制模式和平均值电流控制模式。其中,峰值电流控制模式的优点如下:

(1) 系统的稳定性增强,响应速度快(能够直接将干扰引起的电压波动反映给控制电路,电压控制模式还需要经过主电路的一系列环节电压波动才能够反映到控制电路),动态特性得到改善(主要是对输入电压扰动的抵抗能力的提高)。

(2) 由于电流环的快速响应速度,还能够彻底消除单独的电压控制模式下,输出电压中由于输入交流电压整流后引起的 100 Hz 低频纹波。

(3) 具有限制过电流的能力。

峰值电流控制模式的缺点是：该方法控制的是峰值而不是平均值，对于那些需要精确控制平均值的场合不适用；此外峰值对噪声比较敏感。

4.5.12　不产生速度模式的位置控制

"定位"是指工件或工具等以合适的速度向着目标位置移动，并高精度地停止在目标位置。这样的控制称为"定位控制"（或"位置控制"）。定位控制的要求是"始终正确地监视电机的旋转状态"，为了达到此目的而使用检测伺服电机旋转状态的编码器。而且，为了使其具有迅速跟踪指令的功能，伺服电机选用体现电机动力性能的气动转矩大而电机本身惯性小的专用电机。伺服系统的位置控制有如下基本特点：

（1）机械的移动量与指令脉冲的总数成正比。

（2）机械的速度与指令脉冲串的速度（脉冲频率）成正比。

（3）最终在 ±1 个脉冲的范围内定位即完成，此后只要不改变位置指令，就始终保持在该位置。

位置控制模式一般是通过外部输入的脉冲频率来确定转动速度的大小，通过脉冲个数来确定转动的角度，也有些伺服可以通过通信方式直接对速度和位移进行赋值。由于位置模式对速度和位置都有很严格的控制，因此一般应用于定位装置。

数控位置伺服控制的常用模式是：由模拟电路构成电流、速度双闭环速度单元作为内环，由计算机和位置检测装置构成位置控制外环。系统外环将位置偏差经 PID 运算后，作为速度单元的给定值；该给定值与速度实测值的偏差经速度单元处理后，用来控制受控对象。当系统始终处于位置 PID 控制之下时，从控制效率来看是不合适的，控制性能也不够理想。

针对这一问题，可运用另一种控制模式，即在不带速度单元的情况下，控制计算机根据位置偏差的大小，分别采用速度 PID 或位置 PID 控制算法，以求得高速、精确的定位控制。

当位置偏差较大时，仅采用速度 PID 算法，即依速度曲线确定速度给定值，并将其与速度实测值的偏差进行 PID 运算。若预期速度曲线为双曲线，可获得高的功效，加、减速度的过渡也较为平滑，但计算量大，不利于实时控制。

4.5.13　力控制

力控制也称力控制技术，一般泛指机器人应用领域中，利用力传感器作为反馈装置，将力反馈信号与位置控制（或速度控制）输入信号相结合，通过相关的力/位混合算法，实现的力/位混合控制技术。该技术是机器人技术发展的主要方向之一，目的是为机器人增加了触觉，一般与机器人视觉技术相结合，共同组成机器人的视觉和触觉。力控制技术主要分为关节力控制技术和末端力控制技术。其中关节力控制指机器人各关节均具备一个力/力矩传感器，而末端力控制指机器人末端装有一个力传感器（1～6 维传感器）。机器人的力控制着重研究如何控制机器人的各个关节使其末端表现出一定的力和力矩，是利用机器人进行相关自动加工（如装配等）的基础。工业机器人的力控制包括以下几个方面。

1. 刚度与柔顺性

机器人的刚度是指为了达到期望的机器人末端位置和姿态，机器人所能够表现的力或力矩的能力。影响机器人末端端点刚度的因素主要有连杆的绕性、关节的机械形变以及关节的刚度。

　　机器人的柔顺性是指机器人的末端能够对外力的变化做出相应的响应，表现为低刚度。根据柔顺性是否通过控制方法获得，可将柔顺分为：被动柔顺和主动柔顺。其中被动柔顺是指不需要对机器人进行专门的控制即具有的柔顺能力。其特点是柔顺能力由机械装置提供，只能用于特定的任务，响应速度快，成本低。而主动柔顺是指通过对机器人进行专门的控制获得的柔顺能力。通常主动柔顺通过控制机器人各关节的刚度，使机器人末端表现出所需要的柔顺性。主动柔顺具有阻抗控制、力位混合控制和动态混合控制等类型。阻抗控制是通过力与位置之间的动态关系实现柔顺控制。阻抗控制的静态，即力和位置的关系，用刚性矩阵描述。阻抗控制的动态，即力和速度的关系，用黏滞阻尼矩阵描述。力位混合控制分别组成位置控制回路和力控制回路，通过控制律的综合实现柔顺控制。动态混合控制在柔顺坐标空间将任务分解为某些自由度的位置控制和另一些自由度的力控制，然后将计算结果在关节空间合并为统一的关节力矩。

2. 工业机器人的笛卡尔空间静力与关节空间静力的转换

　　关节空间的力或力矩与机器人末端的力或力矩具有直接联系。通常，静力和静力矩可以用 6 维矢量表示。

$$F=[f_x \quad f_y \quad f_z \quad m_x \quad m_y \quad m_z]^T \tag{4-28}$$

其中，F 为广义力矢量，$[f_x,f_y,f_z]$ 为静力，$[m_x,m_y,m_z]$ 为静力矩。

　　所谓静力变换，是指机器人在静止状态下的力或力矩的变换。

　　1）不同坐标系间的静力变换

　　设基坐标系下广义力 F 的虚拟位移为 D：

$$D=[d_x \quad d_y \quad d_z \quad \delta_x \quad \delta_y \quad \delta_z]^T \tag{4-29}$$

则广义力 F 所做的虚功记为 W，即

$$W=F^T D \tag{4-30}$$

　　在坐标系 $\{C\}$ 下，机器人所做的虚功 ^CW 为

$$^CW={}^CF^{T\,C}D \tag{4-31}$$

其中，^CF 是机器人在坐标系 $\{C\}$ 下的广义力，^CD 是机器人在坐标系 $\{C\}$ 下的虚拟位移。

　　2）笛卡尔空间与关节空间的静力变换

　　机器人在关节空间的虚功，可以表示为

$$W_q=F_q^T dq \tag{4-32}$$

其中，W_q 是机器人在关节空间所做的虚功；$F_q=[f_1 \quad f_2 \quad \cdots \quad f_n]^T$ 是机器人关节空间的等效静力或静力矩；$dq=[dq_1 \quad dq_2 \quad \cdots \quad dq_n]^T$ 是关节空间的虚拟位移。

　　笛卡尔空间与关节空间的虚拟位移之间存在如下关系：

$$D=J(q)dq \tag{4-33}$$

其中，$J(q)$ 为机器人的雅可比矩阵。

　　考虑到机器人在笛卡尔空间与关节空间的虚功是等价的，由式（4-30）～式（4-33）可得

$$F_q=J(q)^T F \tag{4-34}$$

3. 阻抗控制主动柔顺

　　阻抗控制主动柔顺是指通过力与位置之间的动态关系实现的柔顺控制。阻抗控制可划

分为力反馈型阻抗控制、位置型阻抗控制、柔顺型阻抗控制。

1）力反馈型阻抗控制

将利用力传感器测量到的力信号引入位置控制系统，可以构成力反馈型阻抗控制。图
4.33 所示是一种力反馈型阻抗控制的框图。该系统是一个基于雅可比矩阵的增量式控制系
统，由位置控制和速度控制两部分构成。

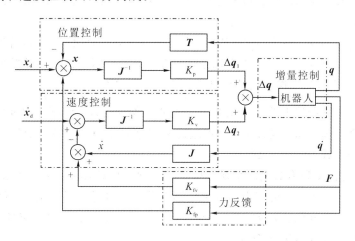

图 4.33　力反馈型阻抗控制

（1）位置控制部分：以期望的位置 x_d 作为给定位置，位置反馈由关节位置利用运动学
方程计算获得。由图 4.25 可知，其输出 Δq_1 为

$$\Delta \boldsymbol{q}_1 = K_p \boldsymbol{J}^{-1} [\boldsymbol{x}_d - \boldsymbol{T}(\boldsymbol{q}) - K_{fp} \boldsymbol{F}] \qquad (4-35)$$

其中：x_d 为期望位置；T 为机器人的运动学方程，即基坐标系到末端坐标系的变换矩阵；q
是关节位置矢量；F 是机器人末端的广义力；J 是雅可比矩阵；K_{fp} 是位置控制部分的力与
位置变换系数；K_p 是位置控制系数。

该位置控制为积分控制，采用增量输出，使得该位置控制具有积分作用，并且该位置
控制建立在微分运动基础上，力反馈的引入降低了机器人末端的刚度。

（2）速度控制部分：以期望的速度 x_d 作为给定速度代入值，速度反馈由关节速度利用
雅可比矩阵计算获得。力反馈引入位置控制和速度控制后，机器人末端表现出一定的柔顺
性，其刚度降低，并具有黏滞阻尼特性。由图 4.25 可知，其输出 Δq_2 为

$$\Delta \boldsymbol{q}_2 = K_v \boldsymbol{J}^{-1} (\dot{\boldsymbol{x}}_d - \boldsymbol{J} \dot{\boldsymbol{q}} - K_{fv} \boldsymbol{F}) \qquad (4-36)$$

其中：$\dot{x}_d$ 为期望速度；$\dot{q}$ 是关节速度矢量；K_{fv} 是速度控制部分的力与位置变换系数；K_v 是
速度控制系数。

2）位置型阻抗控制

位置型阻抗控制是指机器人末端没有受到外力作用时，通过位置与速度的协调而产生
柔顺性的控制方法。位置型阻抗控制，根据位置偏差和速度偏差产生笛卡尔空间的广义控
制力，转换为关节空间的力或力矩后，控制机器人的运动。

3）柔顺型阻抗控制

柔顺型阻抗控制是指机器人末端受到环境的外力作用时，通过位置与外力的协调而产
生柔顺性的控制方法。柔顺型阻抗控制，根据环境外力、位置偏差和速度偏差产生笛卡尔

空间的广义控制力，转换为关节空间的力或力矩后，控制机器人的运动。柔顺型阻抗控制与位置型阻抗控制相比，只是在笛卡尔空间的广义控制力中增加了环境力。

4. 力和位置混合控制

力位混合柔顺控制是指分别组成位置控制回路和力控制回路，通过控制律的综合实现的柔顺控制。力和位置混合控制可划分为 R－C 力和位置混合控制以及改进的 R－C 力和位置混合控制。

位置通道以末端期望的笛卡尔空间位置 x_d 作为给定位置代入值，位置反馈由关节位置利用运动学方程计算获得。利用雅可比矩阵，将笛卡尔空间的位姿偏差转换为关节空间的位置偏差，经过 PI 运算后作为关节控制力或力矩的一部分。

速度通道以末端期望的笛卡尔空间速度 $\dot{X}_d$ 作为给定速度代入值，速度反馈由关节速度利用雅可比矩阵计算获得。同样地，速度通道利用雅可比矩阵，将笛卡尔空间的速度偏差转换为关节控制力或力矩的一部分。

力控制回路由 PI 和力前馈两个通道构成。PI 通道以机器人末端期望的笛卡尔空间广义力作为给定力代入值，力反馈由力传感器测量获得。利用雅可比矩阵，将笛卡尔空间的力偏差转换为关节空间的力偏差，经过 PI 运算后作为关节控制力或力矩的一部分。力控制回路的改进主要体现在以下几个方面：

(1) 考虑机械手的动态影响，并对机械手所受的重力、哥氏力(Coriolis Force)和向心力进行补偿。

(2) 考虑力控制系统的欠阻尼特性，在力控制回路中加入阻尼反馈，以削弱振荡因素。

(3) 引入加速度前馈，以满足作业任务对加速度的要求，也可使速度平滑过渡。

4.6　工业机器人控制系统的组成

工业机器人控制系统的基本组成如图 4.34 所示。

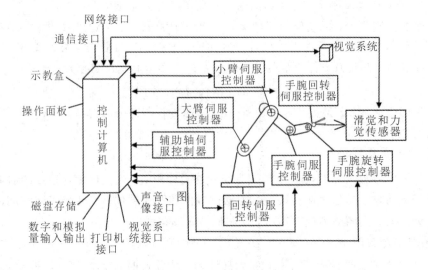

图 4.34　工业机器人控制系统组成框图

各部分的功能与作用介绍如下：

（1）控制计算机。它是工业机器人控制系统的调度指挥机构，一般为微型机、微处理器（有 32 位、64 位）等，如奔腾系列 CHJ 以及其他类型 CPU。

（2）示教盒。它主要用来示教机器人的工作轨迹和参数设定，以及所有人机交互操作，拥有自己独立的 CPD 以及存储单元，与主计算机之间以串行通信方式实现信息交互。

（3）操作面板。它由各种操作按键、状态指示灯构成，只完成基本的功能操作。

（4）磁盘存储。它是用来存储机器人工作程序的外围存储器。

（5）数字和模拟量输入输出。它主要用于各种状态和控制命令的输入或输出。

（6）打印机接口。它主要用来记录需要输出的各种信息。

（7）传感器接口。它主要用于信息的自动检测，实现机器人的柔顺控制，一般为力觉、触觉和视觉传感器。

（8）轴控制器。它主要用来完成机器人各关节位置、速度和加速度的控制，包括小臂伺服控制器和大臂伺服控制器等。

（9）辅助设备控制。它主要用于和机器人配合的辅助设备控制，如手爪变位器等。

（10）通信接口。它主要用来实现机器人和其他设备的信息交换，一般有串行接口、并行接口等。

（11）网络接口。网络接口可分成两种：一种是 Ethernet 接口，可通过以太网实现数台或单台机器人直接与 PC 通信，数据传输速率高达 10 Mb/s，直接在 PC 上用 Windows 库函数进行应用程序编程之后，支持 TCP/IP 通信协议，通过 Ethernet 接口将数据及程序装入各个机器人控制器中；另一种是 Fieldbus 接口，它支持多种流行的现场总线规格，如 Device net、AB Remote I/0、Interbus-s、profibus-DP、M-NET 等。

机器人控制系统按控制方式可分为三种结构：集中式控制、主从式控制和分布式控制。

集中式控制就是使用一台功能较强的计算机实现全部控制功能，在早期的机器人中普遍采用这种结构。传统的机器人控制器采用 MCU 作为控制芯片，其运算速度和处理能力难以满足日益复杂的机器人控制。随着机器人功能的增加，其控制过程中也随之增加了许多计算（如坐标变换等），因此集中式控制结构已经不能满足需要，取而代之的是主从式控制和分布式控制结构。由于机器人的控制过程中涉及大量的坐标变换和插补运算以及较低层的实时控制，因此，目前的机器人控制系统在结构上大多数采用分层结构，微型计算机控制系统通常采用的是两级计算机伺服控制系统。上一级主控制计算机负责整个系统管理以及坐标变换和轨迹、插补运算等；下一级由许多微处理器组成，每一个微处理器控制一个关节运动，它们并行地完成控制任务，因而能提高整个控制系统的工作速度和处理能力。这些微处理器和主控机通过总线进行耦合。分布式结构是开放性的，可以根据需要增加更多的处理器，以满足传感器处理和通信的需要。这种结构功能强、速度快，是当今机器人控制系统的主流。图 4.35 所示是机器人控制系统的工作过程：主控计算机接到工作人员输入的作业指令后，首先分析解释指令，确定机器人手部的运动参数，然后进行运动学、动力学和插补运算，最后得出机器人各个关节的协调运动参数。这些参数经过通信线路输出到伺服控制级，作为各个关节伺服控制系统的给定信号。关节驱动器将此信号进行 D/A 转换后驱动各个关节产生协调运动，并通过传感器将各个关节的运动输出信号反馈回伺服控制级计算机形成局部闭环控制，从而更加精确地控制机器人手部在空间的运动。

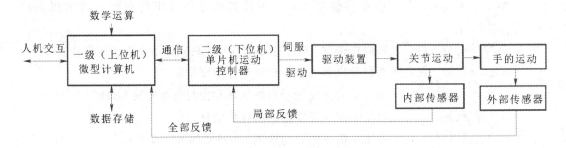

图 4.35　机器人控制系统的工作过程

在控制过程中，工作人员可直接监视机器人的运动状态，也可从显示器等输出装置上得到有关机器人运动的信息。下面从三个方面介绍机器人的控制系统。

1. 机器人控制系统的硬件组成

机器人控制系统的硬件组成如下：

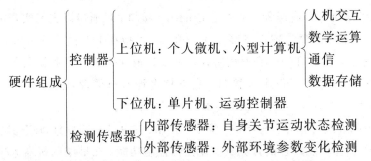

上位机通常采用个人微机或小型计算机，其具体功能如下：

人机交互：人通过上位机将作业任务给机器人，同时机器人将结果反馈回来，即人与机器人之间的交流。

数学运算：机器人运动学、动力学和数学插补运算。机器人运动学的正运算和逆运算是其中最基本的部分。对于具有连续轨迹控制功能的机器人来说，还需要有直角坐标轨迹插补功能和一些必要的函数运算功能。在一些高速度、高精度的机器人控制系统中，系统往往还要完成机器人动力学模型和复杂控制算法等运算功能。例如与下位机进行数据传送和相互交换的通信功能，存储编制好的作业任务程序和中间数据的数据存储功能。

下位机通常采用单片机或运动控制器，其具体功能为伺服驱动控制。下位机接收上位机的关节运动参数信号和传感器的反馈信号，并对其进行比较，然后经过误差放大和各种补偿，最终输出关节运动所需的控制信号。由单片机组成下位机的二级控制系统框图如图4.36 所示。

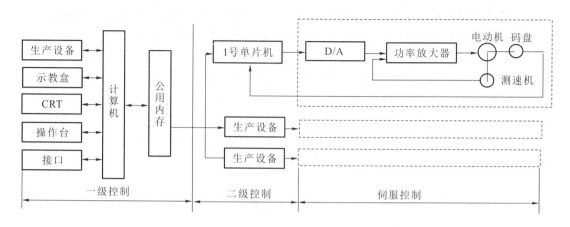

图 4.36　由单片机组成下位机的二级控制系统框图

2. 运动控制器构成的控制系统

机器人的下位机也可以由运动控制器组成。一般的伺服控制系统包括伺服执行元件（伺服电动机）、伺服运动控制器、功率放大器（又称为伺服驱动器）、位置检测元件等。伺服运动控制器的功能是实现对伺服电动机的运动控制，包括力、位置、速度等的控制。某些机器人系统把各个轴的伺服运动控制器和功率放大器集成组装在控制柜内，如Motoman 机器人，这样实际上相当于由一台专用计算机控制。

然而，随着芯片集成技术和计算机技术的发展，专用运动控制芯片和运动控制卡越来越多地作为机器人的运动控制器。这两种形式的伺服运动控制器控制方便灵活，成本低，都以通用 PC 为平台，借助 PC 的强大功能来实现机器人的运动控制。前者利用专用运动控制芯片与 PC 总线组成简单的电路来实现；后者直接做成专用的运动控制卡。这两种形式的运动控制器内部都集成了机器人运动控制所需的许多功能，有专用的开发指令，所有的控制参数都可由程序设定，使机器人的控制变得简单，易于实现。

运动控制器都需从主机(PC)接收控制命令，从位置传感器接收位置信息，向伺服电动机功率驱动电路输出运动命令。对于伺服电动机位置闭环系统来说，运动控制器主要完成了位置环的作用，可称为数字伺服运动控制器，适用于包括机器人和数控机床在内的一切交、直流和步进电动机伺服控制系统。

专用运动控制器的使用使得原来由主机做的大部分计算工作由运动控制器内的芯片来完成，简化了控制系统硬件设计，减少了与主机之间的数据通信量，解决了通信中的瓶颈问题，提高了系统效率。

3. 机器人控制系统的软件组成

机器人控制系统的软件组成如下：

软件组成 {
系统软件 { 计算机操作系统→个人微机、小型计算机
系统初始化程序→单片机、运动控制器 }
应用软件 { 动作控制软件→实时动作解释执行程序
运算软件→运动学、动力学和插补程序
编程软件→作业任务程序、编制环境程序
监控软件→实时监视、故障报警等程序 }
}

目前的机器人大多属于自动操作机器人，这类机器人控制系统又可分为三种类型：

（1）固定程序（或编程）：控制机器人按照预编的固定程序实现机器人的运动。

（2）自适应控制：当外界条件变化时，为保证和改善控制质量，在机器人的操作过程中根据其状态和伺服误差的反馈，调整非线性的控制参数，从而最大限度地减少控制误差。这种控制系统的结构和参数能随时间和条件自动改变，能够在不完全确定和局部变化的环境中，保持与环境的自动适应，实现对机器人的最佳控制。

（3）人工智能控制：事先无法编制运动程序，而是要求在机器人运动过程中根据周围所获得的具体环境信息，实时确定控制策略。

习　题

1. 列举你所知道的工业机器人的控制方式，并简要说明其应用场合。

2. 何谓点位控制和连续轨迹控制？举例说明它们在工业上的应用。

3. 工业机器人控制系统的主要功能是什么？

4. 画出工业机器人关节伺服控制系统的一般结构。

5. 说明工业机器人关节伺服常用的电机种类及特点。

6. 机器人控制系统的组成分为哪四大部分？各有什么作用？

7. 什么是机器人的二级控制系统？简述其工作原理。

8. 机器人设计常用到的传感器类型主要包括哪些？

9. 机器人的点位控制与连续轨迹控制各有什么特点？举例说明其应用场合。

10. 简述三种驱动方式驱动装置的工作原理、特点和应用范围。

第 5 章　工业机器人运动学

1.1　概　　述

机器人运动学研究的是机器人的工作空间与关节空间之间的映射关系，以及机器人的运动学模型(Model)，包括正(Forward)运动学和逆(Inverse)运动学两部分内容。

将工业机器人操作机看作是一个开链式多连杆机构，始端连杆就是机器人的基座，末端连杆与工具相连，相邻连杆之间用一个关节(轴)连接在一起，如图 5.1 所示。对于一个 6 自由度工业机器人，它由 6 个连杆和 6 个关节(轴)组成。编号时，基座称为连杆 0，不包含在这 6 个连杆内，连杆 1 与基座由关节 1 相连，连杆 2 通过关节 2 与连杆 1 相连，依此类推。

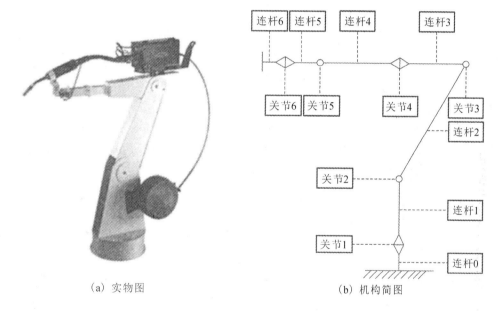

(a) 实物图　　　　　　　　　　　　　　(b) 机构简图

图 5.1　机器人运动学问题

在操作机器人时，其末端操作器必须处于合适的空间位置和姿态(以下简称位姿)，而这些位姿是由机器人若干关节的运动所合成的。可见，要了解工业机器人的运动控制，首先必须知道机器人各关节变量空间和末端操作器位姿之间的关系，即机器人运动学模型。一台机器人操作机的几何结构一旦确定，其运动学模型也即确定下来，这是机器人运动控制的基础。简而言之，在机器人运动学中存在两类基本问题：

(1) 运动学正问题。对给定的机器人操作机，已知各关节角矢量，求末端操作器相对于参考坐标系的位姿，称之为正向运动学(运动学正解或 Where 问题)，如图 5.1(a)所示。

机器人示教时，机器人控制器即逐点进行运动学正解运算。

（2）运动学逆问题。对给定的机器人操作机，已知末端操作器在参考坐标系中的初始位姿和目标（期望）位姿，求各关节角矢量，称之为逆向运动学（运动学逆解或 How 问题），如图 5.1(b) 所示。机器人再现时，机器人控制器即逐点进行运动学逆解运算，并将角矢量分解到操作机各关节。

5.2　物体在空间中的位姿描述

为了描述空间物体的姿态，需在物体上建立一个坐标系，并且给出此坐标系相对于参考坐标系的表达。在图 5.2 中，已知坐标系 $\{B\}$ 以某种方式固定在物体上，则 $\{B\}$ 相对于固定参考坐标系 $\{A\}$ 中的描述，可以表示出物体相对固定参考坐标系 $\{A\}$ 的姿态。

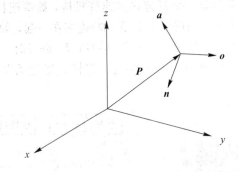

图 5.2　物体姿态的描述

上述表明，点的位置可用矢量描述。同样，物体的姿态可用动坐标系三个坐标轴上单位矢量 n、o、a 的方向来描述。如图 5.2 所示，设 $\{B\}$ 中的单位主矢量为 n、o、a，当用坐标系 $\{A\}$ 的坐标来表达时，它们写成 $^A n$、$^A o$、$^A a$，则这三个单位矢量可排列组成一个 3×3 矩阵，称这个矩阵为旋转矩阵，用符号 $^A_B \boldsymbol{R}$ 来表示。

$$^A_B \boldsymbol{R} = \begin{bmatrix} ^A n & ^A o & ^A a \end{bmatrix} = \begin{bmatrix} n_x & o_x & a_x \\ n_y & o_y & a_y \\ n_z & o_z & a_z \end{bmatrix} \tag{5-1}$$

这样一组矢量可以用来描述一个物体的姿态。

旋转矩阵 $^A_B \boldsymbol{R}$ 是单位正交的，并且 $^A_B \boldsymbol{R}$ 的逆与它的转置相同，其行列式值等于 1，即

$$^A_B \boldsymbol{R}^{-1} = {}^A_B \boldsymbol{R}^{\mathrm{T}} \mid {}^A_B \boldsymbol{R} \mid = 1 \tag{5-2}$$

在运动学分析中，经常用到的旋转变换矩阵是绕 x 轴、y 轴或 z 轴旋转某一角度 θ 的变换矩阵，分别可以用式 (5-3)、式 (5-4) 和式 (5-5) 表示。

$$\boldsymbol{R}(x,\theta) = \begin{bmatrix} 1 & 0 & 0 \\ 0 & \cos\theta & -\sin\theta \\ 0 & \sin\theta & \cos\theta \end{bmatrix} \tag{5-3}$$

$$\boldsymbol{R}(y,\theta) = \begin{bmatrix} \cos\theta & 0 & \sin\theta \\ 0 & 1 & 0 \\ -\cos\theta & 0 & \cos\theta \end{bmatrix} \tag{5-4}$$

$$\boldsymbol{R}(z,\theta)=\begin{bmatrix}\cos\theta & -\sin\theta & 0 \\ \sin\theta & \cos\theta & 0 \\ 0 & 0 & 1\end{bmatrix} \qquad (5-5)$$

5.3　齐次坐标与齐次坐标变换

5.2.1　齐次坐标

1. 点的齐次坐标

将一个 n 维空间的点用 $n+1$ 维坐标表示，则该 $n+1$ 维坐标即为 n 维空间的齐次坐标。一般情况下，设 ω 为该齐次坐标的比例因子，当取 $\omega=1$ 时，其表示方法称为齐次坐标的规格化形式，如图 5.3 所示。

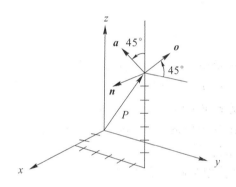

图 5.3　坐标系在空间的示意图

若用四个数组成的 4×1 矩阵表示图 5.3 中点 P 的位置矢量，则该阵列称为三维空间点 P 的齐次坐标。

$$\boldsymbol{P}=\begin{bmatrix}a_x \\ b_y \\ c_z \\ 1\end{bmatrix}=\begin{bmatrix}x \\ y \\ z \\ \omega\end{bmatrix}$$

其中，$x=\omega a_x$，$y=\omega b_y$，$z=\omega c_z$。

显然，齐次坐标表达并不是唯一的，随 ω 值的不同而不同。如果比例因子 ω 是 1，各分量的大小保持不变。但是，如果 $\omega=0$，则 a_x、b_y、c_z 为无穷大。在这种情况下，x、y 和 z（以及 a_x、b_y、c_z）表示一个长度为无穷大的矢量，它的方向即为该矢量所表示的方向。这就意味着方向矢量可以由比例因子 $\omega=0$ 的矢量来表示，这里矢量的长度并不重要，而其方向由该矢量的三个分量来表示。在机器人的运动分析中，总是取比例因子 $\omega=1$。

2. 坐标轴方向的描述

如图 5.4 所示，用 $\boldsymbol{i}$、$\boldsymbol{j}$、$\boldsymbol{k}$ 来分别表示直角坐标系中 x、y、z 坐标轴的单位矢量，用齐次坐标来描述 x、y、z 轴的方向，则有

$$i = \begin{bmatrix} 1 \\ 0 \\ 0 \\ 0 \end{bmatrix}, \quad j = \begin{bmatrix} 0 \\ 1 \\ 0 \\ 0 \end{bmatrix}, \quad k = \begin{bmatrix} 0 \\ 0 \\ 1 \\ 0 \end{bmatrix}$$

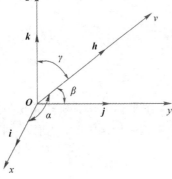

图 5.4　坐标轴的描述

图 5.4 中所示矢量 v 的单位矢量 h 的方向阵列为

$$h = \begin{bmatrix} a & b & c & 0 \end{bmatrix}^{\mathrm{T}} = \begin{bmatrix} \cos\alpha & \cos\beta & \cos\gamma & 0 \end{bmatrix}^{\mathrm{T}}$$

其中，α、β、γ 分别是矢量 v 与坐标轴 x、y、z 的夹角，$0° \leqslant \alpha \leqslant 180°$，$0° \leqslant \beta \leqslant 180°$，$0° \leqslant \gamma \leqslant 180°$。$\cos\alpha$、$\cos\beta$、$\cos\gamma$ 称为矢量 v 的方向余弦，且满足 $\cos^2\alpha + \cos^2\beta + \cos^2\gamma = 1$。

综上所述，可得如下结论：

(1) 阵列 $\begin{bmatrix} a & b & c & 0 \end{bmatrix}^{\mathrm{T}}$ 中第四个元素为零，且 $a^2 + b^2 + c^2 = 1$，则 a、b、c 表示某轴（或某矢量）的方向。

(2) 阵列 $\begin{bmatrix} a & b & c & \omega \end{bmatrix}^{\mathrm{T}}$ 中第四个元素不为零，则表示空间某点的位置。

(3) 表示坐标原点的 4×1 阵列定义为：$o = \begin{bmatrix} 0 & 0 & 0 & \alpha \end{bmatrix}^{\mathrm{T}} (\alpha \neq 0)$。

例如，在图 5.5 中，矢量 v 的方向用 4×1 列阵表示为

$$v = \begin{bmatrix} a & b & c & 0 \end{bmatrix}^{\mathrm{T}}$$

其中，$a = \cos\alpha$，$b = \cos\beta$，$c = \cos\gamma$。

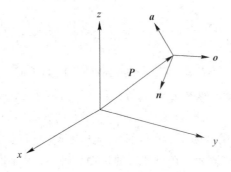

图 5.5　物体姿态的描述

矢量 v 的起点 o 为坐标原点，用 4×1 阵列可表示为

$$o = \begin{bmatrix} 0 & 0 & 0 & 1 \end{bmatrix}^{\mathrm{T}}$$

当 $\alpha = 30°$，$\beta = 60°$，$\gamma = 45°$ 时，矢量为

$$\boldsymbol{v} = \begin{bmatrix} 0.866 & 0.5 & 0.707 & 0 \end{bmatrix}^{\mathrm{T}}$$

3. 齐次坐标与三维直角坐标的区别

P 点在 $Oxyz$ 坐标系中表示是唯一的 (x, y, z)，而在齐次坐标中表示可以是多值的。几个特定意义的齐次坐标表示如下：

$\begin{bmatrix} 0 & 0 & 0 & n \end{bmatrix}^{\mathrm{T}}$——坐标原点矢量的齐次坐标，$n$ 为任意非零比例系数；

$\begin{bmatrix} 1 & 0 & 0 & 0 \end{bmatrix}^{\mathrm{T}}$——指向无穷远处的 Ox 轴；

$\begin{bmatrix} 0 & 1 & 0 & 0 \end{bmatrix}^{\mathrm{T}}$——指向无穷远处的 Oy 轴；

$\begin{bmatrix} 0 & 0 & 1 & 0 \end{bmatrix}^{\mathrm{T}}$——指向无穷远处的 Oz 轴。

4. 动系的位姿表示

在坐标系中，相对连杆不动的坐标系称为静坐标系(简称静系)；跟随连杆运动的坐标系称为动坐标系(简称动系)。动坐标系位姿的描述就是用位姿矩阵对动坐标系原点位置和坐标系各坐标轴方向进行描述。

机器人的每一个连杆均可视为一个刚体，若给定了刚体上某一点的位置和该刚体在空中的姿态，则这个刚体在空间上是唯一确定的，可用唯一一个位姿矩阵进行描述。

如图 5.6 所示，固连在刚体上的空间坐标系(动系) $\{O': x_0 y_0 z_0\}$ 可以用矩阵表示，其中坐标原点 O' 以及相对于参考坐标系表示该坐标系姿态的三个矢量也可以用矩阵表示出来。

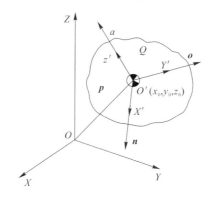

图 5.6　刚体的位置和姿态描述

由此，刚体在固定坐标系中的位置可用齐次坐标表示为

$$\boldsymbol{p} = \begin{bmatrix} x_0 \\ y_0 \\ z_0 \\ 1 \end{bmatrix}$$

刚体的姿态可用动系坐标轴方向来表示。令 $\boldsymbol{n}$、$\boldsymbol{o}$、$\boldsymbol{a}$ 分别为 x'、y'、z' 坐标轴的单位方向矢量，即

$$\boldsymbol{n} = \begin{bmatrix} n_x \\ n_y \\ n_z \\ 0 \end{bmatrix}, \boldsymbol{o} = \begin{bmatrix} o_x \\ o_y \\ o_z \\ 0 \end{bmatrix}, \boldsymbol{a} = \begin{bmatrix} a_x \\ a_y \\ a_z \\ 0 \end{bmatrix}$$

由此可知，刚体的位姿矩阵可用下式表示。

$$T = \begin{bmatrix} n & o & a & p \end{bmatrix} = \begin{bmatrix} n_x & o_x & a_x & x_0 \\ n_y & o_y & a_y & y_0 \\ n_z & o_z & a_x & z_0 \\ 0 & 0 & 0 & 1 \end{bmatrix}$$

5.3.2　齐次坐标变换

1. 平移变换

空间中 $P(x, y, z)$ 点在直角坐标系中平移至 $P'(x', y', z')$ 点，如图 5.7 所示。

$$\begin{cases} x' = x + \Delta x \\ y' = y + \Delta y \\ z' = z + \Delta z \end{cases} 或 \begin{bmatrix} x' \\ y' \\ z' \end{bmatrix} = \begin{bmatrix} x \\ y \\ z \end{bmatrix} + \begin{bmatrix} \Delta x \\ \Delta y \\ \Delta z \end{bmatrix}$$

若 P、P' 点用齐次坐标表示，则平移变换表示为

$$\begin{bmatrix} x' \\ y' \\ z' \\ 1 \end{bmatrix} = \begin{bmatrix} 1 & 0 & 0 & \Delta x \\ 0 & 1 & 0 & \Delta y \\ 0 & 0 & 1 & \Delta z \\ 0 & 0 & 0 & 1 \end{bmatrix} \begin{bmatrix} x \\ y \\ z \\ 1 \end{bmatrix} = \mathrm{Trans}(\Delta x, \Delta y, \Delta z) \begin{bmatrix} x \\ y \\ z \\ 1 \end{bmatrix}$$

其中 $\mathrm{Trans}(\Delta x, \Delta y, \Delta z)$ 称为平移算子。

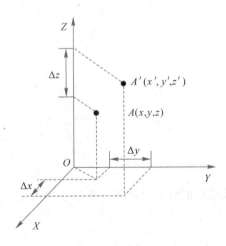

图 5.7　点的平移变换

2. 旋转变换

空间中 $P(x, y, z)$ 点在直角坐标系中绕 z 轴旋转 θ 角后至 $P'(x', y', z')$ 点，如图 5.8 所示。因为 $P(x, y, z)$ 仅绕 z 轴旋转，所以 z 坐标不变，$z = z'$，且在 xOy 平面内，$OA = OA'$。

$$\begin{cases} x = OA\cos\alpha \\ y = OA\sin\alpha \end{cases}$$

$$\begin{cases} x' = OA'\cos(\alpha+\theta) = OA\cos(\alpha+\theta) \\ y' = OA'\sin(\alpha+\theta) = OA\sin(\alpha+\theta) \end{cases}$$

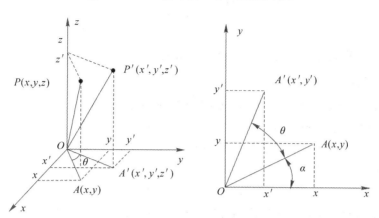

图 5.8　点在直角坐标系中的旋转

由三角函数的加法定理

$$\begin{cases} \sin(\alpha+\beta) = \sin\alpha\cos\beta + \cos\alpha\sin\beta \\ \cos(\alpha+\beta) = \cos\alpha\cos\beta - \sin\alpha\sin\beta \end{cases}$$

可知：

$$\begin{cases} x' = OA(\cos\alpha\cos\theta - \sin\alpha\sin\theta) = OA\cos\alpha\cos\theta - OA\sin\alpha\sin\theta \\ y' = OA(\sin\alpha\cos\theta + \cos\alpha\sin\theta) = OA\sin\alpha\cos\theta + OA\cos\alpha\sin\theta \end{cases}$$

则

$$\begin{cases} x' = x\cos\theta - y\sin\theta \\ y' = y\cos\theta + x\sin\theta - x\sin\theta + y\cos\theta \end{cases}$$

点 $P(x,y,z)$ 与点 $P'(x',y',z')$ 之间的关系用矩阵表示为

$$\begin{bmatrix} x' \\ y' \\ z' \end{bmatrix} = \begin{bmatrix} \cos\theta & -\sin\theta & 0 \\ \sin\theta & \cos\theta & 0 \\ 0 & 0 & 1 \end{bmatrix} \begin{bmatrix} x \\ y \\ z \end{bmatrix}$$

若点 P、P' 用齐次坐标表示，则绕 z 轴旋转变换表示为

$$\begin{bmatrix} x' \\ y' \\ z' \\ 1 \end{bmatrix} = \begin{bmatrix} \cos\theta & -\sin\theta & 0 & 0 \\ \sin\theta & \cos\theta & 0 & 0 \\ 0 & 0 & 1 & 0 \\ 0 & 0 & 0 & 1 \end{bmatrix} \begin{bmatrix} x \\ y \\ z \\ 1 \end{bmatrix} = \mathrm{Rot}(z,\theta) \begin{bmatrix} x \\ y \\ z \\ 1 \end{bmatrix}$$

其中 $\mathrm{Rot}(z,\theta)$ 为绕 z 轴的旋转算子。

同理：

$$\mathrm{Rot}(x,\theta) = \begin{bmatrix} 1 & 0 & 0 & 0 \\ 0 & \cos\theta & -\sin\theta & 0 \\ 0 & \sin\theta & \cos\theta & 0 \\ 0 & 0 & 0 & 1 \end{bmatrix}$$

$$\mathrm{Rot}(y, \theta) = \begin{bmatrix} \cos\theta & 0 & \sin\theta & 0 \\ 0 & 1 & 0 & 0 \\ -\sin\theta & 0 & \cos\theta & 0 \\ 0 & 0 & 0 & 1 \end{bmatrix}$$

注意：逆时针旋转时，θ 为正值；逆时针旋转时，θ 为负值。

3. 复合变换

点或坐标系等发生变换时，既会发生平移变换，也会发生旋转变换。

若先平移后旋转，则

$$P' = \mathrm{Rot}(*, \theta)\mathrm{Trans}(\Delta x, \Delta y, \Delta z)P$$

若先旋转后平移，则

$$P' = \mathrm{Trans}(\Delta x, \Delta y, \Delta z)\mathrm{Rot}(*, \theta)P$$

注意：变换算子不仅适用于点的齐次变换，也可用于向量、坐标系和物体的齐次变换。

5.3.3　齐次坐标变换举例

1. 平移坐标变换(Translation)

将动坐标系相对固定坐标系平移$[x_0 \quad y_0 \quad z_0]$，则

$$\boldsymbol{R} = \begin{bmatrix} 1 & 0 & 0 \\ 0 & 1 & 0 \\ 0 & 0 & 1 \end{bmatrix}$$

$$\boldsymbol{X}_0 = \begin{bmatrix} x_0 \\ y_0 \\ z_0 \end{bmatrix}$$

所以经平移坐标变换后的齐次坐标变换矩阵为

$$\boldsymbol{T} = \mathrm{Trans}(x_0, y_0, z_0) = \begin{bmatrix} 1 & 0 & 0 & x_0 \\ 0 & 1 & 0 & y_0 \\ 0 & 0 & 1 & z_0 \\ 0 & 0 & 0 & 1 \end{bmatrix} \tag{5-6}$$

2. 旋转坐标变换(Rotation)

将动坐标系绕 x 轴旋转 θ 角，按右手规则确定旋转方向，即 $\boldsymbol{X}_0 = [0 \quad 0 \quad 0]^{\mathrm{T}}$。

$$\boldsymbol{R} = \begin{bmatrix} 1 & 0 & 0 \\ 0 & \cos\theta & -\sin\theta \\ 0 & \sin\theta & \cos\theta \end{bmatrix}$$

$$\boldsymbol{T} = \mathrm{Rot}(x, \theta) = \begin{bmatrix} 1 & 0 & 0 & 0 \\ 0 & \cos\theta & -\sin\theta & 0 \\ 0 & \sin\theta & \cos\theta & 0 \\ 0 & 0 & 0 & 1 \end{bmatrix} \tag{5-7}$$

同理，将动坐标系绕 y 轴旋转 θ 角后所得的坐标变换矩阵为

$$T = \text{Rot}(y, \theta) = \begin{bmatrix} \cos\theta & 0 & \sin\theta & 0 \\ 0 & 1 & 0 & 0 \\ -\sin\theta & 0 & \cos\theta & 0 \\ 0 & 0 & 0 & 1 \end{bmatrix} \tag{5-8}$$

将动坐标系绕 z 轴旋转 θ 角后所得的坐标变换矩阵为

$$T = \text{Rot}(z, \theta) = \begin{bmatrix} \cos\theta & -\sin\theta & 0 & 0 \\ \sin\theta & \cos\theta & 0 & 0 \\ 0 & 0 & 1 & 0 \\ 0 & 0 & 0 & 1 \end{bmatrix} \tag{5-9}$$

3. 广义旋转坐标变换

绕经过坐标系原点的任一矢量 K 进行的旋转变换称为广义旋转变换,如图 5.9 所示。

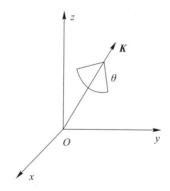

图 5.9　广义旋转坐标变换

设 $K = k_x i + k_y j + k_z k$ 表示过原点的单位矢量,且 $k_x^2 + k_y^2 + k = 1$,则将动坐标系绕矢量 K 旋转 θ 角后所得的坐标变换矩阵为

$$T = \text{Rot}(K, \theta) = \begin{bmatrix} k_x k_x \text{Vers}\theta + c\theta & k_y k_x \text{Vers}\theta - k_z s\theta & k_z k_x \text{Vers}\theta + k_y s\theta & 0 \\ k_x k_x \text{Vers}\theta + c\theta & k_y k_y \text{Vers}\theta + c\theta & k_z k_y \text{Vers}\theta - k_x s\theta & 0 \\ k_x k_z \text{Vers}\theta - k_y s\theta & k_y k_z \text{Vers}\theta + k_x s\theta & k_z k_z \text{Vers}\theta + c\theta & 0 \\ 0 & 0 & 0 & 1 \end{bmatrix}$$

式中：$s\theta = \sin\theta$；$c\theta = \cos\theta$；$\text{Vers}\theta = 1 - \cos\theta$。

当 $k_x = 1$,$k_y = k_z = 0$ 时,动坐标系绕 x 轴旋转；当 $k_y = 1$,$k_x = k_z = 0$ 时,动坐标系绕 y 轴旋转；当 $k_z = 1$,$k_x = k_y = 0$ 时,动坐标系绕 z 轴旋转。广义旋转变换矩阵的主要作用在于：当给定任意复合转动的变换矩阵 T 时,令其与广义旋转变换矩阵相等,便可求得绕一等效轴旋转一等效转角的单一转动角。

4. 综合坐标变换

【例 5 - 1】　设动坐标系 $\{O': u, v, w\}$ 与固定坐标系 $\{O: x, y, z\}$ 初始位置重合,经下列坐标变换：① 绕 x 轴旋转 $90°$；② 绕 y 轴旋转 $90°$；③ 相对于固定坐标系平移位置矢量 $4i - 3j + 7k$。试求合成齐次坐标变换矩阵 T。

解　动坐标系绕固定坐标系 z 轴旋转 $90°$,其齐次变换矩阵为

$$T_1 = \text{Rot}(z, 90°) = \begin{bmatrix} 0 & -1 & 0 & 0 \\ 1 & 0 & 0 & 0 \\ 0 & 0 & 1 & 0 \\ 0 & 0 & 0 & 1 \end{bmatrix}$$

动坐标系再绕固定坐标系 y 轴旋转 $90°$，其齐次变换矩阵为

$$T_2 = \text{Rot}(y, 90°) = \begin{bmatrix} 0 & 0 & 1 & 0 \\ 0 & 1 & 0 & 0 \\ -1 & 0 & 0 & 0 \\ 0 & 0 & 0 & 1 \end{bmatrix}$$

动坐标系再平移 $4i - 3j + 7k$，有

$$T_3 = \text{Trans}(4, -3, 7) = \begin{bmatrix} 1 & 0 & 0 & 4 \\ 0 & 1 & 0 & -3 \\ 0 & 0 & 1 & 7 \\ 0 & 0 & 0 & 1 \end{bmatrix}$$

所以合成齐次变换矩阵为

$$X_0 = \begin{bmatrix} x_0 \\ y_0 \\ z_0 \end{bmatrix} T = T_3 T_2 T_1 = \begin{bmatrix} 0 & 0 & 1 & 4 \\ 1 & 0 & 0 & -3 \\ 0 & 1 & 0 & 7 \\ 0 & 0 & 0 & 1 \end{bmatrix}$$

从物理意义来看，T 中第一列的前三个元素 0、1、0 表示动坐标系的 u 轴在固定坐标系三个坐标轴上的投影，故 u 轴平行于 y 轴；T 中第二列的前三个元素 0、0、1 表示动标系的 v 轴在固定坐标系三个坐标轴上的投影，故 v 轴平行于 z 轴；T 中第三列的前三个元素 1、0、0 表示动坐标系的 w 轴在固定坐标系三个坐标轴上的投影，故 w 轴平行于 x 轴；T 中第四列的前三个元素 4、-3、7 表示动坐标系的原点与固定坐标系原点之间的距离。

上述例题坐标变换的几何表示如图 5.10 所示。

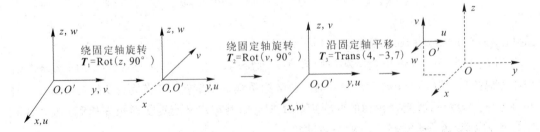

图 5.10　坐标变换的几何表示

如果一个矢量点 $U = 7i + 3j + 2k$ 固定于动坐标系上，则任何时刻这个矢量在坐标系 $\{O': u, v, w\}$ 中的表达都是不变的，动坐标系经过上述变换后，在 $\{O: x, y, z\}$ 坐标系中表示为矢量 X，且

$$X = TU = T_3 T_2 T_1 U = \text{Trans}(4, -3, 7)\text{Rot}(y, 90°)\text{Rot}(z, 90°)U \quad (5-10)$$

$$X = \begin{bmatrix} 0 & 0 & 1 & 4 \\ 1 & 0 & 0 & -3 \\ 0 & 1 & 0 & 7 \\ 0 & 0 & 0 & 1 \end{bmatrix} \begin{bmatrix} 7 \\ 3 \\ 2 \\ 1 \end{bmatrix} = \begin{bmatrix} 6 & 4 & 10 & 1 \end{bmatrix}^{\mathrm{T}} \tag{5-11}$$

固定于动坐标系中矢量变换的几何表示如图 5.11 所示。

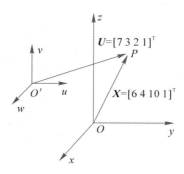

图 5.11　矢量变换的几何表示

这里尤其需要注意的是变换次序不能随意调换，因为矩阵的乘法不满足交换率，例如式(5-10)中：

$$\mathrm{Trans}(4, -3, 7)\mathrm{Rot}(y, 90°) \neq \mathrm{Rot}(y, 90°)\mathrm{Trans}(4, -3, 7)$$

同理：

$$\mathrm{Rot}(y, 90°)\mathrm{Rot}(z, 90°) \neq \mathrm{Rot}(z, 90°)\mathrm{Rot}(y, 90°)$$

上面所述的坐标变换每步都是相对于固定坐标系进行的。也可以相对于动坐标系进行变换；坐标系 $\{O': u, v, w\}$ 初始与固定坐标系 $\{O: x, y, z\}$ 相重合，首先相对于固定坐标系平移 $4i - 3j + 7k$，然后绕活动坐标系的 v 轴旋转 $90°$，最后绕 w 轴旋转 $90°$，这时合成变换矩阵为

$$T = T_1 T_2 T_3 = \begin{bmatrix} 0 & 0 & 1 & 4 \\ 1 & 0 & 0 & -3 \\ 0 & 1 & 0 & 7 \\ 0 & 0 & 0 & 1 \end{bmatrix} \tag{5-12}$$

与前面的计算结果相同。变换的几何表示如图 5.12 所示。

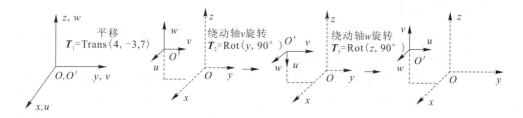

图 5.12　绕动坐标系变换的几何表示

结论：若每次的变换都是相对于固定坐标系进行的，则矩阵左乘；若每次的变换都是相对于动坐标系进行的，则矩阵右乘。

5.3.4　机器人手部位姿的表示

机器人手部的位姿如图 5.13 所示，可用固连于手部的坐标系 $\{B\}$ 的位姿来表示。坐标系 $\{B\}$ 由原点位置和三个单位矢量唯一确定，即

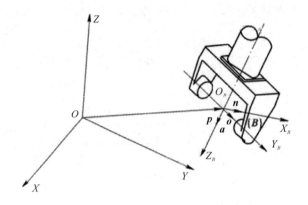

图 5.13　机器人手部位置和姿态描述

（1）原点：取手部中心点为原点 O_B。
（2）接近矢量：关节轴方向的单位矢量 a。
（3）姿态矢量：手指连线方向的单位矢量 o。
（4）法向矢量：n 为法向单位矢量，同时垂直于 a、o 矢量，即 $n = o \times a$。
手部位姿矢量为从固定参考坐标系 $Oxyz$ 原点指向手部坐标系 $\{B\}$ 原点的矢量 p。
手部的方向矢量为 n、o、a。手部的位姿可由 4×4 矩阵表示：

$$T = \begin{bmatrix} n & o & a & p \end{bmatrix} = \begin{bmatrix} n_x & o_x & a_x & p_x \\ n_y & o_y & a_y & p_y \\ n_z & o_z & a_z & p_z \\ 0 & 0 & 0 & 1 \end{bmatrix}$$

5.4　变换方程的建立

5.4.1　多级坐标变换

工业机器人都具有两个以上的自由度，从末端操作器把持中心的坐标系到固定坐标系的变换要经过多级坐标变换，其变换方程的建立方法如下。

设有一具有 n 个自由度的机器人，如图 5.14 所示，点 O_n 为末端操作器把持中心动坐标系的原点，点 P 为末端操作器上的任意一点。点 P 相对于固定坐标系 $\{O_0 : x_0, y_0, z_0\}$ 的坐标为 $P(x, y, z)$，而相对于动坐标系 $\{O_n : x_n, y_n, z_n\}$ 的坐标为 $P(x_n, y_n, z_n)$。现在已知 $P(x_n, y_n, z_n)$，要求 $P(x, y, z)$ 的表达式。很显然，从坐标系 $\{O_n : x_n, y_n, z_n\}$ 到坐标系 $\{O_0 : x_0, y_0, z_0\}$ 经过了 n 级的逐次坐标变换，且每次都是相对于动坐标系进行的。如果求出了任一个相邻两级之间的坐标变换矩阵 T_i，那么，从坐标系 $\{O_n : x_n, y_n, z_n\}$ 到坐标系

$\{O_0: x_0, y_0, z_0\}$ 之间的坐标变换矩阵可表示为

$$\boldsymbol{T}=\boldsymbol{T}_1\boldsymbol{T}_2\boldsymbol{T}_3\boldsymbol{T}_4\cdots\boldsymbol{T}_{n-1}\boldsymbol{T}_n \tag{5-13}$$

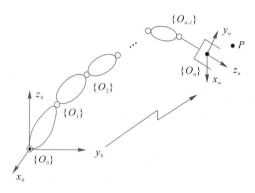

图 5.14　多级坐标变换

则齐次坐标变换方程式可以表示为

$$\boldsymbol{X}=\boldsymbol{T}\boldsymbol{X}_n \tag{5-14}$$

式中：$\boldsymbol{X}=[x, y, z, 1]^{\mathrm{T}}$，$\boldsymbol{X}_n=[x_n, y_n, z_n, 1]^{\mathrm{T}}$。

式(5-14)确定了 n 个自由度的机器人末端操作器把持中心的任一点 P 相对于固定坐标系的位置，以及末端操作器把持中心在空间的姿态。当任一点 P 取在手部把持中心，即 $x_n=y_n=z_n=0$ 时，机器人末端操作器的位移方程式为

$$\begin{cases} x=x_0 \\ y=y_0 \\ z=z_0 \end{cases}$$

式中：x_0、y_0、z_0 为坐标系 $\{O_n: x_n, y_n, z_n\}$ 相对于坐标系 $\{O_0: x_0, y_0, z_0\}$ 坐标原点的平移量，由矩阵 $\boldsymbol{T}$ 的第四列确定。

5.4.2　多种坐标系的变换

1. 多种坐标系

为了描述机器人的运动，以便于编程控制与操作，常常需要定义多种坐标系。如图 5.15

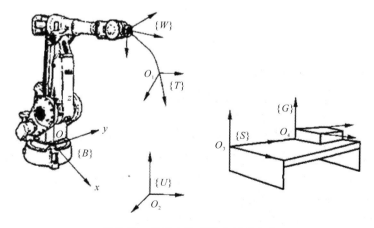

图 5.15　机器人的多种坐标系定义

所示，假设机器人要抓取放在工作台上的工件，需以一定的位姿向工作台处移动，为了方便描述机器人与周围环境的相对位姿关系，常使用以下几种坐标系。

（1）通用（世界）坐标系$\{U\}$，是机器人坐标系中最大的一个坐标系，用于多台机器人的协调控制。

（2）基（固定）坐标系$\{B\}$，又表示为$\{O\}$，固定在机器人的基座上，通常x轴表示机器人的手臂方向，y轴表示机器人的横方向，z轴表示机器人的身高方向。相对于通用坐标系定义，即$\{B\}={}^U\boldsymbol{T}_B$。在默认情况下，通用坐标系与基坐标系是一致的。

（3）腕坐标系$\{W\}$，坐标原点选在手腕中心（法兰盘处），相对于基坐标系定义，即$\{W\}={}^B\boldsymbol{T}_W={}^0\boldsymbol{T}_6$。

（4）工具坐标系$\{T\}$，固定在工具的端部，其坐标原点为工具中心点（Tool Center Point，TCP），相对于腕坐标系定义，即$\{T\}={}^W\boldsymbol{T}_T$。

（5）工作台（用户）坐标系$\{S\}$，固定在工作台的角上，相对于通用或基坐标系定义，即$\{S\}={}^U\boldsymbol{T}_S$。

（6）目标（工件）坐标系$\{G\}$，固定在工作台上，相对于工作台坐标系定义，即$\{G\}={}^S\boldsymbol{T}_G$。

多种坐标系之间的关系如图5.16所示。

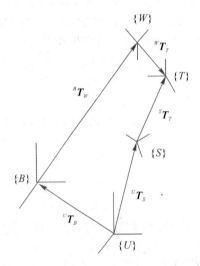

图5.16　多种坐标之间的关系

2. 多种坐标系之间的变换矩阵

规定以上标准坐标系，目的在于为机器人规划和编程提供一种标准符号。对于确定的机器人，腕坐标相对于基坐标的变换矩阵是一定的，一旦手部所拿工具确定，工具坐标相对于腕坐标的变换矩阵也就确定了。这样，就可以把工具坐标系原点（TCP）作为机器人控制定位的参照点，把机器人的作业描述成工具坐标系$\{T\}$相对于工作台坐标系$\{S\}$的一系列运动，使得编程操作大为简化。例如，为了按一定的位姿抓取工件，只需控制工具坐标系$\{T\}$相对于工作台坐标系$\{S\}$的位姿即可。

工具坐标系$\{T\}$相对于通用坐标系$\{U\}$的变换方程可表示为

$$ {}^U\boldsymbol{T}_T={}^U\boldsymbol{T}_T g\,{}^B\boldsymbol{T}_W g\,{}^W\boldsymbol{T}_T $$

（5－15）

另一方面，坐标系 $\{T\}$ 相对于坐标系 $\{U\}$ 的变换方程也可表示为

$$^{U}\boldsymbol{T}_{T} = {}^{U}\boldsymbol{T}_{S}g^{S}\boldsymbol{T}_{T} \qquad (5-16)$$

由以上两个公式可得

$$^{U}\boldsymbol{T}_{T}g^{B}\boldsymbol{T}_{W}g^{W}\boldsymbol{T}_{T} = {}^{U}\boldsymbol{T}_{S}g^{S}\boldsymbol{T}_{T} \qquad (5-17)$$

变换方程的任一变换矩阵都可用其余的变换矩阵来表示。例如，为了求出工具坐标系 $\{T\}$ 到工作台坐标系 $\{S\}$ 的变换矩阵 $^{S}\boldsymbol{T}_{T}$，需对式(5-17)左乘 $^{U}\boldsymbol{T}_{S}{}^{-1}$，得

$$^{S}\boldsymbol{T}_{T} = {}^{U}\boldsymbol{T}_{S}{}^{-1}g^{U}\boldsymbol{T}_{B}g^{B}\boldsymbol{T}_{W}g^{W}\boldsymbol{T}_{T} \qquad (5-18)$$

由式(5-18)便可求出工具相对工作台的位姿，以完成抓取工件的作业任务。一些机器人控制系统具有求解式(5-18)的功能，称为"Where"功能。

变换方程可以用有向变换图来表示，如图 5.17 所示。图中每一弧段表示一个变换，从它定义的参考坐标系由外指向内，封闭于物体上的某一共同点，这就是变换方程的封闭性。

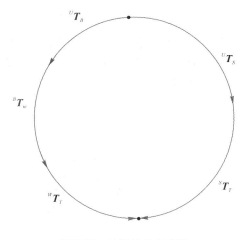

图 5.17　封闭的有向变换

实际上，可以从封闭的有向变换图的任一变换开始列变换方程。从某一变换弧开始，顺箭头方向为正变换，一直连续列写到相邻于该变换弧为止(但不再包括该起点变换)，则得到一个单位变换。

5.5　RPY 角与欧拉角

旋转矩阵 $\boldsymbol{R}$ 的九个因素中，只有三个是独立因素，用它来做矩阵运算算子或进行矩阵变换非常方便，但用来表示方位却不太方便，所以通常用 RPY 角与欧拉角来表示机械手在空间的方位。

5.5.1　RPY 角

RPY 角是描述船舶在大海中航行或飞机在空中飞行时姿态的一种方法。将船的行驶方向取为 z 轴，则绕 z 轴的旋转(α 角)称为回转(Roll)；将船体的横向取为 y 轴，则绕 y 轴的旋转(β 角)称为俯仰(Pitch)；将垂直于船体的方向取为 x 轴，则绕 x 轴的旋转(γ 角)称为偏转(Yaw)，如图 5.18 所示。操作臂手爪姿态的规定方法与此类似(见图 5.19)，习惯上称为 RPY 角方法。

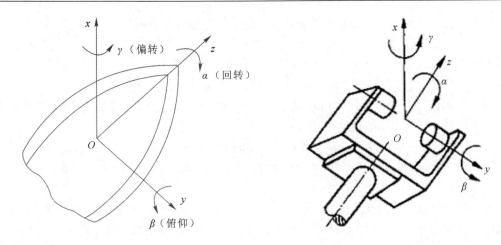

图 5.18　RPY 角的定义　　　　　　图 5.19　操作臂 RPY 角的定义

用 RPY 角描述活动坐标系方位的法则如下：活动坐标系的初始方位与参考坐标系重合，首先将动坐标系绕参考坐标系的 x 轴旋转 γ 角，再绕参考坐标系的 y 轴旋转 β 角，最后绕参考坐标系的 x 轴旋转 α 角，如图 5.20 所示。

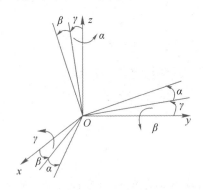

图 5.20　RPY 角

因为三次旋转都是相对于参考坐标系的，所以得到相应的旋转矩阵为

$$\mathbf{RPY}(\gamma,\beta,\alpha)=\text{Rot}(z,\alpha)\text{Rot}(y,\beta)\text{Rot}(x,\gamma)$$

$$\mathbf{RPY}(\gamma,\beta,\alpha)=\begin{bmatrix} c\alpha & -s\alpha & 0 & 0 \\ s\alpha & c\alpha & 0 & 0 \\ 0 & 0 & 1 & 0 \\ 0 & 0 & 0 & 1 \end{bmatrix}\begin{bmatrix} c\beta & 0 & s\beta & 0 \\ 0 & 1 & 0 & 0 \\ -s\beta & 0 & c\beta & 0 \\ 0 & 0 & 0 & 1 \end{bmatrix}\begin{bmatrix} 1 & 0 & 0 & 0 \\ 0 & c\gamma & -s\gamma & 0 \\ 0 & s\gamma & c\gamma & 0 \\ 0 & 0 & 0 & 1 \end{bmatrix}$$

式中：$c\alpha=\cos\alpha$，$s\alpha=\sin\alpha$，$c\beta=\cos\beta$，$s\beta=\sin\beta$，$c\gamma=\cos\gamma$，$s\gamma=\sin\gamma$（后文中表示方法与此处相同，不再赘述）。将矩阵相乘得

$$\mathbf{RPY}(\gamma,\beta,\alpha)=\begin{bmatrix} c\alpha c\beta & c\alpha s\beta s\gamma-s\alpha c\gamma & c\alpha s\beta c\gamma+s\alpha s\gamma & 0 \\ s\alpha c\beta & s\alpha s\beta s\gamma-c\alpha c\gamma & s\alpha s\beta c\gamma-c\alpha s\gamma & 0 \\ -s\beta & c\beta s\gamma & c\beta c\gamma & 0 \\ 0 & 0 & 0 & 1 \end{bmatrix} \tag{5-19}$$

它表示绕固定坐标系的三个轴依次旋转得到的旋转矩阵，因此称为绕固定轴 $x-y-z$ 旋转的 RPY 角法。

现在来讨论逆解问题：从给定的旋转矩阵求出等价的绕固定轴 $x-y-z$ 的转角 γ、β、α。令

$$\mathbf{RPY}(\gamma,\beta,\alpha)=\begin{bmatrix} n_x & o_x & a_x & 0 \\ n_y & o_y & a_y & 0 \\ n_z & o_z & a_z & 0 \\ 0 & 0 & 0 & 1 \end{bmatrix} \tag{5-20}$$

式中有三个未知数，共九个方程，其中六个方程不独立，因此，可以利用其中的三个方程解出未知数。

由式(5-19)、式(5-20)可以得出

$$\cos\beta=\sqrt{n_x^2+n_y^2} \tag{5-21}$$

如果 $\cos\beta\neq0$，则得到各个角的反正切表达式为

$$\begin{cases} \beta=\arctan2(-n_z,\sqrt{n_x^2+n_y^2}) \\ \alpha=\arctan2(n_y,n_x) \\ \gamma=\arctan2(o_z,a_z) \end{cases} \tag{5-22}$$

式中：$\arctan2(y,x)$ 为双变量反正切函数。利用双变量反正切函数 $\arctan2(y,x)$ 计算 $\arctan\dfrac{y}{x}$ 的优点在于利用 x 和 y 符号就能确定所得角度所在的象限，这是利用单变量反正切函数所不能完成的。

式(5-22)中的根式一般有两个解，通常取在 $-90°\sim90°$ 范围内的一个解。

5.5.2　欧拉角

1. 绕动坐标系 $z-y-x$ 转动的欧拉角

这种描述坐标系运动的法则如下：动坐标系的初始方位与参考坐标系相同，首先使动坐标系绕其 z 轴旋转 α 角，然后绕动坐标系的 y 轴旋转 β 角，最后绕动坐标系的 x 轴旋转 γ 角，如图 5.21 所示。

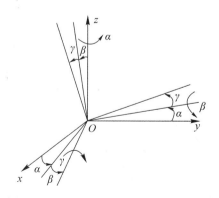

图 5.21　绕 $z-y-x$ 转动的欧拉角

在这种描述法中，各次转动都是相对于动坐标系的某轴进行的，而不是相对于固定的参考坐标系进行的。这样的三次转动角称为欧拉角。因此可以得出欧拉变换矩阵为

$$\text{Euler}(\alpha, \beta, \gamma) = \text{Rot}(z, \alpha)\text{Rot}(y, \beta)\text{Rot}(x, \gamma)$$

$$= \begin{bmatrix} c\alpha & -s\alpha & 0 & 0 \\ s\alpha & c\alpha & 0 & 0 \\ 0 & 0 & 1 & 0 \\ 0 & 0 & 0 & 1 \end{bmatrix} \begin{bmatrix} c\beta & 0 & s\beta & 0 \\ 0 & 1 & 0 & 0 \\ -s\beta & 0 & c\beta & 0 \\ 0 & 0 & 0 & 1 \end{bmatrix} \begin{bmatrix} 1 & 0 & 0 & 0 \\ 0 & c\gamma & -s\gamma & 0 \\ 0 & s\gamma & c\gamma & 0 \\ 0 & 0 & 0 & 1 \end{bmatrix}$$

将矩阵相乘得

$$\text{Euler}(\alpha, \beta, \gamma) = \begin{bmatrix} c\alpha c\beta & c\alpha s\beta s\gamma - s\alpha c\gamma & c\alpha s\beta c\gamma + s\alpha s\gamma & 0 \\ s\alpha c\beta & s\alpha s\beta s\gamma - c\alpha c\gamma & s\alpha s\beta c\gamma - c\alpha s\gamma & 0 \\ -s\beta & c\beta s\gamma & c\beta c\gamma & 0 \\ 0 & 0 & 0 & 1 \end{bmatrix} \quad (5-23)$$

这一结果与绕固定轴 $x-y-z$ 旋转的结果完全相同。这是因为当绕固定轴旋转的顺序与绕运动轴旋转的顺序相反，且旋转的角度对应相等时，所得到的变换矩阵是相同的。因此用 $z-y-x$ 欧拉角与用固定轴 $x-y-z$ 转角描述动坐标系是完全等价的。

2. 绕动坐标系 $z-y-x$ 转动的欧拉角

这种描述动坐标系的法则如下：最初，动坐标系与参考坐标系重合。首先使动坐标系绕其 z 轴旋转 α 角，然后绕动坐标系的 y 轴旋转 β 角，最后绕动坐标系的 z 轴旋转 γ 角，如图 5.22 所示。

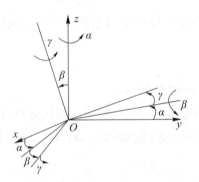

图 5.22　绕 $z-y-x$ 转动的欧拉角

我们可以求得

$$\text{Euler}(\alpha, \beta, \gamma) = \text{Rot}(z, \alpha)\text{Rot}(y, \beta)\text{Rot}(z, \gamma)$$

$$= \begin{bmatrix} c\alpha & -s\alpha & 0 & 0 \\ s\alpha & c\alpha & 0 & 0 \\ 0 & 0 & 1 & 0 \\ 0 & 0 & 0 & 1 \end{bmatrix} \begin{bmatrix} c\beta & 0 & s\beta & 0 \\ 0 & 1 & 0 & 0 \\ -s\beta & 0 & c\beta & 0 \\ 0 & 0 & 0 & 1 \end{bmatrix} \begin{bmatrix} 1 & 0 & 0 & 0 \\ 0 & c\gamma & -s\gamma & 0 \\ 0 & s\gamma & c\gamma & 0 \\ 0 & 0 & 0 & 1 \end{bmatrix}$$

$$= \begin{bmatrix} c\alpha c\beta c\gamma - s\alpha s\gamma & -c\alpha c\beta s\gamma - s\alpha c\gamma & c\alpha s\beta & 0 \\ s\alpha c\beta c\gamma + c\alpha s\gamma & -s\alpha c\beta s\gamma + c\alpha c\gamma & s\alpha s\beta & 0 \\ -s\beta c\gamma & s\beta s\gamma & c\beta & 0 \\ 0 & 0 & 0 & 1 \end{bmatrix} \quad (5-24)$$

同样，求 $z-y-x$ 欧拉角的逆解方式。令

$$\textbf{Euler}(\alpha,\ \beta,\ \gamma)=\begin{bmatrix} n_x & o_x & a_x & 0 \\ n_y & o_y & a_y & 0 \\ n_z & o_z & a_z & 0 \\ 0 & 0 & 0 & 1 \end{bmatrix} \tag{5-25}$$

如果 $\sin\beta \neq 0$，则

$$\begin{cases} \beta=\arctan2(-n_z,\ \sqrt{n_z^2+o_z^2},\ a_z) \\ \alpha=\arctan2(a_y,\ a_x) \\ \gamma=\arctan2(o_z,\ -n_z) \end{cases} \tag{5-26}$$

虽然 $\sin\beta=\sqrt{n_z^2+o_z^2}$ 有两个 β 解存在，但一般总是取在 $0\sim180°$ 范围内的一个解。

5.6 机器人连杆 D‑H 参数及其坐标系变换

5.6.1 D‑H 参数法

D‑H(Denavit-Hartenberg)参数法是对具有连杆和关节的机构进行建模的一种非常有效的方法。D‑H 参数法为每个关节处的杆件坐标系建立 4×4 齐次变换矩阵，表示它同前一个杆件坐标系的关系。为此，需要给每个关节指定一个参考坐标系，然后，确定从一个关节到下一个关节(一个坐标系到下一个坐标系)变换的步骤。将从基座到第一个关节，再从第一个关节到第二个关节直到最后一个关节的所有变换结合起来，就得到了机器人的总变换矩阵。

描述两个相邻连杆坐标系间的空间位姿关系可用 a、α、d、θ 这四个参数来描述，其中 a 表示连杆长度，α 表示连杆扭角，d 表示两相邻连杆的距离，θ 表示两相邻连杆的夹角；a、α 描述连杆本身的特征，d、θ 描述相邻连杆间的联系。对于旋转关节，θ 是关节变量，a、α、d 是关节参数；对于平移关节，d 是关节变量，a、α、θ 是关节参数。

5.6.2 机器人连杆 D‑H 参数及其坐标系变换

1. 连杆参数及连杆坐标系的建立

假设机器人由一系列关节和连杆组成。这些关节可能是滑动(线性)的或旋转(转动)的，它们可以按任意的顺序放置，并处于任意的平面。连杆也可以是任意的长度(包括零)，它们可能是弯曲的或扭曲的，也可能位于任意平面上。为此，需要给每个关节指定一个参考坐标系，然后确定从一个关节到下一个关节(一个坐标系到下一个坐标系)进行变换的步骤。将从基座到第一个关节，再从第一个关节到第二个关节，直到最后一个关节的所有变换结合起来，就得到了机器人的总变换矩阵。

图 5.23 表示了三个顺序的关节和两个连杆。这些关节可能是旋转的、滑动的或两者都有。尽管在实际情况下，机器人的关节通常只有一个自由度，但图 5.24 中的关节可以表示一个或两个自由度。

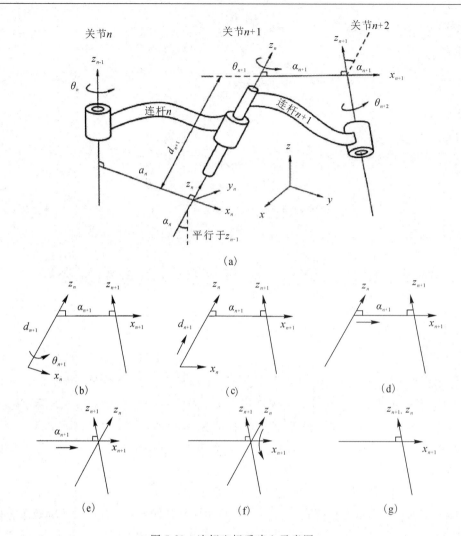

图 5.23　连杆坐标系建立示意图

　　图 5.23 表示了三个关节，每个关节都是可以转动或平移的。第一个关节指定为关节 n，第二个关节为 $n+1$，第三个关节为 $n+2$。在这些关节的前后可能还有其他关节。连杆也是如此表示，连杆 n 位于关节 n 与 $n+1$ 之间，连杆 $n+1$ 位于关节 $n+1$ 与 $n+2$ 之间。在图 5.23(a)中，θ 角表示绕 z 轴的旋转角，a 表示每一条公垂线的长度（即为连杆长度），d 表示在 z 轴上两条相邻的公垂线之间的距离（即为连杆间距离），角 α 表示两个相邻的 z 轴之间的角度（也称为连杆扭角）。这样每个连杆可由四个参数来描述，其中 a 和角 α 是连杆尺寸参数，另两个参数表示连杆与相邻连杆的连接关系。当连杆 n 旋转时，θ_n 随之改变，为关节变量，其他三个参数不变；当连杆进行平移运动时，d 随之改变，为关节变量，其他三个参数不变。因此，通常只有 θ 和 d 是关节变量。确定连杆的运动类型，同时根据关节变量，即可设计关节运动副，从而进行整个机器人的结构设计。如果已知各个关节变量的值，便可从基座固定坐标系通过连杆坐标系的传递，推导出手部坐标系的位姿形态。

　　为了用"D－H"参数法对机器人建模，首先要为每个关节建立一个附体的动坐标系。

因此，对于每个关节，都必须指定一个 z 轴和 x 轴，y 轴按右手螺旋法则确定。以下是给每个关节指定动坐标系的步骤：

（1）连杆 n 坐标系的坐标原点位于 $n+1$ 关节轴线上，是关节 $n+1$ 的关节轴线与 n 和 $n+1$ 关节轴线公垂线的交点。

（2）z 轴与 $n+1$ 关节轴线重合。如果关节是旋转的，z 轴方向按右手规则确定，四指指向旋转方向，则拇指的指向即为 z 轴的方向；如果关节是滑动的，则 z 轴方向为沿直线运动的方向。关节 n 处的 z 轴（以及该关节的动坐标系）的下标为 $n-1$。例如，表示关节 $n+1$ 的 z 轴是 z_n。

（3）x 轴与公垂线重合，从 n 指向 $n+1$ 关节。如果两个关节的 z 轴平行，那么它们之间就有无数条公垂线。这时可选与前一关节的公垂线共线的一条公垂线，这样可以简化模型。

如果两个相邻关节的 z 轴是相交的，那么它们之间就没有公垂线（或者说公垂线距离为零），这时可将垂直于两条轴线构成的平面的直线定义为 x 轴。也就是说，其公垂线是垂直于包含了两条 z 轴的平面的直线，它也相当于选取两条 z 轴的叉积方向作为 x 轴。

（4）y 轴按右手螺旋法则确定。

2. 连杆坐标系间变换矩阵的确定

下面来完成几个必要的运动，将一个参考坐标系变换到下一个参考坐标系。假设，现在位于本地坐标系 (x_n, z_n)，那么通过以下四步可到达下一个本地坐标系 (x_{n+1}, z_{n+1})。

（1）绕 z_n 轴旋转 θ_{n+1} 角（见图 5.23(a)、(b)），使得 x_n 和 x_{n+1} 互相平行。因为 a_n 和 a_{n+1} 都是垂直于 z_n 轴的，所以绕 z_n 轴旋转 θ_{n+1} 使它们平行（并且共面）。

（2）沿 z_n 轴平移 d_{n+1} 距离，使得 x_n 和 x_{n+1} 共线（见图 5.23(e)）。若 x_n 和 x_{n+1} 已经平行并且垂直于 z_n，则沿着 z_n 移动可使它们互相重叠在一起。

（3）沿 x_n 轴平移 a_{n+1} 距离，使得 x_n 和 x_{n+1} 的原点重合（见图 5.23(d)、(e)）。这使得两个参考坐标系的原点处在同一位置。

（4）将 z_n 轴绕 x_{n+1} 轴旋转 α_{n+1}，使得 z_n 轴与 z_{n+1} 轴在同一直线上（见图 5.23(f)）。这时坐标系 $\{n\}$ 和 $\{n+1\}$ 完全重合（见图 5.23(g)）。

现将连杆参数与坐标系的建立归纳为表 5.1。

表 5.1　连杆参数及坐标系

连杆 i 的参数				
符号	名称	含义	正负号	性质
θ_i	转角	x_{i-1} 轴绕 z_{i-1} 轴转至与 x_i 轴平行时的转角	按右手法则确定	转动关节为变量，移动关节为常量
d_i	距离	x_{i-1} 轴沿 z_{i-1} 轴转至与 x_i 轴相交时发生的位移	与 z_{i-1} 正向一致为正	转动关节为常量，移动关节为变量
l_i	长度	z_{i-1} 轴沿 x_i 方向移动至与 z_i 轴相交时移动的距离	与 x_i 正向一致为正	常量
α_i	扭角	连杆 i 两关节轴线之间的扭角	按右手法则确定	变量

连杆 i 的坐标系 $O_i x_i y_i z_i$			
原点 O_i	坐标轴 z_i	坐标轴 x_i	坐标轴 y_i
位于连杆 i 两关节轴线之公垂线与关节 $i+1$ 轴线的交点处	与关节 $i+1$ 的轴线重合	沿连杆 i 两关节轴线的公垂线,并指向 $i+1$ 关节	按右手法则确定

通过上述变换步骤,可以得到总变换矩阵 $\boldsymbol{A}_{n+1}$。由于所有的变换都是相对于当前坐标系的(即它们都是相对于当前的本地坐标系来测量与执行),因此所有的矩阵都是右乘(或者称为顺乘)。从而得到齐次变换矩阵为

$$n\boldsymbol{T}_{n+1} = \boldsymbol{A}_{n+1} = \mathrm{Rot}(z, \theta_{n+1}) \times \mathrm{Trans}(0, 0, d_{n+1}) \times \mathrm{Trans}(a_{n+1}, 0, 0) \times \mathrm{Rot}(x, \alpha_{n+1})$$

$$= \begin{bmatrix} c\theta_{n+1} & -s\theta_{n+1} & 0 & 0 \\ s\theta_{n+1} & c\theta_{n+1} & 0 & 0 \\ 0 & 0 & 1 & 0 \\ 0 & 0 & 0 & 1 \end{bmatrix} \begin{bmatrix} 1 & 0 & 0 & 0 \\ 0 & 1 & 0 & 0 \\ 0 & 0 & 1 & d_{n+1} \\ 0 & 0 & 0 & 1 \end{bmatrix} \begin{bmatrix} 1 & 0 & 0 & a_{n+1} \\ 0 & 1 & 0 & 0 \\ 0 & 0 & 1 & 0 \\ 0 & 0 & 0 & 1 \end{bmatrix} \begin{bmatrix} 1 & 0 & 0 & 0 \\ 0 & c\alpha_{n+1} & -s\alpha_{n+1} & 0 \\ 0 & s\alpha_{n+1} & c\alpha_{n+1} & 0 \\ 0 & 0 & 0 & 1 \end{bmatrix}$$

$$\boldsymbol{A}_{n+1} = \begin{bmatrix} c\theta_{n+1} & -s\theta_{n+1}c\alpha_{n+1} & s\theta_{n+1}s\alpha_{n+1} & a_{n+1}c\theta_{n+1} \\ s\theta_{n+1} & c\theta_{n+1}c\alpha_{n+1} & -c\theta_{n+1}s\alpha_{n+1} & a_{n+1}s\theta_{n+1} \\ 0 & s\alpha_{n+1} & c\alpha_{n+1} & d_{n+1} \\ 0 & 0 & 0 & 1 \end{bmatrix}$$

5.7　建立机器人运动学方程实例

根据 5.6 节所述方法,首先建立机器人各连杆关节的坐标系,确定第 i 根连杆的 D-H 参数,从而可以得出齐次坐标变换矩阵 $\boldsymbol{T}_i$。$\boldsymbol{T}_i$ 仅描述了连杆坐标系之间相对平移和旋转的一次坐标变换,如 $\boldsymbol{T}_1$ 描述第一根连杆相对于某个坐标系(如机身)的位姿,描述第二根连杆相对于第一根连杆坐标系的位姿。

对于一个六连杆结构的机器人,机器人手的末端(连杆坐标 6)相对于固定坐标系的变换可表示为

$$\boldsymbol{T}_6 = \boldsymbol{T}_1\boldsymbol{T}_2\cdots\boldsymbol{T}_6 = \begin{bmatrix} n_x & o_x & a_x & p_x \\ n_y & o_y & a_y & p_y \\ n_z & o_z & a_z & p_z \\ 0 & 0 & 0 & 1 \end{bmatrix} \tag{5-27}$$

5.7.1　运动学方程建立实例

下面给出机器人运动学方程的求解实例。

【例 5-2】　求如图 5.24 所示的极坐标机器人手腕中心 P 点的运动学方程。

解　(1)建立 D-H 坐标系。按 D-H 坐标系建立各连杆的坐标系,如图 5.24 所示。坐标系 $\{O_0: x_0, y_0, z_0\}$ 设置在基座上,坐标系 $\{O_1: x_1, y_1, z_1\}$ 设置在旋转关节上,坐标系 $\{O_2: x_2, y_2, z_2\}$ 设置在机器人手腕中心 P 点。

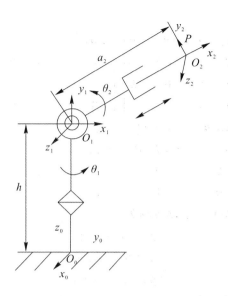

图 5.24　极坐标机器人结构见图和坐标系

（2）确定连杆的 D - H 参数。连杆的 D - H 参数见表 5.2。

表 5.2　极坐标机器人连杆的 D - H 参数

连杆	θ_i	d_i	a_i	α_i
$i=1$	θ_1	h	0	90°
$i=2$	θ_2	0	a_2	0

（3）求两连杆间的齐次坐标变换矩阵 $\boldsymbol{T}$。根据表 5.2 给出的 D - H 参数可求得 $\boldsymbol{T}_i$ 为

$$\boldsymbol{T}_1 = \mathrm{Rot}(z, \theta_1)\mathrm{Trans}(0, 0, h)\mathrm{Rot}(x, 90°)$$

$$\boldsymbol{T}_2 = \mathrm{Rot}(z, \theta_2)\mathrm{Trans}(a_2, 0, 0)$$

即

$$\boldsymbol{T}_1 = \begin{bmatrix} c\,\theta_1 & -s\,\theta_1 & 0 & 0 \\ s\,\theta_1 & c\,\theta_1 & 0 & 0 \\ 0 & 0 & 1 & 0 \\ 0 & 0 & 0 & 1 \end{bmatrix} \begin{bmatrix} 1 & 0 & 0 & 0 \\ 0 & 1 & 0 & 0 \\ 0 & 0 & 1 & h \\ 0 & 0 & 0 & 1 \end{bmatrix} \begin{bmatrix} 1 & 0 & 0 & 0 \\ 0 & 0 & -1 & 0 \\ 0 & 1 & 0 & 0 \\ 0 & 0 & 0 & 1 \end{bmatrix} = \begin{bmatrix} c\,\theta_1 & 0 & s\,\theta_1 & 0 \\ s\,\theta_1 & 0 & -c\,\theta_1 & 0 \\ 0 & 1 & 0 & h \\ 0 & 0 & 0 & 1 \end{bmatrix}$$

$$\boldsymbol{T}_2 = \begin{bmatrix} c\,\theta_2 & -s\,\theta_2 & 0 & 0 \\ s\,\theta_2 & c\,\theta_2 & 0 & 0 \\ 0 & 0 & 1 & 0 \\ 0 & 0 & 0 & 1 \end{bmatrix} \begin{bmatrix} 1 & 0 & 0 & a_2 \\ 0 & 1 & 0 & 0 \\ 0 & 0 & 1 & 0 \\ 0 & 0 & 0 & 1 \end{bmatrix} = \begin{bmatrix} c\,\theta_2 & -s\,\theta_2 & 0 & a_2 c\,\theta_2 \\ -s\,\theta_2 & c\,\theta_2 & 0 & a_2 s\,\theta_2 \\ 0 & 1 & 0 & 0 \\ 0 & 0 & 0 & 1 \end{bmatrix}$$

式中：变量 a_2 为移动关节。

（4）求手腕中心的运动方程。

$$^0\boldsymbol{T}_2 = \boldsymbol{T}_1 \boldsymbol{T}_2$$

即

$$
{}^0\boldsymbol{T}_2 = \begin{bmatrix} c\,\theta_1 & 0 & s\,\theta_1 & 0 \\ s\,\theta_1 & 0 & -c\,\theta_1 & 0 \\ 0 & 1 & 0 & h \\ 0 & 0 & 0 & 1 \end{bmatrix} \begin{bmatrix} c\,\theta_2 & -s\,\theta_2 & 0 & a_2 c\,\theta_2 \\ -s\,\theta_2 & c\,\theta_2 & 0 & a_2 s\,\theta_2 \\ 0 & 1 & 0 & 0 \\ 0 & 0 & 0 & 1 \end{bmatrix}
$$

$$
= \begin{bmatrix} c\,\theta_1 c\,\theta_2 & -c\,\theta_1 s\,\theta_2 & s\,\theta_1 & a_2 c\,\theta_1 c\,\theta_2 \\ s\,\theta_1 s\,\theta_2 & -s\,\theta_1 s\,\theta_2 & -c\,\theta_1 & a_2 s\,\theta_1 c\,\theta_2 \\ 0 & 1 & 0 & 0 \\ 0 & 0 & 0 & 1 \end{bmatrix}
$$

由上式可以得到手腕中心的运动方程为

$$
\begin{cases} p_x = a_2 c\,\theta_1 c\,\theta_2 \\ p_y = a_2 s\,\theta_1 c\,\theta_2 \\ p_z = a_2 c\,\theta_2 + h \end{cases}
$$

式中：p_x、p_y、p_z 分别为手腕中心在 x、y、z 方向上的位移。

5.7.2 建立运动学方程的步骤总结

对于图 5.25 所示的 n 自由度机器人，其运动学方程建立步骤如下。

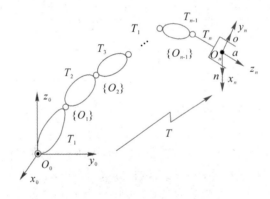

图 5.25 机器人运动学方程的建立

（1）建立坐标系并确定四个 D-H 参数（θ_i，d_i，a_i，α_i）。

（2）计算两坐标系之间的齐次变换矩阵 $\boldsymbol{T}_i$：
$$\boldsymbol{T}_i = \mathrm{Rot}(z, \theta_i)\mathrm{Trans}(0, 0, d)\mathrm{Trans}(a_i, 0, 0)\mathrm{Rot}(x, \alpha_i)$$

（3）计算整个机器人的齐次坐标变换矩阵 $\boldsymbol{T}$：

$$
{}^0\boldsymbol{T}_n = \boldsymbol{T}_1\boldsymbol{T}_2\cdots\boldsymbol{T}_i\cdots\boldsymbol{T}_n = \begin{bmatrix} n_x & o_x & a_x & p_x \\ n_y & o_y & a_y & p_y \\ n_z & o_z & a_z & p_z \\ 0 & 0 & 0 & 1 \end{bmatrix}
$$

（4）求机器人手部中心的运动学方程式。

机器人手部中心在空间中的位置方程式为

$$\begin{cases} x = p_x \\ y = p_y \\ z = p_z \end{cases}$$

机器人手部钳爪在空间中的姿态由矩阵 $\boldsymbol{R}$ 确定：

$$\boldsymbol{R} = \begin{bmatrix} n_x & o_x & a_x \\ n_y & o_y & a_y \\ n_z & o_z & a_z \end{bmatrix}$$

5.8　机器人逆运动学

在机器人控制中，需在已知手部要到达的目标位姿的情况下求出所需的关节变量值，以驱动各关节的电动机旋转，使手部的位姿要求得到满足，这就是机器人反向运动学问题，也称为求运动学逆解，即由笛卡儿空间到关节空间的逆变换，如图 5.26 所示。由于机器人的手部作业是在笛卡儿空间中完成的，因此笛卡儿空间又称为操作空间。

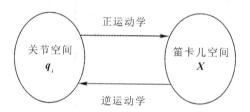

图 5.26　由笛卡儿空间到关节空间的逆变换

5.8.1　逆运动学的特性

1. 解可能不存在

机器人具有一定的工作域，假如给定的手部位置在工作域之外，则解不存在。图 5.27 所示的二自由度平面关节机械手，假如给定的手部位置矢量 (x, y) 位于外半径为 $l_1 + l_2$ 与内半径为 $|l_1 - l_2|$ 的圆环之外，则无法求出逆解 θ_1、θ_2，即该逆解不存在。

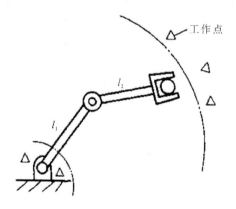

图 5.27　工作区域外逆解不存在

2. 解的多重性

机器人的逆运动学问题可能出现多解，如图 5.28 所示的三自由度平面关节机械手就有两个逆解。对于给定的在机器人工作域内的手部位置 $A(x, y)$，可以得到两对逆解：θ_1、θ_2 及 θ_1'、θ_2'。

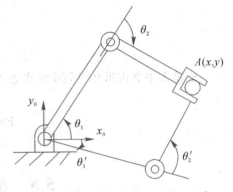

图 5.28　机器人运动学逆解多解性示意

具有多个运动学逆解是求解反三角函数方程造成的。对于一个真实的机器人，只有一组解与实际情况对应，为此必须做出判断，以选择合适的解。通常采用剔除多余解的方法：① 根据关节运动空间来选择合适的解；② 选择一个最接近的解，在实际编程中选择离上一个解最接近的解；③ 根据避障要求选择合适的解；④ 逐级剔除多余解。

3. 求解方法的多样性

机器人逆运动学求解有多种方法，一般分为两类：数值解法和封闭解法。采用数值解法时，用递推算法得出关节变量的具体数值。在求逆解时，总是力求得到封闭解。因为求封闭解计算速度快、效率高，便于实时控制。数值解法不具备这些特点，因此多采用封闭解法。在终端位姿已知的条件下，采用封闭解法可得出每个关节变量的数学函数表达式。其解法有代数解法和几何解法。目前，已建立的一种系统化的代数解法为：运用变换矩阵的逆矩阵 T_i^{-1} 左乘，然后找出右端为常数的元素，并令这些元素与左边元素相等，这样就可以得出一个可以求解的三角函数方程式，重复上述过程，直到解出所有未知数为止。这种方法也称为分离变量法。

5.8.2　推导过程

逆解是已知末端执行部件坐标系对于基坐标系的位姿 T 和几何参数求机械手臂的关节变量。以图 5.29 所示的简单机械手臂为例，机器人的运动学方程为

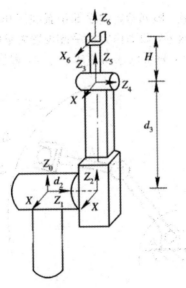

图 5.29　机械手臂

$${}^R\boldsymbol{T}_H = \boldsymbol{A}_1\boldsymbol{A}_2\boldsymbol{A}_3\boldsymbol{A}_4\boldsymbol{A}_5\boldsymbol{A}_6$$

$$= \begin{bmatrix} c_1(c_{234}c_5c_6-s_{234}s_6)-s_1s_5c_6 & c_1(-c_{234}c_5c_6-s_{234}c_6)+s_1s_5s_6 & c_1(c_{234}s_5)+s_1c_5 & c_1(c_{234}a_4+c_{23}a_3+c_2a_2) \\ s_1(c_{234}c_5c_6-s_{234}s_6)+c_1s_5c_6 & s_1(-c_{234}c_5c_6-s_{234}c_6)-c_1s_5s_6 & s_1(c_{234}s_5)-c_1c_5 & s_1(c_{234}a_4+c_{23}a_3+c_2a_2) \\ s_{234}c_5c_6 & -s_{234}c_5c_6+c_{234}c_6 & s_{234}s_5 & s_{234}a_4+s_{23}a_3+s_2a_2 \\ 0 & 0 & 0 & 1 \end{bmatrix}$$

　　为了书写方便,将上面的矩阵表示为[RHS](Right-Hand Side)。这里将机器人的期望位姿表示为

$${}^R\boldsymbol{T}_H = \begin{bmatrix} n_x & o_x & a_x & p_x \\ n_y & o_y & a_y & p_y \\ n_z & o_z & a_z & p_z \\ 0 & 0 & 0 & 1 \end{bmatrix}$$

　　为了求解角度,依次从 $\boldsymbol{A}_1^{-1}$ 左乘上述两个矩阵,得到

$$\boldsymbol{A}_1^{-1} \times \begin{bmatrix} n_x & o_x & a_x & p_x \\ n_y & o_y & a_y & p_y \\ n_z & o_z & a_z & p_z \\ 0 & 0 & 0 & 1 \end{bmatrix} = \boldsymbol{A}_1^{-1}[\text{RHS}] = \boldsymbol{A}_2\boldsymbol{A}_3\boldsymbol{A}_4\boldsymbol{A}_5\boldsymbol{A}_6 \qquad (5-28)$$

$$\begin{bmatrix} c_1 & s_1 & 0 & 0 \\ 0 & 0 & 1 & 0 \\ s_1 & -c_1 & 0 & 0 \\ 0 & 0 & 0 & 1 \end{bmatrix}\begin{bmatrix} n_x & o_x & a_x & p_x \\ n_y & o_y & a_y & p_y \\ n_z & o_z & a_z & p_z \\ 0 & 0 & 0 & 1 \end{bmatrix} = \boldsymbol{A}_2\boldsymbol{A}_3\boldsymbol{A}_4\boldsymbol{A}_5\boldsymbol{A}_6$$

$$\begin{bmatrix} n_xc_1+n_ys_1 & o_xc_1+o_ys_1 & a_xc_1+a_ys_1 & p_xc_1+p_ys_1 \\ n_z & o_x & a_z & p_z \\ n_xs_1-n_yc_1 & a_xs_1-a_yc_1 & p_xs_1-p_yc_1 & p_xs_1-p_yc_1 \\ 0 & 0 & 0 & 1 \end{bmatrix}$$

$$= \begin{bmatrix} c_{234}c_5c_6-s_{234}s_6 & -c_{234}c_5c_6-s_{234}c_6 & c_{234}s_5 & c_{234}a_4+c_{23}a_3+c_2a_2 \\ s_{234}c_5c_6+c_{234}s_6 & -s_{234}c_5c_6+c_{234}c_6 & s_{234}s_5 & s_{234}a_4+s_{23}a_3+s_2a_2 \\ -s_5c_6 & s_5s_6 & c_5 & 0 \\ 0 & 0 & 0 & 1 \end{bmatrix} \qquad (5-29)$$

　　根据两个等式中第三行第四列相等可得第一个关节角为

$$P_XS_1-P_yC_1=0 \rightarrow \theta_1=\arctan\left(\frac{P_y}{P_x}\right) \qquad (5-30)$$

$$\theta_1=\theta_1+180°$$

　　根据元素(1,4)和元素(2,4)可得

$$\begin{cases} p_xc_1+p_ys_1=c_{234}a_4+c_{23}a_3+c_2a_2 \\ p_z=s_{234}a_4+s_{23}a_3+s_2a_2 \end{cases} \qquad (5-31)$$

整理上面两个方程并对两边取平方,然后将平方值相加,得

$$\begin{cases} (p_xc_1+p_ys_1-c_{234}a_4)^2=(c_{23}a_3+c_2a_2)^2 \\ (p_z-s_{234}a_4)^2=(s_{23}a_3+s_2a_2)^2 \end{cases}$$

$$(p_xc_1+p_ys_1-c_{234}a_4)^2+(p_z-s_{234}a_4)^2=a_2^2+a_3^2+2a_2a_3(s_2s_{23}+c_2c_{23})$$

根据三角函数方程：

$$\begin{cases} s\,\theta_1 c\,\theta_2 + c\,\theta_1 s\,\theta_2 = s(\theta_1 + \theta_2) = s_{12} \\ c\,\theta_1 c\,\theta_2 + s\,\theta_1 s\,\theta_2 = c(\theta_1 + \theta_2) = c_{12} \end{cases}$$

可得

$$s_2 s_{23} + c_2 c_{23} = \cos[(\theta_2 + \theta_3) - \theta_2] = \cos\theta_3$$

于是

$$c_3 = \frac{(p_x c_1 + p_y s_1 - c_{234} a_4)^2 + (p_{z1} - s_{234} a_4)^2 - a_2^2 - a_3^2}{2\,a_2 a_3} \tag{5-32}$$

在这个方程中，除 s_{234} 和 c_{234} 外，每个变量都是已知的，s_{234} 和 c_{234} 将在后面求出。已知：

$$s_3 = \pm\sqrt{1 - c_3^2}$$

于是可得

$$\theta_3 = \arctan\frac{s_3}{c_3} \tag{5-33}$$

因为关节 2、3 和 4 都是平行的，左乘 $\boldsymbol{A}_2$ 和 $\boldsymbol{A}_3$ 的逆不会产生有用的结果。下一步左乘 $\boldsymbol{A}_1 \sim \boldsymbol{A}_4$ 的逆，结果为

$$\boldsymbol{A}_4^{-1}\boldsymbol{A}_3^{-1}\boldsymbol{A}_2^{-1}\boldsymbol{A}_1^{-1} \times \begin{bmatrix} n_x & o_x & a_x & p_x \\ n_y & o_y & a_y & p_y \\ n_z & o_z & a_z & p_z \\ 0 & 0 & 0 & 1 \end{bmatrix} = \boldsymbol{A}_4^{-1}\boldsymbol{A}_3^{-1}\boldsymbol{A}_2^{-1}\boldsymbol{A}_1^{-1}[\text{RHS}] = \boldsymbol{A}_5\boldsymbol{A}_6$$

$$\tag{5-34}$$

展开后可得

$$\begin{bmatrix} c_{234}(c_1 n_x + s_1 n_y) + s_{234} n_z & c_{234}(c_1 o_x + s_1 o_y) + s_{234} o_z & c_{234}(c_1 a_x + s_1 a_y) + s_{234} a_z & c_{234}(c_1 p_x + s_1 p_y) + s_{234} p_z - c_{34} a_2 - c_4 a_3 - a_4 \\ c_1 n_y - s_1 n_x & c_1 o_y - s_1 o_x & c_1 a_y - s_1 a_x & 0 \\ -s_{234}(c_1 n_x + s_1 n_y) + c_{234} n_z & -s_{234}(c_1 o_x + s_1 o_y) + c_{234} o_z & -s_{234}(c_1 a_x + s_1 a_y) + c_{234} o_z & -s_{234}(c_1 p_x + s_1 p_y) + c_{234} a_z + s_{34} a_2 + s_4 a_3 \\ 0 & 0 & 0 & 1 \end{bmatrix}$$

$$= \begin{bmatrix} c_5 c_6 & -c_5 c_6 & s_5 & 0 \\ s_5 c_6 & -s_5 s_6 & -c_5 & 0 \\ s_6 & c_6 & 0 & 0 \\ 0 & 0 & 0 & 1 \end{bmatrix} \tag{5-35}$$

根据式（5-35）有

$$-s_{234}(c_1 a_x + s_1 a_y) + c_{234} a_z = 0$$

$$\theta_{234} = \arctan\left(\frac{a_z}{c_1 a_x + s_1 a_y}\right) \text{ 和 } \theta_{234} = \theta_{234} + 180° \tag{5-36}$$

由此可计算 s_{234} 和 c_{234}，如前面所讨论过的，它们可用来计算 θ_3。

现在再参照式（5-31），并在这里重复使用它就可计算 θ_2 的正弦和余弦值。具体步骤如下：

由 $c_{12} = c_1 c_2 - s_1 s_2$ 以及 $s_{12} = s_1 c_2 + c_1 s_2$ 可得

$$\begin{cases} p_x c_1 + p_y s_1 - c_{234} a_4 = (c_2 c_3 - s_2 s_3)a_3 + c_2 a_2 \\ p_z - s_{234} a_4 = (s_2 c_3 + c_2 s_3)a_3 + s_2 a_2 \end{cases} \tag{5-37}$$

上面两个方程中包含两个未知数，求解 c_2 和 s_2，可得

$$
\begin{cases}
s_2 = \dfrac{(c_3 a_3 + a_2)(p - s_{234} a_4) - s_3 a_3 (p_x c_1 + p_y s_1 - c_{234} a_4)}{(c_3 a_3 + a_2)^2 + s_3^2 a_3^2} \\[3mm]
c_2 = \dfrac{(c_3 a_3 + a_2)(p_x c_1 + p_y s_1 - c_{234} a_4) + s_3 a_3 (p_z - s_{234} a_4)}{(c_3 a_3 + a_2)^2 + s_3^2 a_3^2}
\end{cases}
\tag{5-38}
$$

尽管这个方程较复杂，但它的所有元素都是已知的，因此可以计算得到

$$
\theta_2 = \arctan \frac{(c_3 a_3 + a_2)(p - s_{234} a_4) - s_3 a_3 (p_x c_1 + p_y s_1 - c_{234} a_4)}{(c_3 a_3 + a_2)(p_x c_1 + p_y s_1 - c_{234} a_4) + s_3 a_3 (p_z - s_{234} a_4)}
\tag{5-39}
$$

既然 θ_2 和 θ_3 已知，进而可得

$$
\theta_4 = \theta_{234} - \theta_2 - \theta_3
\tag{5-40}
$$

因为式(5-36)中的 θ_{234} 有两个解，所以 θ_4 也有两个解。

根据式(5-35)中的元素(1，3)和元素(2，3)，可以得到

$$
\begin{cases}
s_5 = c_{234}(c_1 a_x + s_1 a_y) + s_{234} a_z \\
c_5 = -c_1 a_y + s_1 a_x
\end{cases}
\tag{5-41}
$$

$$
\theta_5 = \arctan \frac{c_{234}(c_1 a_x + s_1 a_y) + s_{234} a_z}{s_1 a_x - c_1 a_y}
\tag{5-42}
$$

因为对于 θ_6 没有解耦方程，所以必须用矩阵 $\boldsymbol{A}_5$ 的逆左乘式来对它解耦，这样可得到

$$
\begin{aligned}
&\begin{bmatrix}
c_5[c_{234}(c_1 n_x + s_1 n_y) + s_{234} n_z] - s_5(s_1 n_x - c_1 n_y) & c_5[c_{234}(c_1 o_x + s_1 o_y) + s_{234} o_z] - s_5(s_1 o_x - c_1 o_y) & 0 & 0 \\
-s_{234}(c_1 n_x + s_1 n_y) + c_{234} n_z & -s_{234}(c_1 o_x + s_1 o_y) + c_{234} o_z & 0 & 0 \\
0 & 0 & 1 & 0 \\
0 & 0 & 0 & 1
\end{bmatrix} \\
&=
\begin{bmatrix}
c_6 & -s_5 & 0 & 0 \\
s_6 & c_6 & 0 & 0 \\
0 & 0 & 1 & 0 \\
0 & 0 & 0 & 1
\end{bmatrix}
\end{aligned}
\tag{5-43}
$$

根据式(5-43)中的元素(2，1)和元素(2，2)，可以得到

$$
\theta_6 = \arctan \frac{-s_{234}(c_1 n_x + s_1 n_y) + c_{234} n_z}{-s_{234}(c_1 o_x + s_1 o_y) + c_{234} o_z}
\tag{5-44}
$$

至此找到了 6 个方程，它们合在一起给出了机器人置于任何期望位姿时所需的关节值。虽然这种方法仅适用于给定的机器人，但也可采取类似的方法来处理其他机器人。上述求解的过程称为分离变量法，即将一个未知数由矩阵方程的右边移向左边，使其与其他未知数分开，解出这个未知数，再把下一个未知数移到左边，重复进行，直到解出所有未知数。

习　　题

1. 已知旋转变换矩阵 $\boldsymbol{R}(f, \theta) = \begin{bmatrix} 0 & 1 & 0 & 0 \\ 0 & 0 & -1 & 0 \\ -1 & 0 & 0 & 0 \\ 0 & 0 & 0 & 1 \end{bmatrix}$，求有效转轴 f 和有效转角 θ 值。

2. 坐标系 $\{B\}$ 起初与固定坐标系 $\{O\}$ 相重合，现坐标系 $\{B\}$ 绕 z_B 轴旋转 $30°$，然后绕旋转后的动坐标系的 x_B 轴旋转 $45°$。试写出该坐标系的起始矩阵表达式和最后矩阵表达式。

3. 旋转坐标系中有一点 $\boldsymbol{P}=[\begin{matrix}2 & 3 & 4\end{matrix}]^{\mathrm{T}}$，此坐标系绕参考坐标系 x 轴旋转 $90°$。求旋转后该点相对于参考坐标系的坐标。

4. 如图 5.30 所示的物块先绕 x 轴逆时针旋转 $90°$，再沿着 z 轴平移 5，求物块的位姿。

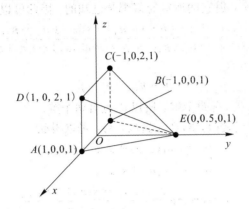

图 5.30　物块的初始位姿

5. 计算如下变换矩阵的逆。

$$\boldsymbol{T}=\begin{bmatrix}0.866 & -0.5 & 0 & 11.0 \\ 0.5 & 0.866 & 0 & -3.0 \\ 0 & 0 & 1 & 9.0 \\ 0 & 0 & 0 & 1\end{bmatrix}$$

6. 如图 5.31 所示为二自由度机械手，关节 1 为转动关节，关节变量为 θ_1；关节 2 为移动关节，关节变量为 d_2。

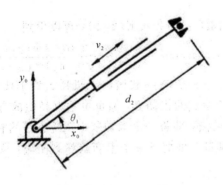

图 5.31　二自由度机械手

（1）建立关节坐标系，并写出该机械手的运动方程式。

（2）按下列关节变量参数，求出手部中心的位置值。

θ_1	$0°$	$30°$	$60°$	$90°$
$\dfrac{d_2}{m}$	0.50	0.80	1.00	0.70

7. 如图 5.31 所示为二自由度机械手，已知手部中心坐标值为 (x, y)。求该机械手运动方程的逆解 θ_1 及 d_2。

8. 如图 5.32 所示为二自由度机械手，两连杆长度均为 1 m，试建立各连杆坐标系，求出该机械手的运动学正解和逆解。

9. 三自由度机械手如图 5.33 所示，臂长为 l_1 和 l_2，手部中心离手腕中心的距离为 H，转角为 θ_1、θ_2、θ_3，试建立连杆坐标系，并推导出该机械手的运动学方程。

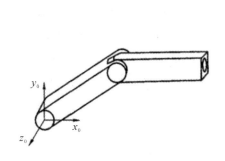

图 5.32　二自由度机械手

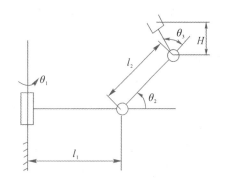

图 5.33　三自由度机械手

10. 某个机器人有 3 个关节，分别位于 O_A、O_B、O_C，机械手中心为 O_D 点，如图 5.34 所示。调整机器人各关节使得末端操作器最终到达指定位置（未沿 z 轴发生平移），坐标系 $\{A\}$ 中点 O_D 坐标为 $(5, 12, 0)$，其中 $l_1 = 5$，$l_2 = 4$，$\theta_4 = 30°$，求机械手各个关节的角度 θ_1、θ_2、θ_3。

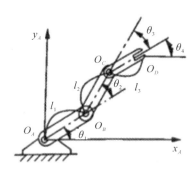

图 5.34　有 3 个关节的机器人

第 6 章　工业机器人静力计算及动力学分析

　　工业机器人运动学方程是在稳态下建立的，它只限于静态位置问题的讨论，并未涉及机器人运动的力、速度、加速度等动态过程。实际上，机器人是一个多刚体系统，也是一个复杂的动力学系统，机器人系统在外载荷和关节驱动力力矩的作用下将取得静力平衡，在关节驱动力/力矩的作用下将发生运动变化。机器人的动态性能不仅与运动学因素有关，还与机器人的结构形式、质量分布、执行机构的位置、传动装置等对动力学特性有重要影响的因素有关。

　　机器人动力学主要研究机器人运动和受力之间的关系，主要解决动力学正问题和逆问题两类问题：动力学正问题是根据各关节的驱动力（或力矩），求解机器人的运动（包括关节位移、速度和加速度）类问题，主要用于机器人的仿真；动力学逆问题是已知机器人关节的位移、速度和加速度，求解所需要的关节力/力矩类问题，这是实时控制的需要。

6.1　速度雅可比矩阵与速度分析

　　机器人雅可比矩阵（Jacobian Matrix），简称雅可比，揭示了操作空间与关节空间的映射关系。雅可比矩阵不仅表示操作空间与关节空间的速度映射关系，也表示两者之间力的传递关系，为确定机器人的静态关节力矩及不同坐标系间的速度、加速度和静力的变换提供了便捷的方法。

6.1.1　机器人速度雅可比矩阵

　　数学上雅可比矩阵是一个多元函数的偏导矩阵。假设有六个函数，每个函数有六个变量，即

$$\begin{cases} y_1 = f_1(x_1, x_2, x_3, x_4, x_5, x_6) \\ y_2 = f_2(x_1, x_2, x_3, x_4, x_5, x_6) \\ y_3 = f_3(x_1, x_2, x_3, x_4, x_5, x_6) \\ y_4 = f_4(x_1, x_2, x_3, x_4, x_5, x_6) \\ y_5 = f_5(x_1, x_2, x_3, x_4, x_5, x_6) \\ y_6 = f_6(x_1, x_2, x_3, x_4, x_5, x_6) \end{cases} \qquad (6-1)$$

将式(6-1)简记为

$$Y = F(X)$$

将其微分，得

$$
\begin{cases}
\mathrm{d}y_1 = \dfrac{\partial f_1}{\partial x_1}\mathrm{d}x_1 + \dfrac{\partial f_1}{\partial x_2}\mathrm{d}x_2 + \cdots + \dfrac{\partial f_1}{\partial x_6}\mathrm{d}x_6 \\[2mm]
\mathrm{d}y_2 = \dfrac{\partial f_2}{\partial x_1}\mathrm{d}x_1 + \dfrac{\partial f_2}{\partial x_2}\mathrm{d}x_2 + \cdots + \dfrac{\partial f_2}{\partial x_6}\mathrm{d}x_6 \\[1mm]
\qquad\qquad\qquad\vdots \\[1mm]
\mathrm{d}y_6 = \dfrac{\partial f_6}{\partial x_1}\mathrm{d}x_1 + \dfrac{\partial f_6}{\partial x_2}\mathrm{d}x_2 + \cdots + \dfrac{\partial f_6}{\partial x_6}\mathrm{d}x_6
\end{cases}
\tag{6-2}
$$

也可简写成

$$
\mathrm{d}\boldsymbol{Y} = \frac{\partial \boldsymbol{F}}{\partial \boldsymbol{X}}\mathrm{d}\boldsymbol{X}
\tag{6-3}
$$

式(6-3)中的 6×6 矩阵 $\dfrac{\partial \boldsymbol{F}}{\partial \boldsymbol{X}}$ 叫作雅可比矩阵。

在工业机器人速度分析和以后的静力学分析中都将遇到类似的矩阵,我们称之为工业机器人雅可比矩阵,或简称雅可比。一般用符号 J 表示。

图 6.1 为二自由度平面关节型工业机器人(2R 工业机器人),其端点位置 x、y 与关节变量 θ_1、θ_2 的关系为

$$
\begin{cases}
x = l_1\cos\theta_1 + l_2\cos(\theta_1+\theta_2) \\
y = l_1\sin\theta_1 + l_2\sin(\theta_1+\theta_2)
\end{cases}
\tag{6-4}
$$

即

$$
\begin{cases}
x = x(\theta_1,\ \theta_2) \\
y = y(\theta_1,\ \theta_2)
\end{cases}
\tag{6-5}
$$

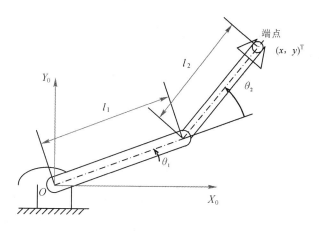

图 6.1　为二自由度平面关节型工业机器人(2R 工业机器人)

将其微分,得

$$
\begin{cases}
\mathrm{d}x = \dfrac{\partial x}{\partial \theta_1}\mathrm{d}\theta_1 + \dfrac{\partial x}{\partial \theta_2}\mathrm{d}\theta_2 \\[3mm]
\mathrm{d}y = \dfrac{\partial y}{\partial \theta_1}\mathrm{d}\theta_1 + \dfrac{\partial y}{\partial \theta_2}\mathrm{d}\theta_2
\end{cases}
$$

将其写成矩阵形式为

$$\begin{bmatrix} \mathrm{d}x \\ \mathrm{d}y \end{bmatrix} = \begin{bmatrix} \dfrac{\partial x}{\partial \theta_1} & \dfrac{\partial x}{\partial \theta_2} \\[3mm] \dfrac{\partial y}{\partial \theta_1} & \dfrac{\partial y}{\partial \theta_2} \end{bmatrix} \begin{bmatrix} \mathrm{d}\theta_1 \\ \mathrm{d}\theta_2 \end{bmatrix} \tag{6-6}$$

令：

$$\boldsymbol{J} = \begin{bmatrix} \dfrac{\partial x}{\partial \theta_1} & \dfrac{\partial x}{\partial \theta_2} \\[3mm] \dfrac{\partial y}{\partial \theta_1} & \dfrac{\partial y}{\partial \theta_2} \end{bmatrix} \tag{6-7}$$

式(6-6)可简写为

$$\mathrm{d}\boldsymbol{X} = \boldsymbol{J}\,\mathrm{d}\boldsymbol{\theta} \tag{6-8}$$

式中：$\mathrm{d}\boldsymbol{X} = \begin{bmatrix} \mathrm{d}x \\ \mathrm{d}y \end{bmatrix}$，$\mathrm{d}\boldsymbol{\theta} = \begin{bmatrix} \mathrm{d}\theta_1 \\ \mathrm{d}\theta_2 \end{bmatrix}$。

我们将 $\boldsymbol{J}$ 称为图 6.1 所示二自由度平面关节型工业机器人的速度雅可比，它反映了关节空间微小运动 $\mathrm{d}\boldsymbol{\theta}$ 与手部作业空间微小位移 $\mathrm{d}\boldsymbol{X}$ 之间的关系。

若对式(6-7)进行运算，则 2R 工业机器人的雅可比写为

$$\boldsymbol{J} = \begin{bmatrix} -l_1\sin\theta_1 - l_2\sin(\theta_1+\theta_2) & -l_2\sin(\theta_1+\theta_2) \\ l_1\cos\theta_1 + l_2\cos(\theta_1+\theta_2) & l_2\cos(\theta_1+\theta_2) \end{bmatrix} \tag{6-9}$$

从 $\boldsymbol{J}$ 中元素的组成可见，$\boldsymbol{J}$ 阵的值是 θ_1 及 θ_2 的函数。

对于 n 个自由度的工业机器人，其关节变量可以用广义关节变量 $\boldsymbol{q}$ 表示，$\boldsymbol{q} = [q_1 \quad q_2 \quad \cdots \quad q_n]^{\mathrm{T}}$，当关节为转动关节时，$q_i = \theta_i$，当关节为移动关节时，$q_i = d_i$，$\boldsymbol{d}_q = [d_{q1} \quad d_{q2} \quad \cdots \quad d_{qn}]^{\mathrm{T}}$ 反映了关节空间的微小运动。工业机器人手部在操作空间的运动参数用 $\boldsymbol{X}$ 表示，它是关节变量的函数，即 $\boldsymbol{X} = \boldsymbol{X}(\boldsymbol{q})$，并且是一个 6 维列矢量（因为表达空间刚体的运动需要 6 个参数，即 3 个沿坐标轴的独立移动和 3 个绕坐标轴的独立转动）。因此，$\mathrm{d}\boldsymbol{X} = [\mathrm{d}x, \mathrm{d}y, \mathrm{d}z, \delta_{\phi}x, \delta_{\phi}y, \delta_{\phi}z]^{\mathrm{T}}$ 反映了操作空间的微小运动，它由工业机器人手部和微小角位移（微小转动）组成，d 和 δ 没差别，因为在数学上，$\mathrm{d}x = \delta x$。于是，参照式(6-8)可写出类似的方程式，即

$$\mathrm{d}\boldsymbol{X} = \boldsymbol{J}(\boldsymbol{q})\boldsymbol{d}_q \tag{6-10}$$

式中，$\boldsymbol{J}(\boldsymbol{q})$ 是 $6 \times n$ 的偏导数矩阵，称为 n 自由度工业机器人速度雅可比矩阵。可表示为

$$\boldsymbol{J}(\boldsymbol{q}) = \dfrac{\partial \boldsymbol{X}}{\partial \boldsymbol{q}^{\mathrm{T}}} = \begin{bmatrix} \dfrac{\partial x}{\partial q_1} & \dfrac{\partial x}{\partial q_2} & \cdots & \dfrac{\partial x}{\partial q_n} \\[3mm] \dfrac{\partial y}{\partial q_1} & \dfrac{\partial y}{\partial q_2} & \cdots & \dfrac{\partial y}{\partial q_n} \\[3mm] \dfrac{\partial z}{\partial q_1} & \dfrac{\partial z}{\partial q_2} & \cdots & \dfrac{\partial z}{\partial q_n} \\[3mm] \dfrac{\partial \varphi_x}{\partial q_1} & \dfrac{\partial \varphi_x}{\partial q_2} & \cdots & \dfrac{\partial \varphi_x}{\partial q_n} \\[3mm] \dfrac{\partial \varphi_y}{\partial q_1} & \dfrac{\partial \varphi_y}{\partial q_2} & \cdots & \dfrac{\partial \varphi_y}{\partial q_n} \\[3mm] \dfrac{\partial \varphi_z}{\partial q_1} & \dfrac{\partial \varphi_z}{\partial q_2} & \cdots & \dfrac{\partial \varphi_z}{\partial q_n} \end{bmatrix} \tag{6-11}$$

它反映了关节空间微小运动 dq 与手部作业空间微小运动 dX 之间的关系。它的第 i 行第 j 列元素为

$$J_{ij}(q)=\frac{\partial x_i(q)}{\partial qj},\ i=1,2,\cdots,6;\ j=1,2,\cdots,n \qquad (6-12)$$

6.1.2　工业机器人速度分析

对式(6-10)左、右两边各除以 dt，得

$$\frac{\mathrm{d}X}{\mathrm{d}t}=J(q)\frac{\mathrm{d}q}{\mathrm{d}t} \qquad (6-13)$$

即

$$v=J(q)\dot{q} \qquad (6-14)$$

式中：v 为工业机器人手部在操作空间中的广义速度，$v=\dot{X}$；$\dot{q}$ 为工业机器人关节在关节空间中的关节速度；$J(q)$ 为确定关节空间速度 $\dot{q}$ 与操作空间速度 v 之间关系的雅可比矩阵。

对于图 6.1 所示的 2R 工业机器人来说，$J(q)$ 是式(6-9)所示的 2×2 矩阵。若令 J_1、J_2 分别为式(6-9)所示雅可比的第一列矢量和第二列矢量，则式(6-14)可写成

$$v=j_1\dot{\theta}_1+j_2\dot{\theta}_2$$

式中，右边第一项表示仅由第一个关节运动引起的端点速度；右边第二项表示仅由第二个关节运动引起的端点速度；总的端点速度为这两个速度矢量的合成。因此，工业机器人速度雅可比的每一列表示其他关节不动而某一关节运动产生的端点速度。

图 6.1 所示二自由度平面关节型工业机器人手部的速度为

$$v=\begin{bmatrix}v_x\\v_y\end{bmatrix}=\begin{bmatrix}-l_1\sin\theta_1-l_2\sin(\theta_1+\theta_2) & -l_2\sin(\theta_1+\theta_2)\\ l_1\cos\theta_1+l_2c(\theta_1+\theta_2) & l_2\cos(\theta_1+\theta_2)\end{bmatrix}\begin{bmatrix}\dot{\theta}_1\\\dot{\theta}_2\end{bmatrix}$$

$$=\begin{bmatrix}-[l_1\sin\theta_1+l_2\sin(\theta_1+\theta_2)]\dot{\theta}_1-l_2\sin(\theta_1+\theta_2)\dot{\theta}_2\\ [l_1\cos\theta_1+l_2c(\theta_1+\theta_2)]\dot{\theta}_1+l_2\cos(\theta_1+\theta_2)\dot{\theta}_2\end{bmatrix}$$

假如 θ_1 及 θ_2 是时间的函数，$\theta_1=f_1(t)$，$\theta_2=f_2(t)$，则可求出该工业机器人手部在某一时刻的速度 $v=f(t)$，即手部瞬时速度。

反之，假如给定工业机器人手部速度，可由式(6-14)解出相应的关节速度，即

$$q=J^{-1}v \qquad (6-15)$$

式中：J^{-1} 称为工业机器人逆速度雅可比。

式(6-15)是一个很重要的关系式。例如，我们希望工业机器人手部在空间按规定的速度进行作业，那么用式(6-15)可以计算出沿路径上每一瞬时相应的关节速度。但是，一般来说，求逆速度雅可比 J^{-1} 是比较困难的，有时还会出现奇异解，就无法解算关节速度。

通常我们可以看到工业机器人逆速度雅可比 J^{-1} 出现奇异解的情况有下面两种：

(1) 工作域边界上奇异。当工业机器人臂全部伸展开或全部折回而使手部处于工业机器人工作域的边界上或边界附近时，出现逆雅可比奇异，这时工业机器人相应的形位叫作奇异形位。

（2）工作域内部奇异。奇异并不一定发生在工作域边界上，也可以是由两个或更多个关节轴线重合所引起的。

当工业机器人处在奇异形位时，就会产生退化现象，丧失一个或更多自由度。这意味着在空间某个方向（或子域）上，不管工业机器人关节速度怎样选择手部也不可能实现移动。

【例 6 - 1】　如图 6.2 所示为二自由度平面关节型机械手。手部某瞬沿固定坐标系 X_0 轴正向以 1.0 m/s 速度移动，杆长为 $l_1 = l_2 = 0.5$ m。假设该瞬时 $\theta_1 = 30°$，$\theta_1 = -60°$。求相应瞬时的关节速度。

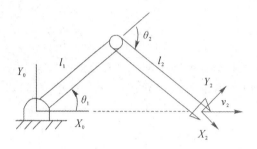

图 6.2　二自由度机械手手爪沿 X_0 方向运动

解　由式（6 - 9）知，二自由度机械手的速度雅可比为

$$J = \begin{bmatrix} -l_1\sin\theta_1 - l_2\sin(\theta_1+\theta_2) & -l_2\sin(\theta_1+\theta_2) \\ l_1\cos\theta_1 + l_2\cos(\theta_1+\theta_2) & l_2\cos(\theta_1+\theta_2) \end{bmatrix}$$

因此，逆速度雅可比为

$$J^{-1} = \frac{1}{l_1 l_2 \sin\theta_2}\begin{bmatrix} l_2\cos(\theta_1+\theta_2) & l_2\sin(\theta_1+\theta_2) \\ -l_1\cos\theta_1 - l_2\cos(\theta_1+\theta_2) & -l_1\sin\theta_1 - l_2\sin(\theta_1+\theta_2) \end{bmatrix} \tag{6-16}$$

$v = \begin{bmatrix} v_x \\ v_y \end{bmatrix} = \begin{bmatrix} 1 \\ 0 \end{bmatrix}$，因此，由式（6 - 15）可得

$$\dot{\theta} = \begin{bmatrix} \dot{\theta}_1 \\ \dot{\theta}_2 \end{bmatrix} = J^{-1}v = \frac{1}{l_1 l_2 \sin\theta_2}\begin{bmatrix} l_2\cos(\theta_1+\theta_2) & l_2\sin(\theta_1+\theta_2) \\ -l_1\cos\theta_1 - l_2\cos(\theta_1+\theta_2) & -l_1\sin\theta_1 - l_2\sin(\theta_1+\theta_2) \end{bmatrix}\begin{bmatrix} 1 \\ 0 \end{bmatrix}$$

因此

$$\dot{\theta}_1 = \frac{\cos(\theta_1+\theta_2)}{l_1\sin\theta_2} = \frac{\cos(30°-60°)}{0.5\times\sin(-60°)} = -\frac{\sqrt{3}/2}{0.5\times\sqrt{3}/2} = -2 \text{ rad/s}$$

$$\dot{\theta}_2 = -\frac{\cos\theta_1}{l_2\sin\theta_2} - \frac{\cos(\theta_1+\theta_2)}{l_1\sin\theta_2} = -\frac{\cos 30°}{0.5\times\sin(-60°)} - \frac{\cos(30°-60°)}{0.5\times\sin(-60°)} = 2\times\frac{\sqrt{3}/2}{0.5\times\sqrt{3}/2}$$

$$= 4 \text{ rad/s}$$

从以上可知，在该瞬时两关节的位置和速度分别为：$\theta_1 = 30°$，$\theta_2 = -60°$，$\dot{\theta}_1 = -2$ rad/s，$\dot{\theta}_2 = 4$ rad/s，手部瞬时速度为 1 m/s。

奇异讨论：式（6 - 16）知，当 $l_1 l_2 \sin\theta_2 = 0$ 时，式（6 - 16）无解。因为 $l_1 \neq 0$，$l_2 \neq 0$，所以，在 $\theta_2 = 0°$ 或 $\theta_2 = 180°$ 时，二自由度工业机器人逆速度雅可比 J^{-1} 奇异。这时，该工业

机器人二臂完全伸直，或完全折回，即两杆重合，工业机器人处于奇异形位。在这种奇异形位下，手部正好处在工作域的边界上，该瞬时手部只能沿着一个方向（即与臂垂直的方向）运动，不能沿其他方向运动，退化了一个自由度。

对于在三维空间中作业的一般六自由度工业机器人，其速度雅可比 J 是一个 6×6 矩阵，q 和 v 分别是 6×1 列阵，即 $V_{(6\times1)}=J(q)_{(6\times6)}\dot{q}_{(6\times1)}$。手部速度矢量 v 是由 3×1 线速度矢量和 3×1 角速度矢量组合而成的 6 维列矢量。关节速度矢量 $\dot{q}$ 是由 6 个关节速度组合而成的 6 维列矢量。雅可比矩阵 J 的前三行代表手部线速度与关节速度的传递比；后三行代表手部角速度与关节速度的传递比。而雅可比矩阵 J 的第 i 列则代表第 j 个关节速度 $\dot{q}_i$ 对手部线速度和角速度的传递比。

6.1.3　操作臂中的静力

这里以操作臂中单个杆件为例分析受力情况，如图 6.3 所示，杆件 i 通过关节 i 和 $i+1$ 分别与杆件 $i-1$ 和杆 $i+1$ 相连接，两个坐标系 $\{i-1\}$ 和 $\{i\}$ 分别如图所示。

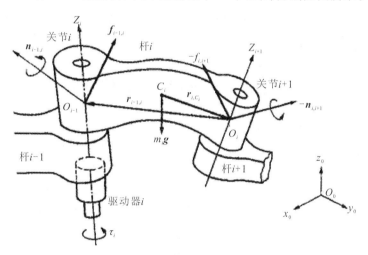

图 6.3　杆 i 上的静力和力矩

图中：

$f_{i-1,i}$ 及 $n_{i-1,i}$——杆 $i-1$ 通过关节 i 作用在杆 i 上的力和力矩；

$f_{i,i+1}$ 及 $n_{i,i+1}$——杆 i 通过关节 $i+1$ 作用在杆 $i+1$ 上的力和力矩；

$-f_{i,i+1}$ 及 $-n_{i,i+1}$——杆 $i+1$ 通过关节 $i+1$ 作用在杆 i 上的力和力矩；

$f_{n,n+1}$ 及 $n_{n,n+1}$——工业机器人手部端点对外界环境的作用力和力矩；

$-f_{n,n+1}$ 及 $-n_{n,n+1}$——外界环境对工业机器人手部端点的作用力和力矩；

$f_{0,1}$ 及 $n_{0,1}$——工业机器人底座对杆 i 的作用力和力矩；

$m_i g$——连杆 i 的重量，作用在质心 C_i 上。

连杆 i 的静力学平衡条件为其上所受的合力和合力矩为零，因此力和力矩平衡方程式为

$$f_{i-1,i}+(-f_{i,i+1})+m_i g=0 \qquad (6-17)$$

$$n_{i-1,i}+(-n_{i,i+1})+(r_{i-1,i}+r_{i,C_i})\times(-f_{i-1,i+1})=0 \qquad (6-18)$$

式中：$r_{i-1,i}$ 为坐标系 $\{i\}$ 的原点相对于坐标系 $\{i-1\}$ 的位置矢量；r_{i,c_i} 为质心相对于坐标系 $\{i\}$ 的位置矢量。

假如已知外界环境对工业机器人最末杆的作用力和力矩，那么可以由最后一个连杆向第零号连杆（机座）依次递推，从而计算出每个连杆上的受力情况。

为了便于表示工业机器人手部端点对外界环境的作用力和力矩（简称为端点力 F），可将 f_n、f_{n+1} 和 $n_{n,n+1}$ 合并写成一个 6 维矢量：

$$F = \begin{bmatrix} f_{n,n+1} \\ n_{n,n+1} \end{bmatrix} \tag{6-19}$$

各关节驱动器的驱动力或力矩可写成一个 n 维矢量的形式，即

$$\tau = \begin{bmatrix} \tau_1 \\ \tau_2 \\ \vdots \\ \tau_n \end{bmatrix} \tag{6-20}$$

式中：n 为关节的个数；τ 为关节力矩（或关节力）矢量，简称广义关节力矩，对于转动关节，τ_i 表示关节驱动力矩；对于移动关节，τ_i 表示关节驱动力。

6.2　工业机器人静力学分析

工业机器人在作业过程中，当手部（或末端操作器）与环境接触时，会引起各个关节产生相应的作用力。工业机器人各关节的驱动装置提供关节力矩，通过连杆传递到手部，克服外界作用力。本节讨论操作臂在静止状态下力的平衡关系。我们假定各关节"锁住"，工业机器人成为一个结构体。关节的"锁定用"力与手部所支持的载荷或受到外界环境作用的力取得静力学平衡。求解这种"锁定用"的关节力矩，或求解在已知驱动力作用下手部的输出力就是对工业机器人操作臂进行静力学分析。

6.2.1　工业机器人力雅可比矩阵

假定关节无摩擦，并忽略各杆件的重力，则广义关节力矩 τ 与工业机器人手部端点力 F 的关系可用下式描述：

$$\tau = J^T F \tag{6-21}$$

式中：τ 为广义关节力矩；F 为机器人手部端点力；J^T 为 $n \times 6$ 阶工业机器人力雅可比矩阵或力雅可比。

上式可用下述虚功原理证明：

考虑各个关节的虚位移为 δq_i（在分析力学里给定的瞬时和位形上，虚位移是符合约束条件的无穷小位移。因为任何物理运动都需要经过时间的演进才会有实际的位移，所以称保持时间不变的位移为虚位移），手部的虚位移为 δX，如图 6.4 所示。

$$\delta X = \begin{bmatrix} d \\ \delta \end{bmatrix}, \quad \delta q = [\delta q_1, \delta q_2, \cdots, \delta q_n]^T \tag{6-22}$$

式中，$d = [d_x, d_y, d_z]^T$ 和 $\delta = [\delta\phi_x, \delta\phi_y, \delta\phi_z]^T$ 分别对应于手部的线虚位移和角虚位移

（作业空间）；δq 为由各关节虚位移 δq_i 组成的工业机器人关节虚位移矢量（关节空间）。

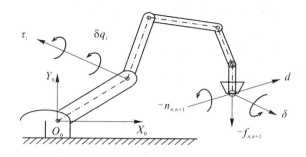

图 6.4　手部及各关节的虚位移

假设发生上述虚位移时，各关节力矩为 $\tau_i (i=1, 2, \cdots, n)$，环境作用在工业机器人手部端点上的力和力矩分别为 $-f_{n, n+1}$ 和 $-n_{n, n+1}$。由上述力和力矩所做的虚功可以由下式求出：

$$\delta W = \tau_1 \delta_{q1} + \tau_2 \delta_{q2} + \cdots + \tau_n \delta_{qn} - f_{n, n+1} d - n_{n, n+1} \delta$$

或写成

$$\delta W = \boldsymbol{\tau}^\mathrm{T} \delta \boldsymbol{q} \boldsymbol{F}^\mathrm{T} \delta \boldsymbol{X} \qquad (6-23)$$

根据虚位移原理，工业机器人处于平衡状态的充分必要条件是对任意符合几何约束的虚位移，有

$$\delta W = 0$$

注意到虚位移 $\delta \boldsymbol{q}$ 和 $\delta \boldsymbol{X}$ 并不是独立的，是符合杆件的几何约束条件的。利用式(6-10)，$\mathrm{d} \boldsymbol{X} = \boldsymbol{J} \mathrm{d} \boldsymbol{q}$，将式(6-23)改写成

$$\delta W = \boldsymbol{\tau}^\mathrm{T} \boldsymbol{\delta}_q - \boldsymbol{F}^\mathrm{T} \boldsymbol{J} \boldsymbol{\delta}_q = (\boldsymbol{\tau} - \boldsymbol{J}^\mathrm{T} \boldsymbol{F})^\mathrm{T} \boldsymbol{\delta}_q \qquad (6-24)$$

式中，$\delta \boldsymbol{q}$ 表示几何上允许位移的关节独立变量，对于任意的 $\delta \boldsymbol{q}$，欲使 $W=0$，必有

$$\boldsymbol{\tau} = \boldsymbol{J}^\mathrm{T} \boldsymbol{F}$$

证毕。

式(6-24)表示在静力平衡状态下，手部端点力 $\boldsymbol{F}$ 向广义关节力矩 $\boldsymbol{\tau}$ 映射的线性关系。式中 $\boldsymbol{J}^\mathrm{T}$ 与手部端点力 $\boldsymbol{F}$ 和广义关节力矩 $\boldsymbol{\tau}$ 之间的力传递有关，故叫作工业机器人力雅可比。很明显，力雅可比 $\boldsymbol{J}^\mathrm{T}$ 正好是工业机器人速度雅可比 $\boldsymbol{J}$ 的转置。

6.2.2　机器人静力计算的两类问题

从操作臂手部端点力 $\boldsymbol{F}$ 与广义关节力矩 $\boldsymbol{\tau}$ 之间的关系式 $\boldsymbol{\tau} = \boldsymbol{J}^\mathrm{T} \boldsymbol{F}$ 可知，操作臂静力学可分为两类问题：

（1）已知外界环境对工业机器人手部作用 $\boldsymbol{F}'$（即手部端点力 $\boldsymbol{F} = -\boldsymbol{F}'$），求相应的满足静力学平衡条件的关节驱动力矩 $\boldsymbol{\tau}$。

（2）已知关节驱动力矩 $\boldsymbol{\tau}$，确定工业机器人手部对外界环境的作用力 $\boldsymbol{F}$ 或负荷的质量。

第二类问题是第一类问题的 $\boldsymbol{F}$ 逆解。这时

$$\boldsymbol{F} = (\boldsymbol{J}^\mathrm{T})^{-1} \boldsymbol{\tau}$$

但是，由于工业机器人的自由度可能不是 6，比如 $n>6$，力雅可比矩阵就有可能不是

一个方阵，则 J^{T} 没有逆解。因此，对这类问题的求解就困难得多，在一般情况下不一定能得到唯一的解。如果 F 的维数比 τ 的维数低，且 J 是满秩的话，则可利用最小二乘法求得 F 的估值。

【例 6-2】 图 6.5 所示为一个二自由度平面关节型机械手，已知手部端点力 $F = [F_x, F_y]^{\mathrm{T}}$，求相应于端点力 F 的关节力矩（不考虑摩擦）。

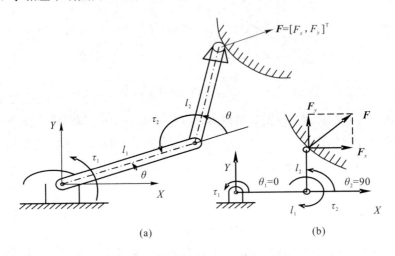

图 6.5　手部端点力 F 与关节力矩 τ

解　已知该机械手的速度雅可比为

$$J = \begin{bmatrix} -l_1 s\theta_1 - l_2 s(\theta_1 + \theta_2) & -l_2 s(\theta_1 + \theta_2) \\ l_1 c\theta_1 + l_2 c(\theta_1 + \theta_2) & l_2 c(\theta_1 + \theta_2) \end{bmatrix}$$

则该机械手的力雅可比为

$$J^{\mathrm{T}} = \begin{bmatrix} -l_1 s\theta_1 - l_2 s(\theta_1 + \theta_2) & l_1 c\theta_1 + l_2 c(\theta_1 + \theta_2) \\ -l_2 s(\theta_1 + \theta_2) & l_2 c(\theta_1 + \theta_2) \end{bmatrix}$$

根据 $\tau = J^{\mathrm{T}} F$，得

$$\tau = \begin{bmatrix} \tau_1 \\ \tau_2 \end{bmatrix} = \begin{bmatrix} -l_1 s\theta_1 - l_2 s(\theta_1 + \theta_2) & l_1 c\theta_1 + l_2 c(\theta_1 + \theta_2) \\ -l_2 s(\theta_1 + \theta_2) & l_2 c(\theta_1 + \theta_2) \end{bmatrix} \begin{bmatrix} F_x \\ F_y \end{bmatrix}$$

所以

$$\tau_1 = -[l_1 \sin\theta_1 + l_2 \sin(\theta_1 + \theta_2)]F_x + [l_1 \cos\theta_1 + l_2 \cos(\theta_1 + \theta_2)]F_y$$
$$\tau_2 = -l_2 \sin(\theta_1 + \theta_2)F_x + l_2 \cos(\theta_1 + \theta_2)F_y$$

如图 6-5(b)所示，若在某瞬时 $\theta_1 = 0$，$\theta_2 = 90°$，则此时与手部端点力相对应的关节力矩为

$$\tau_1 = -l_2 F_x + l_1 F_y$$
$$\tau_2 = -l_2 F_x$$

6.3　工业机器人动力学分析

随着工业机器人向高精度、高速、重载及智能化方向发展，对机器人设计和控制方面

要求更高了,尤其是对控制方面,要求机器人实时控制的场合越来越多,所以对机器人进行动力学分析尤为重要。机器人是一个非线性的复杂动力学系统,加上动力学的求解比较困难,而且运算时间较长。因此,简化解的过程、最大限度地减少工业机器人动力学在线计算时间是一个备受关注的研究课题。

6.3.1　动力学分析的两类问题

工业机器人动力学研究的是各杆件的运动和作用力之间的关系。工业机器人动力学分析是工业机器人设计、运动仿真和动态实时控制的基础。工业机器人动力学问题有以下两类:

(1) 动力学正问题:已知关节的驱动力矩,求工业机器人系统相应的运动参数(包括关节位移、速度和加速度)。也就是说,给出关节力矩向量 τ,求工业机器人所产生的运动参数 θ、$\dot{\theta}$ 及 $\ddot{\theta}$。

(2) 动力学逆问题:已知运动轨迹点上的关节位移、速度和加速度,求出所需要的关节力矩。即给出 θ、$\dot{\theta}$ 及 $\ddot{\theta}$,求相应的关节力矩向量 τ。

工业机器人是由多个连杆和多个关节组成的复杂的动力学系统,具有多个输入和多个输出,存在着错综复杂的耦合关系和严重的非线性。因此,工业机器人动力学的研究引起了十分广泛的重视,所采用的方法很多,有拉格朗日(Lagrange)方法、牛顿-欧拉方法(Newton-Euler)方法、高斯(Gauss)方法、凯恩(Kane)方法、旋量对偶数方法、罗伯逊-魏登堡(Roberson-WitTenburg)方法等。拉格朗日方法不仅能以最简单的形式求得非常复杂的系统动力学方程,而且具有显式结构,物理意义比较明确,对理解工业机器人动力学比较方便。因此,本节只介绍拉格朗日方法,并用简单实例进行分析。

6.3.2　拉格朗日方程

1. 拉格朗日函数

拉格朗日函数 L 的定义是一个机械系统的动能 E_k 和势能 E_p 之差,即

$$L = E_k - E_p \tag{6-25}$$

令 $q_i(i=1, 2, \cdots, n)$ 是使系统具有完全确定位置的广义关节变量,$\dot{q}_i$ 是相应的广义关节速度。由于系统动能 E_k 是 q_i 和 $\dot{q}_i$ 的函数,系统势能 E_p 是 q_i 的函数,因此拉格朗日函数也是 q_i 和 $\dot{q}_i$ 的函数。

2. 拉格朗日方程

系统的拉格朗日方程为

$$F_i = \frac{\mathrm{d}}{\mathrm{d}t}\frac{\partial L}{\partial \dot{q}_i} - \frac{\partial L}{\partial q_i}, \ i=1, 2, \cdots, n \tag{6-26}$$

式中,F_i 称为关节 i 的广义驱动力。如果是移动关节,则 F_i 为驱动力;如果是转动关节,则 F_i 为驱动力矩。

3. 用拉格朗日法建立工业机器人动力学方程的步骤

(1) 选取坐标系,选定完全而且独立的广义关节变量 $q_i(i=1, 2, \cdots, n)$。

（2）选定相应的关节上的广义力 F_i：当 q_i 是位移变量时，F_i 为力；当 q_i 是角度变量时，F_i 为力矩。

（3）求出工业机器人各构件的动能和势能，构造拉格朗日函数。

（4）代入拉格朗日方程，求得工业机器人系统的动力学方程。

6.3.3　二自由度平面关节型工业机器人动力学方程（动力学分析实例）

1. 广义关节变量及广义力的选定

选取笛卡尔坐标系，如图 6.6 所示。连杆 1 和连杆 2 的关节变量分别为转角 θ_1 和 θ_2，相应的关节 1 和关节 2 的力矩是 τ_1 和 τ_2。连杆 1 和连杆 2 的质量分别是 m_1 和 m_2，杆长分别为 l_1 和 l_2，质心分别在 C_1 和 C_2 处，离相应关节中心的距离分别为 p_1 和 p_2。

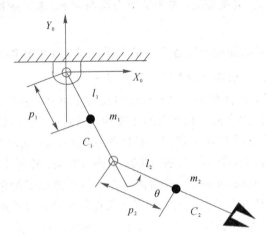

图 6.6　二自由度工业机器人动力学方程的建立

杆 1 质心 C_1 的位置坐标为

$$x_1 = p_1 \sin\theta_1$$
$$y_1 = -p_1 \cos\theta_1$$

杆 1 质心 C_1 的速度平方为

$$\dot{x}_1^2 + \dot{y}_1^2 = (p_1 \dot{\theta}_1)^2$$

杆 2 质心 C_2 的位置坐标为

$$x_2 = l_1 \sin\theta_1 + p_2 \sin(\theta_1 + \theta_2)$$
$$y_2 = -l_1 \cos\theta_1 - p_2 \cos(\theta_1 + \theta_2)$$

杆 2 质心 C_2 的速度平方为

$$\dot{x}_2 = l_1 \cos\theta_1 \dot{\theta}_1 + p_2 \cos(\theta_1 + \theta_2)(\dot{\theta}_1 + \dot{\theta}_2)$$
$$\dot{y}_2 = l_1 \sin\theta_1 \dot{\theta}_1 + p_2 \sin(\theta_1 + \theta_2)(\dot{\theta}_1 + \dot{\theta}_2)$$
$$\dot{x}_2^2 + \dot{y}_2^2 = l_1^2 \theta_1^2 + p_2^2 (\dot{\theta}_1 + \dot{\theta}_2)^2 + 2 l_1 p_2 (\dot{\theta}_1^2 + \dot{\theta}_1 \dot{\theta}_2) \cos\theta_2$$

系统动能为

$$E_{k1} = \frac{1}{2} m_1 p_1^2 \dot{\theta}_1^2$$

$$E_{k2} = \frac{1}{2} m_2 l_1^2 \dot{\theta}_1^2 + \frac{1}{2} m_2 p_2^2 (\dot{\theta}_1 + \dot{\theta}_2)^2 + m_2 l_1 p_2 (\dot{\theta}_1^2 + \dot{\theta}_1 \dot{\theta}_2) \cos\theta_2$$

$$E_k = \sum_{i=1}^{2} E_{ki} = \frac{1}{2} (m_1 p_1^2 + m_2 l_1^2) \dot{\theta}_1^2 + \frac{1}{2} m_2 p_2^2 (\dot{\theta}_1 + \dot{\theta}_2)^2 + m_2 l_1 p_2 (\dot{\theta}_1^2 + \dot{\theta}_1 \dot{\theta}_2) \cos\theta_2$$

系统势能（以质心处于最低位置为势能零点）为

$$E_{p1} = m_1 g p_1 (1 - \cos\theta_1)$$

$$E_{p2} = m_2 g l_1 (1 - \cos\theta_1) + m_2 g p_2 [1 - \cos(\theta_1 + \theta_2)]$$

$$E_p = \sum_{i=1}^{2} E_{pi} = (m_1 p_1 + m_2 l_1) g (1 - \cos\theta_1) + m_2 g p_2 [1 - \cos(\theta_1 + \theta_2)]$$

拉格朗日函数为

$$L = E_k - E_p = \frac{1}{2} (m_1 p_1^2 + m_2 l_1^2) \dot{\theta}_1^2 + \frac{1}{2} m_2 p_2^2 (\dot{\theta}_1 + \dot{\theta}_2)^2 + m_2 l_1 p_2 (\dot{\theta}_1^2 + \dot{\theta}_1 \dot{\theta}_2) \cos\theta_2 -$$

$$(m_1 p_1 + m_2 l_1) g (1 - \cos\theta_1) - m_2 g p_2 [1 - \cos(\theta_1 + \theta_2)]$$

根据拉格朗日方程

$$F_i = \frac{\mathrm{d}}{\mathrm{d}t} \frac{\partial L}{\partial \dot{q}_i} - \frac{\partial L}{\partial q_i}, \quad i = 1, 2, \cdots, n$$

可计算各关节上的力矩，得到系统动力学方程。

计算关节 1 上的力矩 τ_1：

$$\frac{\partial L}{\partial \dot{\theta}_1} = (m_1 p_1^2 + m_2 l_1^2) \dot{\theta}_1 + m_2 p_2^2 (\dot{\theta}_1 + \dot{\theta}_2) + m_2 l_1 p_2 (2\dot{\theta}_1 + \dot{\theta}_2) \cos\theta_2$$

$$\frac{\partial L}{\partial \theta_1} = -(m_1 p_1 + m_2 l_1) g \sin\theta_1 - m_2 g p_2 \sin(\theta_1 + \theta_2)$$

所以

$$\tau_1 = \frac{\mathrm{d}}{\mathrm{d}t} \frac{\partial L}{\partial \dot{\theta}_1} - \frac{\partial L}{\partial \theta_1} = (m_1 p_1^2 + m_2 p_2^2 + m_2 l_1^2 + 2 m_2 l_1 p_2 \cos\theta_2) \ddot{\theta}_1 + (m_2 p_2^2 + m_2 l_1 p_2 \cos\theta_2) \ddot{\theta}_2 +$$

$$(-2 m_2 l_1 p_2 \sin\theta_2) \dot{\theta}_1 \dot{\theta}_2 + (-m_2 l_1 p_2 \sin\theta_2) \dot{\theta}_2^2 + (m_1 p_1 + m_2 l_1) g \sin\theta_1 + m_2 g p_2 \sin(\theta_1 + \theta_2)$$

上式可简写为

$$\tau_1 = D_{11} \ddot{\theta}_1 + D_{12} \ddot{\theta}_2 + D_{112} \dot{\theta}_1 \dot{\theta}_2 + D_{122} \dot{\theta}_2^2 + D_1 \tag{6-27}$$

由此可得

$$\begin{cases} D_{11} = m_1 p_1^2 + m_2 p_2^2 + m_2 l_1^2 + 2 m_2 l_1 p_2 \cos\theta_2 \\ D_{12} = m_2 p_2^2 + m_2 l_1 p_2 \cos\theta_2 \\ D_{112} = -2 m_2 l_1 p_2 \sin\theta_2 \\ D_{122} = -m_2 l_1 p_2 \sin\theta_2 \\ D_1 = (m_1 p_1 + m_2 l_1) g \sin\theta_1 + m_2 g p_2 \sin(\theta_1 + \theta_2) \end{cases} \tag{6-28}$$

关节 2 上的力矩 τ_2：

$$\frac{\partial L}{\partial \dot{\theta}_2} = m_2 p_2^2 (\dot{\theta}_1 + \dot{\theta}_2) + m_2 l_1 p_2 \cos\theta_2$$

$$\frac{\partial L}{\partial \theta_2} = -m_2 l_1 p_2 (\dot{\theta}_1^2 + \dot{\theta}_1 \dot{\theta}_2)\sin\theta_2 - m_2 g p_2 \sin(\theta_1 + \theta_2)$$

所以

$$\tau_2 = \frac{\mathrm{d}}{\mathrm{d}t}\frac{\partial L}{\partial \dot{\theta}_2} - \frac{\partial L}{\partial \theta_2}$$

$$= (m_2 p_2^2 + m_2 l_1 p_2 \cos\theta_2)\ddot{\theta}_1 + m_2 p_2^2 \ddot{\theta}_2 + [(-m_2 l_1 p_2 + m_2 l_1 p_2)\sin\theta_2]\dot{\theta}_1\dot{\theta}_2 +$$

$$(m_2 l_1 p_2 \sin\theta_2)\dot{\theta}_1^2 + m_2 g p_2 \sin(\theta_1 + \theta_2)$$

上式可简写为

$$\tau_2 = D_{21}\ddot{\theta}_1 + D_{22}\ddot{\theta}_2 + D_{212}\dot{\theta}_1\dot{\theta}_2 + D_{211}\dot{\theta}_1^2 + D_2 \tag{6-29}$$

由此可得

$$\begin{cases} D_{21} = m_2 p_2^2 + m_2 l_1 p_2 \mathrm{con}\theta_2 \\ D_{22} = m_2 p_2^2 \\ D_{212} = (-m_2 l_1 p_2 + m_2 l_1 p_2)\sin\theta_2 = 0 \\ D_{211} = m_2 l_1 p_2 \sin\theta_2 \\ D_2 = m_2 g p_2 \sin(\theta_1 + \theta_2) \end{cases} \tag{6-30}$$

　　式(6-27)～式(6-30)分别表示关节驱动力矩与关节位移、速度、加速度之间的关系，即力和运动之间的关系，称为图 6.6 所示二自由度工业机器人的动力学方程。对其进行分析可知：

　　(1) 含有 $\ddot{\theta}_1$ 或 $\ddot{\theta}_2$ 的项表示由于加速度引起的关节力矩项。其中：

　　① 含有 D_{11} 和 D_{22} 的项分别表示由于关节 1 加速度和关节 2 加速度引起的惯性力矩项；

　　② 含有 D_{12} 的项表示关节 2 的加速度对关节 1 的耦合惯性力矩项；

　　③ 含有 D_{21} 的项表示关节 1 的加速度对关节 2 的耦合惯性力矩项。

　　(2) 含有 $\dot{\theta}_1^2$ 和 $\dot{\theta}_2^2$ 的项表示由于向心力引起的关节力矩项。其中：

　　① 含有 D_{122} 的项表示关节 2 速度引起的向心力对关节 1 的耦合力矩项；

　　② 含有 D_{211} 的项表示关节 1 速度引起的向心力对关节 2 的耦合力矩项。

　　(3) 含有 $\dot{\theta}_1\dot{\theta}_2$ 的项表示由于哥氏力引起的关节力矩项。其中：

　　① 含有 D_{112} 的项表示哥氏力对关节 1 的耦合力矩项；

　　② 含有 D_{212} 的项表示哥氏力对关节 2 的耦合力矩项。

　　(4) 只含关节变量 θ_1、θ_2 的项表示重力引起的关节力矩项。其中：

　　① 含有 D_1 的项表示连杆 1、连杆 2 的质量对关节 1 引起的重力矩项；

　　② 含有 D_2 的项表示连杆 2 的质量对关节 2 引起的重力矩项。

　　从上面推导可以看出，简单的二自由度平面关节型工业机器人其动力学方程已经很复杂了，包含很多因素，这些因素都在影响工业机器人的动力学特性。对于复杂一些的多自由度工业机器人，动力学方程就更庞杂，推导过程也更为复杂。不仅如此，这对工业机器人实时控制也带来不小的麻烦。

2. 关节空间动力学方程

　　将式(6-27)～式(6-30)写成矩阵形式，则

$$\boldsymbol{\tau} = \boldsymbol{D}(\boldsymbol{q})\ddot{\boldsymbol{q}} + \boldsymbol{H}(\boldsymbol{q}, \dot{\boldsymbol{q}}) + \boldsymbol{G}(\boldsymbol{q}) \tag{6-31}$$

式中：$\boldsymbol{\tau} = \begin{bmatrix} \tau_1 \\ \tau_2 \end{bmatrix}$；$\boldsymbol{q} = \begin{bmatrix} \theta_1 \\ \theta_2 \end{bmatrix}$；$\dot{\boldsymbol{q}} = \begin{bmatrix} \dot{\theta}_1 \\ \dot{\theta}_2 \end{bmatrix}$；$\ddot{\boldsymbol{q}} = \begin{bmatrix} \ddot{\theta}_1 \\ \ddot{\theta}_2 \end{bmatrix}$

所以

$$\boldsymbol{D}(\boldsymbol{q}) = \begin{bmatrix} m_1 p_1^2 + m_2(l_1^2 + p_2^2 + 2l_1 p_2 \cos\theta_2) & m_2(p)_2^2 + l_1 p_2 \cos\theta_2) \\ m_2(p_2^2 + l_1 p_2 \cos\theta_2) & m_2 p_2^2 \end{bmatrix} \tag{6-32}$$

$$\boldsymbol{H}(\boldsymbol{q}, \dot{\boldsymbol{q}}) = m_2 l_1 p_2 \sin\theta_2 \begin{bmatrix} \dot{\theta}_2^2 + 2\dot{\theta}_1\dot{\theta}_2 \\ \dot{\theta}_1^2 \end{bmatrix} \tag{6-33}$$

$$\boldsymbol{G}(\boldsymbol{q}) = \begin{bmatrix} (mp_1 + m_2 l_1)\sin\theta_1 + m_2 p_2 g\sin(\theta_1 + \theta_2) \\ m_2 p_2 g\sin(\theta_1 + \theta_2) \end{bmatrix} \tag{6-34}$$

式(6-31)就是操作臂在关节空间中的动力学方程的一般结构形式，它反映了关节力矩与关节变量、速度、加速度之间的函数关系。对于 n 个关节的操作臂，$\boldsymbol{D}(\boldsymbol{q})$ 是 $n \times n$ 的正定对称矩阵，是 $\boldsymbol{q}$ 的函数，称为操作臂的惯性矩阵；$\boldsymbol{H}(\boldsymbol{q}, \dot{\boldsymbol{q}})$ 是 $n \times 1$ 的离心力和哥氏力矢量；$\boldsymbol{G}(\boldsymbol{q})$ 是 $n \times 1$ 的重力矢量，与操作臂的形位 n 有关。

3. 操作空间动力学方程

与关节空间动力学方程相对应，在笛卡尔操作空间中，可以用直角坐标变量即手部位姿的矢量 $\boldsymbol{X}$ 来表示工业机器人动力学方程。因此，操作力量与手部加速度 $\ddot{\boldsymbol{X}}$ 之间的关系可表示为

$$\boldsymbol{F} = \boldsymbol{M}_x(\boldsymbol{q})\ddot{\boldsymbol{X}} + \boldsymbol{U}_x(\boldsymbol{q}, \dot{\boldsymbol{q}}) + \boldsymbol{G}_x(\boldsymbol{q}) \tag{6-35}$$

式中，$\boldsymbol{M}_x(\boldsymbol{q})$、$\boldsymbol{U}_x(\boldsymbol{q}, \dot{\boldsymbol{q}})$ 和 $\boldsymbol{G}_x(\boldsymbol{q})$ 分别为操作空间中的惯性矩阵、离心力和哥氏力矢量、重力矢量，它们都是在操作空间中表示的；$\boldsymbol{F}$ 是广义操作力矢量。

关节空间动力学方程和操作空间动力学方程之间的对应关系可以通过广义操作力 $\boldsymbol{F}$ 与广义关节力矩 $\boldsymbol{\tau}$ 之间的关系

$$\boldsymbol{\tau} = \boldsymbol{J}^{\mathrm{T}}(\boldsymbol{q})\boldsymbol{F} \tag{6-36}$$

以及操作空间与关节空间速度、加速度之间的关系

$$\begin{cases} \dot{\boldsymbol{X}} = \boldsymbol{J}(\boldsymbol{q})\dot{\boldsymbol{q}} \\ \ddot{\boldsymbol{X}} = \boldsymbol{J}(\boldsymbol{q})\ddot{\boldsymbol{q}} + \dot{\boldsymbol{J}}(\boldsymbol{q})\dot{\boldsymbol{q}} \end{cases} \tag{6-37}$$

求出。

6.4　工业机器人动力学建模和仿真

6.4.1　工业机器人动力学建模

前面在推导系统动力学方程时忽略了许多因素，做了许多简化假设，其中最主要的是忽略了机构中的摩擦、间隙与变形。在机器人传动系统中，齿轮和轴承中的单聚是客观存

在的，并往往可达到关节驱动力矩的 25%。机构中的摩擦主要分为黏性摩擦和库仑摩擦，前者的大小与关节速度成正比，后者的大小与速度无关，但方向与关节的速度方向有关。黏性摩擦力和库仑摩擦力分别表示为

$$\boldsymbol{\tau}_{\mathrm{v}} = v\dot{\boldsymbol{q}} \tag{6-38}$$

$$\boldsymbol{\tau}_{\mathrm{c}} = \boldsymbol{F}_{\mathrm{N}} \mathrm{sgn}(\dot{\boldsymbol{q}}) \tag{6-39}$$

式中：v 为黏性摩擦因数；$\boldsymbol{F}_{\mathrm{N}}$ 为正压力。因此总的摩擦力 $\boldsymbol{\tau}_{\mathrm{f}}$ 为

$$\boldsymbol{\tau}_{\mathrm{f}} = \boldsymbol{\tau}_{\mathrm{v}} + \boldsymbol{\tau}_{\mathrm{c}} = v\dot{\boldsymbol{q}} + \boldsymbol{F}_{\mathrm{N}} \mathrm{sgn}(\dot{\boldsymbol{q}}) \tag{6-40}$$

其实，机构中的摩擦（包括黏性摩擦和库仑摩擦）十分复杂，并与润滑条件有关。单就库仑摩擦而言，其中 c 值波动很大。当 $\dot{\boldsymbol{q}} = 0$ 时，c 称为静态摩擦因数；当 $\dot{\boldsymbol{q}} \neq 0$ 时，c 称为动态摩擦因数。静态摩擦因数大于动态摩擦因数。

另外，机器人关节中的摩擦力与关节变量 $\boldsymbol{q}$，如齿轮偏心所引起的摩擦力的波动、不同的形位、关节中摩擦力的变动等有关。因此摩擦力可表示为

$$\boldsymbol{\tau}_{\mathrm{f}} = \boldsymbol{T}(\boldsymbol{q}, \dot{\boldsymbol{q}}) \tag{6-41}$$

考虑机构中的摩擦力，在式（6-31）的基础上，机器人的动力学方程应加一项，即

$$\boldsymbol{\tau} = \boldsymbol{D}(\boldsymbol{q})\ddot{\boldsymbol{q}} + \boldsymbol{H}(\boldsymbol{q}, \dot{\boldsymbol{q}}) + \boldsymbol{G}(\boldsymbol{q}) + \boldsymbol{T}(\boldsymbol{q}, \dot{\boldsymbol{q}}) \tag{6-42}$$

以上的动力学模型都是在将连杆视为刚体的前提下建立的。具有柔性臂的机器人系统容易产生共振和其他动态现象，在建模时应对此予以考虑。

6.4.2　工业机器人动力学仿真

计算机仿真技术在机器人技术领域极为重要，利用该技术可以进行一些仿真实验。如果不利用仿真技术而是在现实中完成这些实验，可能耗资不菲，而且需要花费大量的时间。通过计算机仿真技术可以在动态的合成环境中尝试一些轨迹规划和控制策略，同时可以搜集这些响应数据，从而确定机器人控制系统的品质。

由于机器人仿真系统较复杂，具有完成一类或多类机器人的运动学、动力学、轨迹化及控制算法、图形显示和输出等功能。因此，如仅从动力学方面考虑，机器人动力学仿真就是在计算机内部建立某种动力学模型，根据这种模型对机器人运动范围内的典型状态进行动力学计算和分析，从而进行合理的轨迹规划。为了达到这个目的，需要把机器人本体和机器人的作业环境抽象为某种模型，并且必须对人们所设计的机器人动作进行动力学仿真。

实现机器人动力学仿真的具体步骤如下：

（1）确定实际系统的动力学数学模型。

（2）将以上模型转化为能在计算机上运行的仿真模型。

（3）编写仿真程序。

（4）对仿真模型进行修改、检验。

由于真实的世界往往都非常凌乱，并且充满了各种噪声，数学模型不能完全反映真实的系统特征，同时系统中的传感器都可能呈现出不同的或非预期的特性，因此对机器人进行仿真通常都非常困难。尽管有这些缺陷，人们依然可以对机器人进行仿真而发现系统的运动特征，从而为控制系统的设计创造条件。

习　　题

1. 图 6.7 所示为二自由度机械手，杆长 $l_1=l_2=0.5$ m，试求下列三种情况的关节瞬时速度 $\dot{\theta}_1$ 和 $\dot{\theta}_2$。

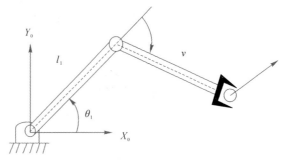

v_x/(m/s)	−1.0	0	1.0
v_y/(m/s)	0	1.0	1.0
θ_1	30°	30°	30°
θ_2	−60°	120°	−30°

图 6.7　二自由度机械手

2. 已知二自由度机械手的雅可比矩阵为

$$\boldsymbol{J}=\begin{bmatrix} -l_1s_1-l_2s_{12} & -l_2s_{12} \\ l_1c_1+l_2c_{12} & l_2c_{12} \end{bmatrix}$$

若忽略重力，当手部端点力 $\boldsymbol{F}=[1\ \ 0]^{\mathrm{T}}$ 时，求与此力相应的关节力矩。

4. 图 6.7 所示为二自由度机械手，杆长 $l_1=l_2=0.5$ m，手部中心受到外界环境的作用力 F'_x 及 F'_y，试求下列三种情况下机械手取得静力学平衡时的关节力矩 τ_1 和 τ_2。

F'_x/N	−10.0	0	10.0
F'_y/N	0	−10.0	10.0
θ_1	30°	30°	30°
θ_2	−60°	120°	−30°

5. 图 6.8 所示为三自由度机械手，其手部夹持一质量 $m=10$ kg 的重物，$l_1=l_2=0.8$ m，$l_3=0.4$ m，$\theta_1=60°$，$\theta_2=-60°$，$\theta_3=90°$。若不计机械手的重量，求机械手处于平衡状态时的各关节力矩。

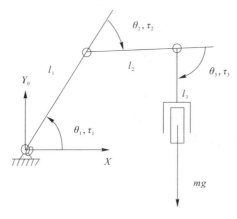

图 6.8　三自由度机械手图

6. 图 6.9 所示为二自由度机械手，关节 1 为转动关节 θ_1；关节 2 为移动关节 d_2。

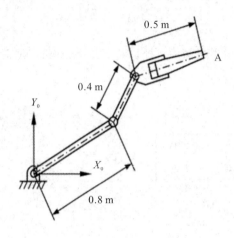

图 6.9　三自由度平面关节机械手

（1）按下列参数计算手部中心的线速度 v_x 及 v_y。表中 $\dot{\theta}_1$ 和 v_2 分别为关节 1 的角速度和关节 2 的线速度。

θ_1	0°	30°	60°	90°
d_2/m	0.50	0.80	1.00	0.70
$\dot{\theta}_1$/(rad/s)	1	1.5	1.5	1
v_2/(m/s)	1	1.5	1.5	1

（2）按下列参数计算机械手静力学平衡时关节 1 的力矩 τ_1 和关节 2 的驱动力 P_2。表中 F'_x、F'_y 分别为手部中心受到外界环境的作用力。

θ_1	0°	30°	60°	90°
d_2/m	0.50	0.80	1.00	0.70
F'_x/N	−40	−40	−40	40
F'_y/N	0	25	40	0

7. 工业机器人力雅可比矩阵和速度雅可比矩阵有何关系？

8. 什么是拉格朗日函数和拉格朗日方程？

9. 二自由度平面关节型机械手动力学方程主要包含哪些项？有何物理意义？

10. 什么是机械臂连杆之间的耦合作用？

11. 在什么情况下可以简化动力学方程计算？

第 7 章　工业机器人轨迹规划与编程

　　轨迹规划(Trajectory Planning)是指根据作业任务的要求,确定轨迹参数并实时计算和生成运动轨迹。它是工业机器人控制的依据,所有控制的目的都在于精确实现所规划的运动。

　　机器人编程主要有三种方式:机器人语言编程、机器人示教编程、机器人离线编程,其中示教编程是目前机器人主流控制方式。

　　本章在讨论关节空间和直角坐标空间中的机器人轨迹规划及轨迹生成方法的基础上,对机器人语言编程、机器人示教编程和机器人离线编程三种控制方式分别进行介绍。其中着重以 MOTOMAVN 机器人焊接作业为例,对机器人示教编程的原理和方法进行详细论述,以使读者正确理解关节空间轨迹规划指令 MOVJ 和直角坐标空间轨迹规划指令 MOVL 的动作原理与区别。

7.1　工业机器人轨迹规划

7.1.1　机器人轨迹规划的概念

　　机器人轨迹泛指工业机器人在运动过程中的运动轨迹,即运动点的位移、速度和加速度。机器人在作业空间要完成给定的任务,其手部运动必须按一定的轨迹(Trajectory)进行。轨迹的生成一般是先给定轨迹上的若干个点,将其经运动学反解映射到关节空间,对关节空间中的相应点建立运动方程,然后按这些运动方程对关节进行插值,从而实现作业空间的运动要求,这一过程通常称为轨迹规划。工业机器人轨迹规划属于机器人底层规划,基本上不涉及人工智能的问题,本章仅讨论在关节空间或笛卡尔空间中工业机器人运动的轨迹规划和轨迹生成方法。

　　机器人运动轨迹的描述一般是对其手部位姿的描述,此位姿值可与关节变量相互转换。控制轨迹也就是按时间控制手部或工具中心走过的空间路径。

7.1.2　轨迹规划的一般问题

　　通常将操作臂的运动看作是工具坐标系$\{T\}$相对于工件坐标系$\{S\}$的一系列运动。这种描述方法既适用于各种操作臂,也适用于同一操作臂上装夹的各种工具。对于移动工作台(例如传送带),这种方法同样适用。这时,工作坐标$\{S\}$位姿随时间而变化。

　　例如,图 7.1 所示将销插入工件孔中的作业可以借助工具坐标系的一系列位姿。

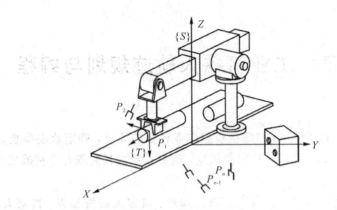

图 7.1　机器人将销插入工件孔中的作业描述

用工具坐标系相对于工件坐标系的运动来描述作业路径是一种通用的作业描述方法。它把作业路径描述与具体的机器人、手爪或工具分离开来，形成了模型化的作业描述方法，从而使这种描述适用于不同的机器人。有了这种描述方法，就可以把图 7.2 所示的机器人从初始状态运动到终止状态的作业看作是工具坐标系从初始位置 $\{T_0\}$ 到终止位置 $\{T_f\}$ 的坐标变换。显然，这种变换与具体的机器人无关。一般情况下，这种变换包含了工具坐标系位置和姿态的变化。

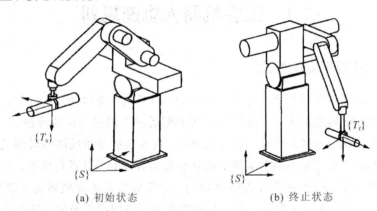

(a) 初始状态　　　　　　　　　　　　(b) 终止状态

图 7.2　机器人的初始状态和终止状态

在轨迹规划中，为叙述方便，也常用点来表示机器人的状态或工具坐标系的位姿，如起始点、终止点就分别表示工具坐标系的起始位姿、终止位姿。

需要更详细地描述运动时，不仅要规定机器人的起始点和终止点，而且要给出介于起始点和终止点之间的中间点，也称路径点。这时，运动轨迹除了位姿约束外，还存在着各路径点之间的时间分配问题。例如，在规定路径的同时，还必须给出两个路径点之间的运动时间。

机器人的运动应当平稳，不平稳的运动将加剧机械部件的磨损，并导致机器人的振动和冲击。为此，要求所选择的运动轨迹描述函数必须是连续的，而且它的一阶导数(速度)、甚至二阶导数(加速度)也应该连续。

轨迹规划既可以在关节空间中进行，也可以在直角坐标空间中进行。在关节空间中进行轨迹规划是指将所有的关节变量表示为时间的函数，用这些关节函数及其一阶、二阶导数描述机器人预期的运动；在直角坐标空间中进行轨迹规划是指将手爪位姿、速度和加速度表示为时间的函数，而相应的关节位置、速度和加速度由手爪信息导出。

在规划机器人的运动时，还需要弄清楚在其路径上是否存在障碍物（障碍约束），本章主要讨论连续路径的无障碍轨迹规划方法。

7.1.3　轨迹的生成方式

运动轨迹的描述或生成有以下几种方式：

（1）示教—再现运动。这种运动就是由人手把手示教机器人，定时记录各关节变量，得到沿路径运动时各关节的位移时间函数 $q(t)$；再现时，按内存中记录的各点的值产生序列动作。

（2）关节空间运动。这种运动直接在关节空间里进行。因为动力学参数及其极限值可直接在关节空间中描述，所以用这种方式求费时最短的运动很方便。

（3）空间直线运动。这是一种在直角空间里的运动，它便于描述空间操作，计算量小，适宜于简单的作业。

（4）空间曲线运动。这是一种在描述空间中可用明确的函数表达的运动，如圆周运动、螺旋运动等。

7.2　关节空间法

在关节空间中进行轨迹规划，首先需要将每个作业路径点向关节空间变换，即用逆运动学方法把路径点转换成关节角度值，或称为关节路径点。当对所有作业路径点都进行这种变换后，便形成了多组关节路径点。然后，为每个关节相应的关节路径点拟合光滑函数。这些关节函数分别描述了机器人各关节从起始点开始，依次通过路径点，最后到达某目标点的运动轨迹。由于每个关节在相应路径段运行的时间相同，因此所有关节都将同时到达路径点和目标点，从而保证工具坐标系在各路径点具有预期的位长。需要注意的是，尽管每个关节在同一段路径上具有相同的运行时间，但各关节函数之间是相互独立的。

在关节空间中进行轨迹规划时，不需考虑直角坐标空间中两个路径点之间的轨迹形状，仅以关节角度的函数来描述机器人的轨迹即可，计算简单、省时；而且由于关节空间与直角坐标空间并不是连续的对应关系，在关节空间内不会发生机构的奇异现象，从而可避免在直角坐标空间规划时出现的关节速度失控问题。

在关节空间进行轨迹规划的路径不是唯一的。只要满足路径点上的约束条件，就可以选取不同类型的关节角度函数，生成不同的轨迹。

7.2.1　三次多项式插值

在操作臂运动的过程中，由于相应于起始点的关节角度 θ_0 是已知的，而终止点的关节角 θ_f 可以通过运动学反解得到，因此，运动轨迹的描述可用起始点关节角与终止点关节角度的一个平滑插值函数 $\theta(t)$ 来表示。$\theta(t)$ 在 $t_0 = 0$ 时刻的值是起始关节角度 θ_0，终端时刻 t_f 的值是终止关节角度 θ_f。显然，有许多平滑函数可作为关节插值函数。

为实现单个关节的平稳运动，轨迹函数 $\theta(t)$ 至少需要满足四个约束条件，即两端点位置约束和两端点速度约束。

端点位置约束是指起始位姿和终止位姿分别所对应的关节角度。$\theta(t)$ 在时刻 $t_0=0$ 时的值是起始关节角度 θ_0，在终端时刻 t_f 时的值是终止关节角度 θ_f，即

$$\begin{cases} \theta(0)=\theta_0 \\ \theta(t_f)=\theta_f \end{cases} \tag{7-1}$$

为满足关节运动速度的连续性要求，两外还有两个约束条件，即在起始点和终止点的关节速度要求。在当前的情况下，可简单地设定为零，即

$$\begin{cases} \dot\theta(0)=0 \\ \dot\theta(t_f)=0 \end{cases} \tag{7-2}$$

上面给出的四个约束条件可以唯一地确定一个三次多项式：

$$\theta(t)=a_0+a_1t+a_2t^2+a_3t^3 \tag{7-3}$$

运动过程中的关节速度和加速度则为

$$\begin{cases} \dot\theta(t)=a_1+2a_2t+3a_3t^2 \\ \ddot\theta(t)=2a_2+6a_3t \end{cases} \tag{7-4}$$

为求得三次多项式的系数 a_0、a_1、a_2 和 a_3，代入给定的约束条件，有方程组

$$\begin{cases} \theta=a_0 \\ \theta_f=a_0+a_1t_f+a_2t_f^2+a_3t_f^3 \\ 0=a_1 \\ 0=a_1+2a_2t_f+3a_3t_f^2 \end{cases} \tag{7-5}$$

求解该方程组，可得

$$\begin{cases} a_0=\theta_0 \\ a_1=0 \\ a_2=\dfrac{3}{t_f^3}(\theta_f-\theta_0) \\ a_3=-\dfrac{2}{t_f^3}(\theta_f-\theta_0) \end{cases} \tag{7-6}$$

对于起始速度及终止速度为零的关节运动，满足连续平稳运动要求的三次多项式插值函数为

$$\theta(t)=\theta_0+\frac{3}{t_f^2}(\theta_f-\theta_0)t^2-\frac{2}{t_f^3}(\theta_f-\theta_0)t^3 \tag{7-7}$$

由式(7-2)可得关节角速度和角加速度的表达式为

$$\begin{cases} \dot\theta(t)=\dfrac{6}{t_f^2}(\theta_f-\theta_0)t-\dfrac{6}{t_f^3}(\theta_f-\theta_0)t^2 \\ \ddot\theta(t)=\dfrac{6}{t_f^2}(\theta_f-\theta_0)-\dfrac{12}{t_f^3}(\theta_f-\theta_0)t \end{cases} \tag{7-8}$$

三次多项式插值的关节运动轨迹曲线如图 7.3 所示。由图可知，其速度曲线为抛物线，相应的加速度曲线为直线。

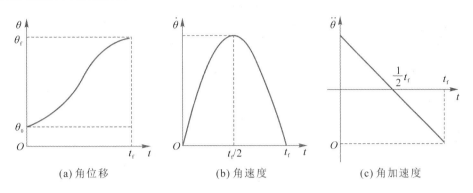

(a) 角位移　　　　　　　　　(b) 角速度　　　　　　　　　(c) 角加速度

图 7.3　三次多项式插值的关节运动轨迹

这里再次指出：这组解只适用于关节起始、终止速度为零的运动情况。对于其他情况，后面另行讨论。

【例 7 - 1】　设有一台具有转动关节的机器人，其在执行一项作业时关节运动历时 2s。根据需要，其上某一关节必须运动平稳，并具有如下作业状态：初始时，关节静止不动，位置 $\theta_0 = 0°$；运动结束时，$\theta_f = 90°$，此时关节速度为 0。试根据上述要求规划该关节的运动。

解　根据要求，可以对该关节采用三次多项式插值函数来规划其运动。已知 $\theta_0 = 0°$，$\theta_f = 90°$，$t_f = 2s$，代入式(7 - 6)可得三次多项式的系数：

$$a_0 = 0.0, \quad a_1 = 0.0, \quad a_2 = 22.5, \quad a_3 = -67.5$$

由此可确定该关节的运动轨迹，即

$$\theta(t) = 22.5t^2 + 67.5t^3$$

$$\dot{\theta}(t) = 45.0t + 202.5t^2$$

$$\ddot{\theta}(t) = 45 + 405.0t$$

7.2.2　过路径点的三次多项式插值

一般情况下，要求规划过路径点的轨迹。如图 7.4 所示，机器人作业除在 A、B 点有位姿要求外，在路径点 C、D 也有位姿要求。对于这种情况，假如末端操作器在路径点停留，即各路径点上速度为 0，则轨迹规划可连续直接使用前面介绍的三次多项式插值方法；但若末端操作器只是经过，并不停留，就需要将前述方法推广。

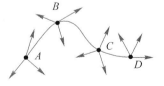

图 7.4　机器人作业路径点

实际上，可以把所有路径点也看作是起始点或终止点，求解逆运动学，得到相应的关节矢量值，然后确定所要求的三次多项式插值函数，把路径点平滑地连接起来。但是，在这些起始点和终止点的关节运动速度不再是零。

设路径点上的关节速度已知，在某段路径上，起始点为 θ_0 和 $\dot{\theta}_0$，终止点为 θ_f 和 $\dot{\theta}_f$，这时，确定三次多项式系数的方法与前所述完全一致，只是速度约束条件变为

$$\begin{cases} \dot{\theta}(0)=\dot{\theta}_0 \\ \dot{\theta}(t_f)=\dot{\theta}_f \end{cases} \qquad (7-9)$$

利用约束条件确定三次多项式系数，有下列方程组：

$$\begin{cases} \theta_0=a_0 \\ \theta_f=a_0+a_1t_f+a_2t_f^2+a_3t_f^3 \\ \dot{\theta}=a_1 \\ \dot{\theta}_f=a_1+2a_2t_f+3a_3t_f^2 \end{cases} \qquad (7-10)$$

求解方程组可得

$$\begin{cases} a_0=\theta_0 \\ a_1=\dot{\theta} \\ a_2=\dfrac{3}{t_f^2}(\theta_f-\theta_0)-\dfrac{2}{t_f}\dot{\theta}_0-\dfrac{1}{t_f}\dot{\theta}_f \\ a_3=\dfrac{2}{t_f^3}(\theta_f-\theta_0)+\dfrac{1}{t_f^2}(\dot{\theta}_0+\dot{\theta}_f) \end{cases} \qquad (7-11)$$

实际上，由上式确定的三次多项式描述了起始点和终止点具有任意给定位置和速度的运动轨迹。当路径点上的关节速度为 0，即 $\theta_0=\dot{\theta}_0=0$ 时，式(7-6)与式(7-11)完全相同，这就说明了由式(7-11)确定的三次多项式描述了起始点和终止点具有任意给定位置和速度约束条件的运动轨迹。

7.2.3 五次多项式插值

如果对于运动轨迹的要求更为严格，约束条件增多，三次多项式就不能满足需要，须用更高阶的多项式对运动轨迹的路径段进行插值。

例如，对某段路径的起始点和终止点都规定了关节的位置、速度和加速度，则要用一个五次多项式进行插值，即

$$\theta(t)=a_0+a_1t+a_2t^2+a_3t^3+a_4t^4+a_5t^5 \qquad (7-12)$$

多项式的系数 a_0、a_1、a_2、a_3、a_4、a_5 必须满足 6 个约束条件，即

$$\begin{cases} \theta_0=a_0 \\ \theta_f=a_0+a_1t_f+a_2t_f^2+a_3t_f^3+a_4t_f^4+a_5t_f^5 \\ \dot{\theta}_0=a_1 \\ \dot{\theta}_f=a_1+2a_2t_f+3a_3t_f^3+4a_4t_f^3+5a_5t_f^4 \\ \theta_0=2a_2 \\ \ddot{\theta}_f=2a_2+6a_3t_f+12a_4t_f^2+20a_5t_f^3 \end{cases}$$

7.2.4 用抛物线过渡的线性函数插值

在关节空间轨迹规划中，对于给定起始点和终止点的情况选择线性函数插值较为简单，如图 7.5 所示。然而，单纯线性插值会导致起始点和终止点的关节运动速度不连续，且

加速度无穷大,显然,在两端点会造成刚性冲击。

　　为此应对线性函数插值方案进行修正,在线性插值两端点的邻域内设置一段抛物线形缓冲区段。由于抛物线函数对于时间的二阶导数为常数,即相应区段内的加速度恒定,这样保证起始点和终止点的速度平滑过渡,从而使整个轨迹上的位置和速度连续。线性函数与两段抛物线函数平滑地衔接在一起形成的轨迹称为带有抛物线过渡域的线性轨迹,如图 7.6 所示。

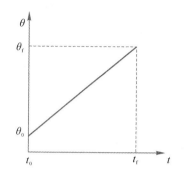

图 7.5　两点间的线性插值轨迹　　　　　　图 7.6　带有抛物线过渡域的线性轨迹

　　为了构造这段运动轨迹,假设两端的抛物线轨迹具有相同的持续时间 t_a,具有大小相同而符号相反的恒加速度 $\ddot{\theta}$。对于这种路径规划存在有多个解,其轨迹不唯一。如图 7.7 所示。但是,每条路径都对称于时间中点 t_h 和位置中点 θ_h。

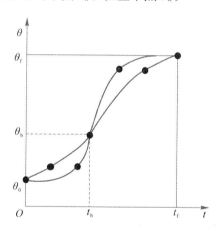

图 7.7　轨迹的多解性与对称性

　　要保证路径轨迹的连续、光滑,即要求抛物线轨迹的终点速度必须等于线性段的速度,故有下列关系:

$$\ddot{\theta}\, t_a = \frac{\theta_h - \theta_a}{t_h - t_a} \tag{7-13}$$

式中: θ_a 为对应于抛物线持续时间的关节角度 t_a。θ_a 的值可以按式(7-14)求出:

$$\theta_a = \theta_0 + \frac{1}{2}\ddot{\theta}\, t_a^2 \tag{7-14}$$

　　设关节从起始点到终止点的总运动时间为 t_f,则 $t_f = 2t_h$,并注意到

$$\theta_h = \frac{1}{2}(\theta_0 + \theta_f) \qquad\qquad (7-15)$$

则由式(7-13)～式(7-15)得

$$\ddot{\theta} t_a^2 - \ddot{\theta} t_f t_a + (\theta_f - \theta_0) = 0 \qquad\qquad (7-16)$$

一般情况下，θ_0、θ_f、t_f 是已知条件，这样由式(7-13)可以选择相应的 $\ddot{\theta}$ 和 t_a，得到相应的轨迹。通常的做法是先选定加速度 $\ddot{\theta}$ 的值，然后按式(7-16)求出相应的 t_a：

$$t_a = \frac{t_f}{2} - \frac{\sqrt{\ddot{\theta}^2 t_f^2 - 4\ddot{\theta}(\theta_f - \theta_0)}}{2\ddot{\theta}} \qquad\qquad (7-17)$$

由式(7-17)可知，为保证 t_a 有解，加速度值 $\ddot{\theta}$ 必须选得足够大，即

$$\ddot{\theta} \geqslant \frac{4(\theta_f - \theta_0)}{t_f^2} \qquad\qquad (7-18)$$

当式(7-18)中的等号成立时，轨迹线性段的长度缩减为零，整个轨迹由两个过渡域组成，这两个过渡域在衔接处的斜率(关节速度)相等；加速度 $\ddot{\theta}$ 的取值愈大，过渡域的长度会变得愈短，若加速度趋于无穷大，则轨迹又复归到简单的线性插值情况。

【例 7-2】 θ_0、θ_f 和 t_f 的定义同例 7-1，若将已知条件改为 $\theta_0 = 15°$，$\theta_f = 75°$，$t_f = 3\text{ s}$，试设计两条带有抛物线过渡的线性轨迹。

解 根据题意，按式(7-18)确定加速度的取值范围，为此，将已知条件代入式(7-18)中，有 $\ddot{\theta} \geqslant 26.67°/\text{s}^2$。

(1) 设计第一条轨迹。对于第一条轨迹，如果选 $\ddot{\theta}_1 = 42°/\text{s}^2$，由式(7-14)算出过渡时间 t_{a1}，则

$$t_{a1} = \frac{3}{2} - \frac{\sqrt{42^2 - 3^2 - 4 \times 42(75 - 15)}}{2 \times 42} = 0.59\text{ s}$$

用式(7-14)和式(7-13)计算过渡域终了时的关节位置 θ_{a1} 和关节速度 $\dot{\theta}_1$，得

$$\theta_{a1} = 15 + \left(\frac{1}{2} \times 42 \times 0.59^2\right)° = 22.3°$$

$$\dot{\theta}_1 = \ddot{\theta}_1 t_{a1} = (42 \times 0.59)°/\text{s} = 24.78°/\text{s}$$

据上面计算得出的数值可以绘出如图 7.8(a)所示的轨迹曲线。

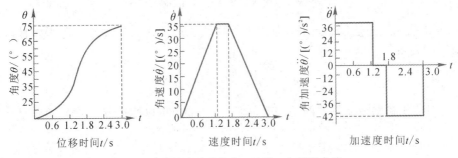

(a) 加速度较大时的位移、速度、加速度曲线

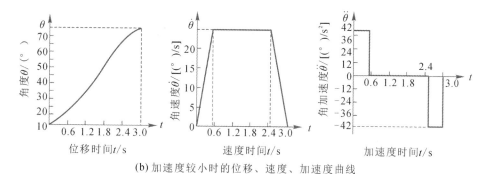

(b) 加速度较小时的位移、速度、加速度曲线

图 7.8 带有抛物线过渡的线性插值

(2) 设计第二条轨迹。对于第二条轨迹，若选择 $\ddot{\theta}_1 = 27°/s^2$，可求出

$$t_{a2} = \frac{3}{2} - \frac{\sqrt{27^2 \times 3^2 - 4 \times 27(75 - 15)}}{2 \times 27} = 1.33 \text{ s}$$

$$\theta_{a2} = 15 + \left(\frac{1}{2} \times 27 \times 1.33^2\right)^° = 38.88°$$

$$\dot{\theta}_2 = \ddot{\theta}_2 t_{a2} = (27 \times 1.33)°/s = 35.91°/s$$

相应的轨迹曲线如图 7.8(b)所示。

用抛物线过渡的线性函数插值进行轨迹规划的物理概念非常清楚，即如果机器人每一关节电动机采用等加速、等速和等减速运动规律，则关节的位置、速度、加速度随时间变化的曲线如图 7.8 所示。

若某个关节的运动要经过一个路径点，则可采用带抛物线过渡域的线性路径方案。如图 7.9 所示，关节的运动要经过一组路径点，用关节角度 θ_j、θ_k 和 θ_l 表示其中三个相邻的路径点，以线性函数将每两个相邻路径点之间相连，而所有路径点附近都采用抛物线过渡。

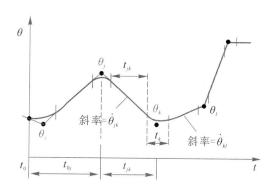

图 7.9 多段带有抛物线过渡域的线性轨迹

注意：各路径段采用抛物线过渡域线性函数所进行的规划，机器人的运动关节并不能真正到达那些路径点。即使选取的加速度充分大，实际路径也只是十分接近理想路径点，如图 7.9 所示。

7.3　直角坐标空间法

7.3.1　直角坐标空间描述

　　图 7.10 所示为平面两关节机器人，假设末端操作器要在 A、B 两点之间画一直线。为使机器人从点 A 沿直线运动到点 B，将直线 AB 分成许多小段，并使机器人的运动经过所有的中间点。为了完成该任务，在每一个中间点处都要求解机器人的逆运动学方程，计算出一系列的关节量，然后由控制器驱动关节到达下一目标点。当通过所有的中间目标点时，机器人便到达了所希望到达的点 B。与前面提到的关节空间描述不同，这里机器人在所有时刻的

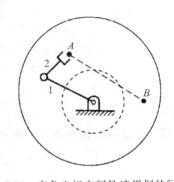

图 7.10　直角坐标空间轨迹规划的问题

位姿变化都是已知的，机器人所产生的运动序列首先在直角坐标空间描述，然后转化为在关节空间描述。由此也容易看出，采用直角坐标空间描述的计算量远大于采用关节空间描述的，然而使用该方法能得到一条可控、可预知的路径。

　　直角坐标空间轨迹在常见的直角坐标空间中表示，因此非常直观，人们也能很容易地看到机器人末端操作器的轨迹。然而，直角坐标空间轨迹计算量大，需要较快的处理速度才能得到类似于关节空间轨迹的计算精度。此外，虽然在直角坐标空间中得到的轨迹非常直观，但难以确保不存在奇异点。图 7.10 中，连杆 2 比连杆 1 短，所以在工作空间中从点 A 运动到点 B 没有问题。但是如果机器人末端操作器试图在直角坐标空间中沿直线运动，就无法到达路格上的某些中间点。该例表明在某些情况下，在关节空间中的直线路径容易实现，而在直角坐标空间中的直线路径将无法实现。此外，两点间的运动有可能使机器人关节值发生突变。为解决上述问题，可以指定机器人必须通过的中间点，以避开这些奇异点。

　　正因为直角坐标空间轨迹规划存在上述问题，现有的多数工业机器人轨迹规划器都具有关节空间轨迹生成和直角坐标空间轨迹生成两种功能。用户通常使用关节空间法，只有在必要时，才采用直角坐标空间法，但直角坐标法对于连续轨迹控制是必需的。

7.3.2　直角坐标空间的轨迹规划

　　直角坐标空间轨迹与机器人相对于直角坐标系的运动有关，如机器人末端操作器的位姿便是沿循直角坐标空间的轨迹。除了简单的直线轨迹以外，也可以用许多其他的方法来控制机器人，使之在不同点之间沿一定的轨迹运动。而且，所有用于关节空间轨迹规划的方法都可用于直角坐标空间的轨迹规划。直角坐标空间轨迹规划与关节空间轨迹规划的根本区别在于，关节空间轨迹规划函数生成的值是关节变量，而直角坐标空间轨迹规划函数生成的值是机器人末端操作器的位姿，需要通过求解逆运动学方程才能转化为关节变量。因此，进行直角坐标空间轨迹规划时必须反复求解逆运动学方程，以计算关节角。

　　上述过程可以简化为如下循环：① 将时间增加一个增量 $t=t+\Delta t$；② 利用所选择的轨迹函数计算出手的位姿；③ 利用机器人逆运动学方程计算出对应末端操作器位姿的关

节变量；④ 将关节信息送给控制器；⑤ 返回到循环的新的起始点。

在工业应用中，最实用的轨迹是点到点之间的直线运动，但也会碰到多目标点（如中间点）间需要平滑过渡的情况。

为实现一条直线轨迹，必须计算起始点和终止点位姿之间的变换，并将该变换划分为许多小段。起始点构形 T_0 和终止点构形 T_f 之间的总变换 R 可通过下面的方程计算：

$$\begin{cases} T_f = T_0 R \\ T_0^{-1} T_f = T_0^{-1} T_0 R \\ R = T_0^{-1} T_f \end{cases} \qquad (7-19)$$

可以用以下几种方法将该总变换转化为许多的小段变换。

（1）将起始点和终止点之间的变换分解为一个平移运动和两个旋转运动。一个平移是指将坐标原点从起始点移动到终止点；两个旋转分别是指将末端操作器坐标系与期望姿态对准，以及将末端操作器坐标系绕其自身轴转到最终的姿态。这三个变换是同时进行的。

（2）将起始点和终止点之间的变换 R 分解为一个平移运动和一个绕轴的旋转运动。平移仍是将坐标原点从起始点移动到终止点，而旋转是将手臂坐标系与最终的期望姿态对准，两个变换也是同时进行的，如图 7.11 所示。

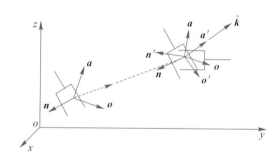

图 7.11　直角坐标空间轨迹规划中起始点和终止点之间的变换

（3）对轨迹进行大量分段，以使起始点和终止点之间有平滑的线性变换。这样会产生大量的微分运动，利用微分运动方程，可将末端坐标系在每一段上的位姿与微分运动、雅可比矩阵及关节速度联系在一起，不过，采用该方法时需要进行大量的计算，并且仅当雅可比矩阵存在时才有效。

7.4　轨迹的实时生成

7.4.1　关节空间轨迹的生成

7.3 节介绍了几种关节空间轨迹规划的方法，按照这些方法所得的计算结果都是有关各个路径段的数据。控制系统的轨迹生成器利用这些数据以轨迹更新的速率计算出 θ、$\dot{\theta}$ 和 $\ddot{\theta}$。对于三次多项式，轨迹生成器只需要随 t 的变化不断按式（7-3）式（7-4）计算 θ、$\dot{\theta}$ 和 $\ddot{\theta}$。当到达路径段的终止点时，调用新路径段的三次多项式系数，重新把 t 置成零，继续生成轨迹。对于带抛物线拟合的直线样条曲线，每次更新轨迹时，应首先检测时间的值

以判断当前是处在路径段的直线区段还是抛物线拟合区段。在直线区段,对每个关节的轨迹计算如下:

$$
\begin{cases}
\ddot{\theta} = 0 \\
\theta = \theta_0 + \omega\left(t - \dfrac{1}{2}t_a\right) \\
\dot{\theta} = \omega
\end{cases}
\tag{7-20}
$$

式中:ω 为根据驱动器的性能而选择的定值;t_a 可根据式(7-17)计算。在起始点拟合区段,对各关节的轨迹计算如下:

$$
\begin{cases}
\ddot{\theta} = \dfrac{\omega}{t_a} \\
\theta = \theta_0 + \dfrac{1}{2}\omega t_a t_a \\
\dot{\theta} = \dfrac{\omega}{t_a}t
\end{cases}
\tag{7-21}
$$

终止点处的抛物线段与起始点处的抛物线段是对称的,只是其加速度为负,因此可按照下式计算:

$$
\begin{cases}
\ddot{\theta} = -\dfrac{\omega}{t_a} \\
\theta = \theta_f - \dfrac{\omega}{2t_a}(t_f - t)^2 \\
\dot{\theta} = \dfrac{\omega}{t_a}(t_f - t)
\end{cases}
\tag{7-22}
$$

式中:t_f 为该段抛物线的终止点时间。轨迹生成器按照式(7-20)至式(7-22)随 t 的变化实时生成轨迹。当进入新的运动段以后,必须基于给定的关节速度求出新的 t_a,根据边界条件计算抛物线段的系数,继续计算,直到计算出所有路径段的数据集合。

7.4.2 直角坐标空间轨迹的生成

前面已经介绍了直角坐标空间轨迹规划的方法。在直角坐标空间的轨迹必须变换为等效的关节空间变量,为此,可以通过运动学逆解得到相应的关节位置;用逆雅可比矩阵计算关节速度,用逆雅可比矩阵及其导数计算角加速度。在实际中往往采用简便的方法,即根据逆运动学以轨迹更新速率首先把 x 转换成关节角矢量 θ,然后再由数值微分根据下式计算 $\dot{\theta}$ 和 $\ddot{\theta}$。

$$
\begin{cases}
\dot{\theta}(t) = \dfrac{\theta(t) - \theta(t - \Delta t)}{\Delta t} \\
\ddot{\theta}(t) = \dfrac{\dot{\theta}(t) - \dot{\theta}(t - \Delta t)}{\Delta t}
\end{cases}
\tag{7-23}
$$

最后,把轨迹规划器生成的 θ、$\dot{\theta}$ 和 $\ddot{\theta}$ 送往机器人的控制系统。至此轨迹规划的任务才算完成。

7.4.3　轨迹规划总结

关节空间轨迹规划仅能保证机器人末端操作器从起始点通过路径点运动至目标点，但不能对末端操作器在直角坐标空间两点之间的实际运动轨迹进行控制，所以仅适用于PTP作业的轨迹规划。为了满足PTP控制的要求，机器人语言都有关节空间轨迹规划指令MOVEJ。该规划效率最高，对轨迹无特殊要求的作业尽量使用该指令控制机器人的运动。

直角坐标空间轨迹规划主要用于CP控制，机器人的位置和姿态都是时间的函数，对轨迹的空间形状可以提出一定的设计要求，如要求轨迹是直线、圆弧或者其他期望的轨迹曲线。在机器人语言中，MOVEL和MOVEC分别是实现直线和圆弧轨迹规划的指令。

7.5　工业机器人编程

机器人编程是指为了使机器人完成某项作业而进行的程序设计。早期的机器人只具有简单的动作功能，采用固定程序控制，且动作适应性差。随着机器人技术的发展及对机器人功能要求的提高，希望同一台机器人通过不同的程序能适应各种不同的作业，即机器人具有较好的通用性。鉴于这样的情况，机器人编程语言的研究变得越来越重要，机器人编程语言也层出不穷。

7.5.1　工业机器人编程方式

1. 机器人语言编程

机器人语言编程是指采用专用的机器人语言来描述机器人的动作轨迹。机器人语言编程实现了计算机编程，并可以引入传感信息，从而提供了一个解决人机通信接口问题的更通用的方法。机器人编程语言具有良好的通用性，同一种机器人语言可用于不同类型的机器人，此外，机器人编程语言可解决多台机器人之间协调工作的问题。

2. 示教编程

示教编程是一项成熟的技术，它是目前大多数工业机器人的编程方式。采用这种方法时，程序编制是在机器人现场进行的。首先，操作者必须把机器人终端移动至目标位置，并把此位置对应的机器人关节角度信息写入内存储器，这是示教的过程。当要求复现这些运动时，顺序控制器从内存储器中读出相应位置，机器人就可重复示教时的轨迹和各种操作。示教方式有多种，常见的有手把手示教和示教盒示教等。手把手示教要求用户使用安装在机器人手臂内的操纵杆，按给定运动顺序示教动作内容。示教盒示教则是利用装在控制盒上的按钮驱动机器人按需要的顺序进行操作。机器人每一个关节对应着示教盒上的一对按钮，以分别控制该关节正、反方向的运动。

示教盒示教是目前广泛使用的一种示教编程方式。在这种示教编程方式中，为了示教方便及信息获取的快捷、准确，操作者可以选择在不同坐标系下示教。例如，可以选择在关节坐标系、直角坐标系、工具坐标系或用户坐标系下进行示教。

示教编程的优点是只需要简单的设备和控制装置即可进行，操作简单、易于掌握，而且示教再现过程很快，示教之后即可应用。然而，它的缺点也是明显的，主要有：

(1) 编程占用机器人的作业时间；

(2) 很难规划复杂的运动轨迹及准确的直线运动；

(3) 难以与传感信息相配合；

(4) 难以与其他操作同步。

3. 离线编程

离线编程是在专门的软件环境支持下，用专用或通用程序在离线情况下进行机器人轨迹规划编程的一种方法。离线编程程序通过支持软件的解释或编译产生目标程序代码，最后生成机器人路径规划数据。一些离线编程系统带有仿真功能，这使得在编程时就可解决障碍干涉和路径优化问题。这种编程方法与数控机床中的编制数控加工程序非常相似。

7.5.2 机器人编程语言

1. 机器人语言简介

从第一台机器人诞生以来，人们就开始了对机器人语言的研究。1973 年，斯坦福 (Stanford) 人工智能实验室研究和开发了第一种机器人语言——WAVE 语言，该语言具有动作描述、配合视觉传感器进行手眼协调控制等功能。1974 年，斯坦福人工智能实验室在 WAVE 语言的基础上开发了 AL 语言，这是一种编译形式的语言，具有 ALGOL 语言的结构，可以控制多台机器人协调动作。AL 语言对后来机器人语言的发展有很大的影响。

1979 年，美国 Unimation 公司开发了 VAL 语言，并且配置在 PUMA 机器人上，使其成为一门实用的机器人语言。该语言类似于 BASIC 语言，语句结构比较简单，易于编程。

1984 年该公司又推出了 VALⅡ语言，与 VAL 语言相比，VALⅡ增加了利用传感器信息进行运动控制、通信和数据处理等功能。

美国 IBM 公司在 1975 年研制了 ML 语言，并用于机器人装配作业。接着该公司又推出了 AUTOPASS 语言，这是一种较高级的机器人语言，它可对几何模型任务进行半自动编程。后来 IBM 公司又推出了 AML 语言，该语言目前用于 IBM 机器人的控制。

另外还有美国麻省理工学院(MIT)的 LAMA 语言，它是一种用于自动装配机器人的语言；美国 Automatix 公司的 RAIL 语言，它具有与 PASCAL 语言相似的形式。

2. 机器人语言的分类

机器人语言有很多分类方法。根据作业描述水平的高低，机器人语言通常可分为三级，即动作级、对象级和任务级。

1) 动作级语言

动作级语言以机器人的运动作为描述的中心，通常由使末端操作器从一个位置到另一个位置的一系列命令组成。动作级语言每一个命令(指令)对应于一个动作，命令比较容易。例如，可以定义机器人的运动序列的基本语句为

MOVE   TO （目的地）

动作级语言的代表是 VAL 语言，它的语句比较简单，易于编程。动作级语言的缺点是不

能进行复杂的数学运算，不能接收复杂的传感器信息，仅能接收传感器的开关信号，并且和其他计算机的通信能力很差。VAL 语言不提供浮点数或字符串，而且子程序不含自变量。

2）对象级语言

对象级语言是描述操作物体间关系、使机器人动作的语言，即是以描述操作物体之间的关系为中心的语言，这类语言有 AML、AUTOPASS 等，对象级语言弥补了动作级语言的不足，它具有以下特点：可进行运动控制，具有与动作级语言类似的功能；能处理传感器的信息，可以接收比开关信号复杂的传感器信号，并可以利用传感器信号进行控制、监督及修改和更新环境模型；可进行通信和数字运算，能方便地和计算机的数据文件进行通信，数字计算功能强，可以进行浮点运算；具有很好的扩展性，用户可以根据需要扩展语言的功能，如增加指令等。

3）任务级语言

任务级语言是比较高级的机器人语言，这类语言允许使用者根据工作任务所要求达到的目标对机器人直接下指令，不需要规定机器人的每一个细节动作，只要按某种原则给出最初的环境模型和最终的工作状态，机器人就可以自动进行推理、计算，最后自动生成自身的动作。任务级语言的概念类似于人工智能中程序自动生成的概念。任务级机器人编程系统能够自动执行许多规划任务。例如，当发出"抓起螺杆"的命令时，该系统能规划出一条避免与周围障碍物发生碰撞的机器人运动路径，自动选择一个好的螺杆抓取位置，并且把螺杆抓起。不过，目前应用于工业中的是动作级和对象级机器人语言，还没有真正的任务级编程系统，但它是一个有实用意义的研究课题。

7.5.3　机器人语言结构及其基本功能

1. 机器人语言结构

机器人语言实际上是一个语言系统，包括硬件、软件和被控设备。具体而言，机器人语言系统包括语言本身、机器人控制柜、机器人、作业对象，周围环境和外围设备接口等。机器人语言系统如图 7.12 所示，图中的箭头表示信息的流向。机器人语言本身给出作业指示和动

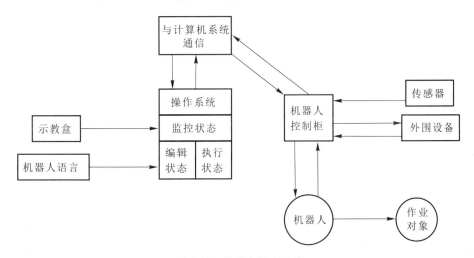

图 7.12　机器人语言系统

作指示,处理系统根据上述指示来控制机器人系统动作。机器人语言系统能够支持机器人编程、控制,以及与外围设备、传感器和机器人接口,同时还能支持和计算机系统的通信。

机器人语言操作系统包括三个基本的操作状态:监控状态、编辑状态和执行状态。监控状态供操作者实现对整个系统的监督控制。在监控状态,操作者可以用示教盒定义机器人在空间的位置、设置机器人的运动速度、存储或调出程序等。

执行状态是执行机器人程序的状态。在执行状态,机器人执行程序的每一条指令,在机器人执行程序的过程中操作者可通过调试程序来修改错误。例如在执行程序的过程中某一关节运动超出限制,机器人不能执行,程序就会显示错误并停止运行。操作者可退回到编辑状态以修改程序。目前大多数机器人语言允许在程序执行的过程中,直接返回到监控或编辑状态。

与计算机语言类似,机器人语言程序可以编译,即把机器人源程序转换成机器码,以便机器人控制柜直接读取和执行编译后的程序,使机器人的运行速度大大加快。

2. 机器人语言编程的基本功能

1) 运算功能

运算功能是机器人控制系统最重要的功能之一。如果机器人不装传感器,那么就可能不需要对机器人程序进行运算。但没有传感器的机器人只是一台适于编程的数控机器装有传感器的机器人所进行的一些最有用的运算是解析几何运算。这些运算结果能使机器人自行决定在下一步把末端操作器置于何处。

2) 决策功能

机器人系统能根据传感器的输入信息做出决策,而不用执行任何运算。这种决策能力使机器人控制系统的功能更强。通过一条简单的条件转移指令(如检验零值)就足以执行任何决策算法。

3) 通信功能

机器人大系统与操作员之间的通信能力,可使机器人从操作员处获取所需信息,提示操作者下一步要做什么,并可使操作者知道机器人打算干什么。人和机器人能够通过许多不同方式进行通信。

4) 运动功能

机器人语言的一个最基本的功能是能够描述机器人的运动。通过使用语言中的运动语句,操作者可以建立轨迹规划程序和轨迹生成程序之间的联系,运动语句允许通过规定点和目标点,可以在关节空间或直角坐标空间说明定位目标,可以采用关节插补运动或直角坐标直线运动,另外,操作者还可以控制运动时间等。

5) 工具指令功能

工具控制指令通常是由闭合某个开关或继电器而触发的,而开关和继电器又可能把电源接通或断开,直接控制工具运动,或送出一个小功率信号给电子控制器,让后者去控制工具。

6）传感数据处理功能

机器人语言的一个极其重要的功能是与传感器的相互作用。语言系统能够提供一般的决策结构，如"if…then…else""case…""do…until…"和"while…do…"等，以便根据传感器的信息来控制程序的流程。

传感数据处理在许多机器人程序编制中都是十分重要而又复杂的，当采用触觉、听觉和视觉传感器时更是如此。例如，当应用视觉传感器获取视觉特征数据、辨识物体和进行机器人定位时，对视觉数据的处理工作量往往极其大，而且极为费时。

7.6　工业机器人编程语言

7.6.1　VAL 语言

VAL 语言适用于机器人两级控制系统，上级是 LAI–11/23，机器人各关节则可由6503 微处理器控制。上级还可以和用户终端、软盘、示教盒、I/O 模块和机器视觉模块等交联。在调试过程中 VAL 语言可以和 BASIC 语言及 6503 汇编语言联合使用。

VAL 语言目前主要用在各种类型的 PUMA 机器人及 UNIMATE 2000 和 UNI MATE 4000系列机器人上。在 VAL 语言中，机器人终端位姿用齐次变换表示。当精度要求较高时，可以用精确点的位姿来表示终端位姿。VAL 语言的硬件支持系统框图如图 7.13 所示。VAL的语言系统框图如图 7.14 所示。

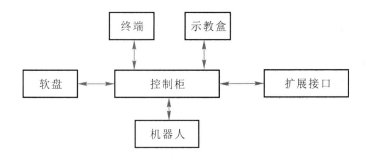

图 7.13　VAL 硬件支持系统框图

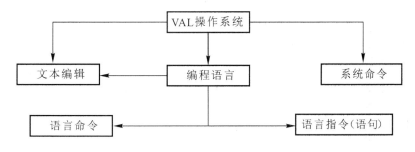

图 7.14　VAL 的语言系统框图

VAL 语言的指令可分为两类：程序指令和监控指令。

1. 程序指令

（1）运动指令，包括 GO、MOVE、MOVEI、MOVES、DRAW、APPRO、PPROS、DEPART、DRIVE、READY、OPEN、OPENI、RELAX、GRASP、DELAY 等。

（2）机器人位姿控制指令，包括 RIGHTY、LEFTY、ABOVE、BELOW、FLIP、NOFLIP 等。

（3）赋值指令，包括 SETI、TYPEI、HERE、SET、SHIFT、TOOL、INVERSE、FRAME 等。

（4）控制指令，包括 GOTO、GOSUB、RETURN、IF、IFSIG、REACT、REACT1、IGNORE、SIGNAL、WAIT、PAUSE、STOP 等。

（5）开关量赋值指令，包括 SPEED、COARSE、FINE、NONULL、NULL、INTOFF、INTON 等。

（6）其他指令，包括 REMARK、TYPE 等。

2. 监控指令

（1）定义位姿的指令，有如下几种：

POINT——执行终端位置、姿态的齐次变换或以关节位置表示的精确点位赋值；

DPOINT——取消位置、姿态齐次变换或精确点位的已赋值；

HERE——定义当前的位置和姿态；

WHERE——显示机器人在直角坐标系中的位置、姿态、关节位置和手张开量：

BASE——定义机器人基准坐标系位置；

TOOL1——对工具终端相对于工具支承端面的位置、姿态赋值。

（2）程序编辑指令，用 EDIT 指令进入编辑状态后，可以使用 C、D、E、I、J、P、R、S、T 等编辑指令字。

（3）列表指令，有如下几种：

DIRECTORY——显示存储器中的全部用户程序名；

LISTL——显示位置变量值；

LISTP——显示用户的全部程序。

（4）存储指令，有如下几种：

FORMAT——格式化磁盘：

STOREP——在磁盘文件内存储指定程序；

STOREL——存储用户程序中注明的全部位置变量名字和值；

LISTF——显示软盘中当前输入的文件目录；

LOADP——将文件中的程序送入内存；

LOADL——将文件中指定的位置变量送入内存；

DELETE——撤销磁盘中的指定文件；

COMPRESS——压缩磁盘空间；

ERASE——擦除软盘中的内容并初始化软盘。

（5）控制程序执行指令，有如下几种：

ABORT——紧急停止；

DO——执行单步指令；

EXECUTE——按给定次数执行用户程序；

NEXT——控制程序单步执行；

PROCEED——在某步暂停、紧停或运行错误后，自下一步起继续执行程序；

SPEED——运动速度选择。

（6）系统状态控制指令，有如下几种：

CALIB——校准关节位置传感器；

STATUS——显示机器人状态；

FREE——显示未使用的存储容量；

ENABLE——开、关系统硬件；

ZERO——清除全部用户程序和定义的位置，重新初始化；

DONE——停止监控程序，进入硬件调试状态。

3. VAL 程序设计举例

【例 7 - 3】　编制一个作业程序，要求机器人抓起送料器送来的部件，并送到检查站，检查站判断部件是 A 类还是 B 类，然后根据判断结果转入相应的处理程序。在这个程序中，要用到以下几种外部信号：

传感器 1——置位表示送料器正在提供部件；

传感器 2——置位表示部件已送到检查站；

传感器 3、4、5——置位判断部件所需的特征信号；

传感器 6——置位表示检查完毕。

程序名：DEMO

解　程序编辑如下：

• EDIT DEMO	启动程序编辑状态；
• PROGRAM DEMO	VAL 响应；
1. SIGNAL-2	关掉信号 2；
2. OPENI 100	打开手爪，使其开度为 100 mm，完毕后转入下一步；
3. 1OREACTI7，ALWAYS	启动监控；
4. WAIT 1	等待供给的部件；
5. SPEED 200	标准速度的 2 倍；
6. APPRO PART，50	移动到距部件 PART 位置 50 mm 处；
7. MOVES PART	直线移动到部件 PART 处；
8. CLOSEI	立即抓住部件；
9. DEPARTS 50	垂直抬起 50 mm；
10. APPRO TEST，75	移动到距检查站位置 75 mm 处；
11. MOVE TEST	到达检查站；
12. IGNORE7，AL.WAYS	关掉监控信号，监控停止；
13. SIGNAL 2	部件准备完；

14. WAIT 6　　　　　　　　等待检查完；

15. DEPART100

16. SIGNAL-2　　　　　　　复位信号 2；

17. IFSIG -3，-4，-5 THEN 20　部件为 A 型，则转到 20；

18. IFS1G　3，-4，-5 THEN30　部件为 B 型，则转到 30；

19. GOSUB REJECT　　　　　若非 A 且非 B，则取消该程序；

20. GOTO 40

21. 20REMARK PROCESS PART"A"

22. GOSUB PARTA

23. GOTO 40

24. 3OREMARK PROCESS PART"B"

25. GOSUB PARTB

26. GOTO 40

27. 4OREMARK PART PROCESSING COMPLETE

28. GET ANOTHER PART

29. GOTO 10

30. 退出编辑状态，返回到监控状态。

7.6.2　MOTOMAN 机器人编程语言

MOTOMAN 机器人所采用的编程语言为 INFOR M Ⅱ，属于动作级编程语言，该语言以机器人的动作行为为描述中心，由一系列命令组成，一般一个命令对应一个动作，语言简单、易于编程，其缺点是不能进行复杂的数学运算。

1. 机器人指令的功能分析

机器人指令的功能可以概括为如下几种：运动控制功能、环境定义功能、运算功能、程序控制功能、输入/输出功能等。运动控制功能是其中非常重要的一项功能。

目前工业机器人语言大多数以动作顺序为中心，通过使用示教这一功能，省略了作业环境内容的位置姿态的计算。具体而言，对机器人的运动控制可分为：① 运动速度设定；② 轨迹插补，又分为关节插补、直线插补及圆弧插补；③ 动作定时；④ 定位精度的设定；⑤ 手爪、焊枪等工具的控制等。除此之外，还有工具变换、基本坐标设置、初始值的设置、作业条件的设置等功能，这些功能往往在具体的程序编制中体现。

2. 主要运动控制命令

机器人一般采用插补的方式进行运动控制，主要有关节插补、直线插补、圆弧插补和自由曲线插补，它们的命令分别如下：

MOVJ——关节插补命令。在机器人未规定采取何种轨迹运动时，使用关节插补命令，可以最高速度的百分比来表示再现速度。关节插补的效率最高。

MOVL——直线插补命令。机器人以直线轨迹运动，缺省单位为 cm/min。直线插补命令常被用于焊接区间等作业区间，机器人在移动过程中可自动改变手腕位置。

　　MOVC——圆弧插补命令。机器人沿着用圆弧插补命令示教的三个程序点执行圆弧轨迹运动，其再现速度的设定与直线插补相同。

　　MOVS——自由曲线插补命令。对于有不规则形状的曲线，可使用自由曲线插补命令，其再现速度的设定与直线插补相同。

3. 在线示教编程及程序分析

　　现以 MOTOMAN 机器人示教系统为例进行在线示教编程及程序分析。

　　1）MOTOMAN 机器人示教系统的组成

　　MOTOMAN 机器人示教系统主要由六自由度机械手(SV3X)、机器人控制柜(XRC)、示教盒、上位计算机和输入装置等组成。控制柜与机械手、计算机、示教盒间均通过电缆连接，输入装置(游戏操纵杆)连接到计算机的并行端口 LPT(或声卡接口)上，如图 7.15 所示。

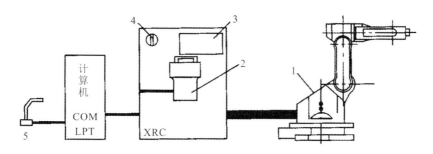

1—机械手；2—示教盒；3—再现面板；4—电源开关；5—输入装置

图 7.15　MOTOMAN 机器人示教系统的组成

　　2）示教系统的设置

　　示教前的系统设置内容包括：零位标定、特殊点设置、控制器时钟设置、干涉区域设置、操作原点设置、工具参数标定、用户坐标设置及文件初始化等。以机器人的零位标定为例，操作步骤为：首先利用示教盒切换到管理模式(Manage Mode)下，按照操作顺序选取[TOP MENU]，接着选取[ROBOT]菜单的[HOME POSITION]子菜单，然后将机器人移动到零位，选取所有的轴[ALL.ROBOTAXIS]，实现零位标定(注：零位也就是关节脉冲为零的位置，为以后输入脉冲的基准)，其他设置方法与此类似。

　　3）示教启动过程

　　机器人运动轨迹的示教采用 PTP 方式，即只需确定各段运动轨迹端点，而端点之间的连续运动轨迹由插补运算产生。

　　示教前，接通主电源，系统完成初始化。保证控制台上远程控制[REMOTE]指示灯未点亮，而示教[TEACH]指示灯点亮，示教编程器进入主菜单界面。按下控制台上伺服备要[SERVO ON READY]键，其上绿色指示灯闪烁，编程器上的[SERVO ON READY]指示灯也闪烁，表明系统可进入工作状态，伺服电源准备接通。按下编程器上的示教锁定[TEACH LOCK]键，使机器人只能受示教操作的控制，而不会因控制台或其他外部输入的信号而产生误操作。用适当力度按下特殊手持型[DEADMAN]键，接通伺服电源。示教启动流程如图 7.16 所示。

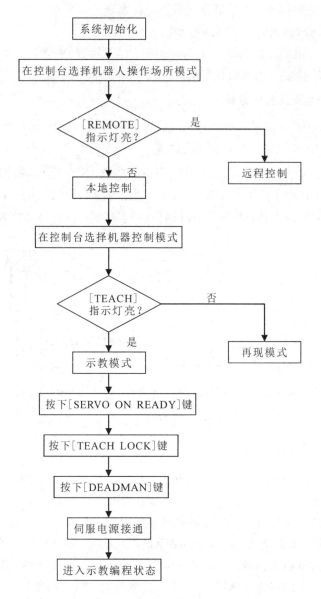

图 7.16   MOTOMAN 机器人示教启动流程

4）示教程序及分析

新建一个示教作业程序或打开已有的示教作业程序，作为程序的开始和结束标志，系统自动为程序加上两行语句"NOP"和"END"，在示教盒上选择直角坐标系。以图 7.16 所示的工件焊接为例，说明编写程序的步骤。

（1）移动机器人焊枪至待机位置，编辑程序点间的轨迹插补方式和再现速度，回车（此时系统将记录当前位姿参数、插补方式和再现速度等数据，以便再现时调用这些数据）。

（2）移动机器人焊枪至焊接开始位置附近。

（3）移动机器人焊枪至焊接开始位置（引弧点）。

（4）移动机器人焊枪至焊接结束位置（熄弧点）。

（5）将机器人焊枪移至不碰触工件和夹具的位置。

（6）将机器人焊枪移至待机位置。可通过以下三种方式确认示教的轨迹：

① 确认某个程序点的动作，按下编程器上的［FORWARD］（前进）键，利用机器人的动作确认每一个程序点（每按一次［FORWARD］键，机器人移动一个程序点）；

② 确认所有程序点的连续动作，同时按下［EINTERLOCK］（联锁）键和［TEST RUN］按钮，机器人连续再现所有程序点，一个循环后停止；

③ 再现确认，关闭编程器上的［ETEACH LOCK］（示教锁定）键，按下控制柜上的［PLAY］（再现）键，切换至再现模式，再现前同样需要打开伺服电源，最后启动再现示教过程。

要焊接如图 7.17 所示的焊缝，MOTOMAN 机器人首先在示教状态下走出图示轨迹。程序点 1、6 为待机位置，两点重合，选取时需处于工件、夹具不干涉的位置，从程序点 5 向程序点 6 移动时，也需处于与工件、夹具不干涉的位置。从程序点 1 到程序点 2 再到程序点 3 和从程序点 4 到程序点 5 再回到程序点 6 为空行程，对轨迹无要求，所以选择工作状态好、效率高的关节插补，生成的代码为 MOVJ。空行程中接近焊接轨迹段时选择慢速。程序中关节插补的速度用 VJ 表示，数值代

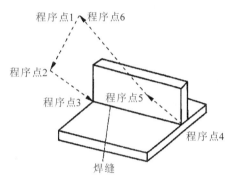

图 7.17　示教焊接工件举例

表最高关节速度的百分比，如 VJ=25 表示以关节最高运行速度的 25% 运动。从程序点 3 到程序点 4 为焊接轨迹段，以要求的焊接轨迹（这里为直线）移动，生成的代码为 MOVL；以规定的焊接速度前进，速度用 V 表示，单位为 mm/s。程序中 ARCON 为引弧指令，ARCOF 为熄弧指令，分别用于引弧的开始和结束，这两个命令也是在示教过程中通过按示教盒上的功能键自动产生的，NOP 表示程序开始，END 表示程序结束。

经过示教自动产生的焊接作业程序如表 7.1 所示。

表 7.1　焊接作业程序

行	命　令	内容说明	
0000	NOP	程序开始	
0001	MOVJ VJ = 25.00	移到待机位置	程序点 1
0002	MOVJ VJ = 25.00	移到焊接开始位置附近	程序点 2
0003	MOVJ VJ = 12.5	移到焊接开始位置	程序点 3
0004	ARCON	焊接开始	
0005	MOVL V=50	移到焊接结束位置	程序点 4
0006	ARCOF	焊接结束	
0007	MOVJ VJ = 25.00	移到不碰触工件和夹具的位置	程序点 5
0008	MOVJ VJ = 25.00	移到待机位置	程序点 6
0009	END	程序结束	

7.6.3　机器人语言编程的相关问题

机器人编程包含了所有传统的计算机编程问题，以及因实际情况引起的其他问题。

1. 实际模型和内部模型的误差

机器人语言系统的特点主要表现在计算机中建立起的机器人环境的内部模型上，即使这个内部模型比较简单，要做到内部模型与实际模型完全一致也是非常困难的。两个模型的差异，常会使机器人抓持物体操作困难或失败，或在操作中发生碰撞，或引起其他问题。

在编程的初始阶段，要建立起实际模型和内部模型的一致性，并保证将这种一致性贯穿于整个程序的执行过程。由于机器人的工作环境是变化的，因此要实现两者的一致是很困难的。除了环境中物体的位置不能准确确定外，机器人本身也存在误差，对机器人的精度要求往往比它能达到的高很多。此外，控制精度在机器人的作业范围里是变化的，这样就给保持两模型的一致性带来了很大的困难。

2. 程序前后的关联性

自下而上的编程方法是一种编写大型计算机程序的标准方法，在这种方法中，一般先开发小的低级别的程序段，然后将这些程序段汇总成一个较大的程序段，最后得到一个完整的程序。然而，进行机器人语言编程时，经单独调试证明能可靠工作的小程序段，放在大程序中执行时往往会失效。这是由于机器人语言编程受机器人的位姿和运动速度的影响比较大。

机器人程序对初始条件，如末端操作器的初始位置很敏感。初始位置影响运动轨迹，同时也会影响末端操作器在某一运动部分的速度。可以看出，机器人程序前后语句间存在依赖关系，受机器人精度的影响，在某一地点为完成某一种操作而编制的程序，当用于另一个不同地点进行同一种操作时，常常需要做适当的调整。

在调试机器人程序时，比较稳妥的方法是让机器人缓慢地运动，这样在其运动出现失误，如与周围物体发生碰撞时，机器人就能及时地停止运动，避免发生危险，如程序是在比较缓慢的速度下调好的，而在实际运行时，机器人的运动速度常常要增加，这样就会使运动的许多方面发生改变，因为机器人控制系统在高速情况下会产生较大的伺服误差。

3. 误差校正

在进行机器人语言编程时，需处理的关于实际环境的另一个直接问题就是物体没有精确处在规定的位置，这样可能使一些运动失效。因此，在编程时需考虑如何探测这些误差，并对其进行校正。

首先要探测误差。因为机器人的感觉和推理能力一般十分有限，因此误差检测通常是很困难的，为了检测一个误差，机器人程序应当包括某种直观的测试。例如，操作臂在进行一个插入操作时，机器人位置如果没有发生变化，表明可能发生了卡死，如果位置变化太大，则表明销钉可能已从手爪中滑落。

程序中的每一条运动语句都可能会失效，所以这些直观的检查可能很烦琐，并且可能会比程序的其他部分需要占用更多的存储空间。试图处理所有可能的误差是非常困难的，通常只对几种最有可能失效的语句进行检查。在编程开发阶段，就应对机器人的人机交换部分及可能失效的部分进行大量的测试。

一旦检测出误差，就要对其进行校正。误差校正可以依靠编程来实现，或者由用户进行人工干预，也可以两者结合进行校正。显而易见，如何校正误差是机器人编程中很重要的一部分。

习　题

1. 要求六轴机器人的第一关节用 3s 由初始角 50°移动到终止角 80°。假设机器人从静止开始运动，最终停在目标点上，计算一条三次多项式关节空间轨迹的系数，确定第 1s、第 2s、第 3s 时该关节的角位置、角速度和角加速度。

2. 要求六轴机器人的第三关节用 4s 由初始角 20°移动到终止角 80°。假设机器人由静止开始运动，抵达目标点时角速度为 5 m/s，计算一条三次多项式关节空间轨迹的系数，绘制出关节的角位置、角速度和角加速度曲线。

3. 六轴机器人的第二关节用 5s 由初始角 20°移动到 80°角的中间点，然后再用 5s 运动到 25°角的目标点。计算关节空间的三次多项式的系数，并绘制关节的角位置、角速度和角加速度曲线。

4. 要求用一个五次多项式来控制机器人在关节空间的运动，求五次多项式的系数，使得该机器人关节用 3s 由初始角 0°运动到终止角 75°，机器人的起始点和终止点角速度均为零，初始角加速度为 $10°/s^2$，终止角减速度为 $-10°/s^2$。

5. 一个六轴机器人的第一关节用 4s 以角速度 $\omega=10°/s$、初始角 $\theta=40$ 运动到终止角 $\theta=120°$，若使用抛物线过渡的线性运动来规划轨迹，求线性段与抛物线之间所必需的过渡时间，并绘制关节的角位置、角速度和角加速度曲线。

6. 机器人从点 A 沿直线运动到点 B，其坐标分别为

$$A=\begin{bmatrix} -1 & 0 & 0 & 10 \\ 0 & 1 & 0 & 10 \\ 0 & 0 & -1 & 10 \\ 0 & 0 & 0 & 1 \end{bmatrix} \qquad B=\begin{bmatrix} 0 & -1 & 0 & 10 \\ 0 & 0 & 1 & 10 \\ -1 & 0 & 0 & 10 \\ 0 & 0 & 0 & 1 \end{bmatrix}$$

且绕等效轴 K 匀速回转等效角为 θ，求矢量 K 和转角 θ，并求三个中间变换。

7. 用 VAL 语言编程：装配标准电话机的手提部分，它的六个零件(手柄、发话器、受话器、两个圆帽盖和电缆)同时到达，由专用托盘装载各个零件，并用一个专用夹具装夹手提部分。在编程时可作适当的假设。

第8章　工业机器人的应用

8.1　工业机器人安全操作规范

工业机器人作为智能设备的载体，其动作范围大、运行速度快等都会造成安全隐患，操作机器人时应遵循各种规程，以免造成人身伤害或设备事故。为此，工作人员在安装、操作、使用和维护工业机器人之前，必须经过专业的技术及理论培训，掌握安全使用规范和安全操作规程，实现安全生产和安全操作。

机器人操作人员的安全使用规范如下：

(1) 操作机器人时穿着的工作服须符合规范要求，如图 8.1 所示。

图 8.1　工作服符合规范要求

(2) 操作机器人时不允许佩戴手套，如图 8.2 所示。

图 8.2　操作时不允许佩戴手套

(3) 衬衫和领带不得从工作服内露出。

(4) 不得佩戴首饰，如耳环、戒指或垂饰等。

(5) 进入机器人工作区域必须戴安全帽和穿安全鞋。

(6) 操作人员的手指甲不能太长，如图 8.3 所示。

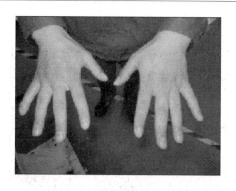

图 8.3　手指甲不能太长

示教安全操作注意事项如下：

（1）应在安全围栏外实施操作，尽量在机器人动作范围外进行示教工作。未经许可的人员不得接近机器人和其周边辅助设备；操作人员禁止在自动运行模式下进入机器人动作范围内；其他无关人员禁止进入机器人运动范围内。在机器人动作范围内进行示教工作时，应注意始终从机器人的前方进行观察，不要背对机器人进行作业；始终按预先制定好的操作程序进行操作；始终具有万一机器人发生未预料的动作而进行躲避的想法，确保自己在紧急的情况下有退路。

（2）绝不能强行扳动机器人的轴，如图 8.4 所示。

图 8.4　不能扳动机器人的轴

（3）在操作期间，非工作人员禁止触动机器人操作按钮，如图 8.5 所示。

图 8.5　非工作人员禁止触动操作按钮

（4）禁止倚靠控制柜，如图 8.6 所示。

图 8.6　禁止倚靠控制柜

（5）机器人周边区域必须保持清洁（无油、水及杂质）。
（6）如需手动控制机器人，应确保在机器人动作范围内无任何人员或障碍物。

8.2　焊接工业机器人系统及其应用

焊接工业机器人是包括各种焊接附属装置及周边设备在内的柔性焊接系统，而不只是一台以规划的速度和姿态携带焊接工具移动的单机。

8.2.1　点焊机器人

点焊机器人系统组成如图 8.7 所示。操作者可通过示教器和操作面板进行点焊机器人运动位置和动作程序的示教，设定运动速度、点焊参数等。点焊机器人按照示教程序规定的动作、顺序和参数进行点焊作业，其过程是完全自动化的。

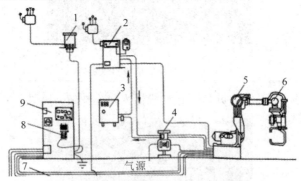

1—机器人变压器；2—焊接控制器；3—水冷机；4—气/水管路组合体；5—操作机；
6—焊钳；7—供电及控制电缆；8—示教器；9—控制柜

图 8.7　点焊机器人系统组成

为适应灵活的动作要求，点焊机器人本体通常选用关节型工业机器人，一般具有 6 个自由度。驱动方式主要有液压驱动和电气驱动两种。其中，电气驱动具有保养维修简便、能耗低、速度高、精度高、安全性好等优点，因此应用较为广泛。

点焊机器人控制系统由本体控制和焊接控制两部分组成。本体控制部分主要是实现机器人本体的运动控制；焊接控制部分则负责对点焊控制器进行控制，发出焊接开始指令，自动控制和调整焊接参数（如电流、压力、时间），控制焊钳的大小行程及夹紧/松开动作。

点焊焊接系统主要由点焊控制器（时控器）、焊钳（含阻焊变压器）及水、电、气等辅助部分组成。点焊控制器是由微处理器及部分外围接口芯片组成的控制系统，它可根据预定的焊接监控程序，完成焊接参数输入、焊接程序控制及焊接系统的故障自诊断，并实现与机器人控制柜、示教器的通信联系。

与气动焊钳相比，伺服焊钳具有如下优点：

（1）提高工件的表面质量。伺服焊钳由于采用的是伺服电动机，电极的动作速度在接触到工件前，可由高速准确调整至低速。这样就可以形成电极对工件的软接触，减轻电极冲击所造成的压痕，从而也减轻了后续工件表面修磨处理量，提高了工件的表面质量。而且，利用伺服控制技术可以对焊接参数进行数字化控制管理，保证提供最合适的焊接参数数据，确保焊接质量。

（2）提高生产效率。伺服焊钳的加压、放开动作由机器人自动控制，每个焊点的焊接周期可大幅度降低。机器人在点与点之间的移动过程中，焊钳就开始闭合，在焊完一点后，焊钳一边张开，机器人一边移动，不必等机器人到位后焊钳才闭合或焊钳完全张开后机器人再移动。与气动焊钳相比，伺服焊钳的动作路径可以控制到最短，缩短生产节拍，在最短的焊接循环时间里建立一致性的电极间压力。由于在焊接循环中省去了预压时间，该焊钳比气动加压快 5 倍，提高了生产率。

（3）改善工作环境。焊钳闭合加压时，不仅压力大小可以调节，而且在闭合时两电极为轻闭合，电极对工件是软连接，对工件无冲击，减少了撞击变形，平稳接触工件无噪声，更不会在使用气动加压焊钳时出现排气噪声。因此，该焊钳清洁、安静，改善了操作环境。

8.2.2　弧焊机器人

弧焊机器人的组成与点焊机器人基本相同，主要是由操作机、控制系统、弧焊系统和安全设备几部分组成，其系统示意图如图 8.8 所示。

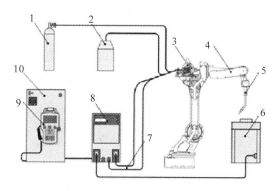

1—气瓶；2—焊丝桶；3—送丝机；4—操作机；5—焊枪；6—工作台；7—供电及控制电缆；
8—弧焊电源；9—示教器；10—机器人控制柜

图 8.8　弧焊机器人系统示意图

弧焊机器人操作机的结构与点焊机器人基本相似，主要区别在于末端操作器——焊枪。图 8.9 所示为弧焊机器人用的各种典型焊枪。从理论上讲，虽然 5 自由度机器人就可以用于电弧焊，但是对于复杂形状的焊缝，用 5 自由度机器人会难以胜任。因此，除非焊缝比较简单，否则应尽量选用 6 自由度机器人，以保证焊枪的任意空间位置和姿态。

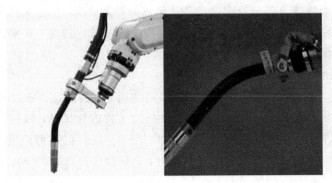
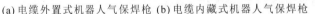
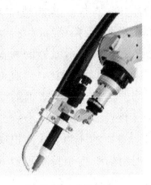

(a) 电缆外置式机器人气保焊枪　(b) 电缆内藏式机器人气保焊枪　　　　　(c) 机器人氩弧焊焊枪

图 8.9　弧焊机器人用焊枪

弧焊机器人控制系统在控制原理、功能及组成上和通用工业机器人基本相同。目前最流行的是采用分级控制的系统结构，一般分为两级：上级具有存储单元，可实现重复编程、存储多种操作程序，负责程序管理、坐标变换、轨迹生成等；下级由若干处理器组成，每一处理器负责一个关节的动作控制及状态检测，实时性好，易于实现高速、高精度控制。此外，弧焊机器人周边设备的控制，如工件定位夹紧、变位调控，设有单独的控制装置，可以单独编程，同时又可以和机器人控制装置进行信息交换，由机器人控制系统实现全部作业的协调控制。

弧焊系统是完成弧焊作业的核心装备，主要由弧焊电源、送丝机、焊枪和气瓶等组成。弧焊机器人多采用气体保护焊（CO_2、MIG、MAG 和 TIG），通常使用的晶闸管式、逆变式、波形控制式、脉冲或非脉冲式等焊接电源都可以装到机器人上进行电弧焊。由于机器人控制柜采用数字控制，而焊接电源多为模拟控制，所以需要在焊接电源与控制柜之间加一个接口。近年来，国外机器人生产厂都有自己特定的配套焊接设备（如 FANUC 弧焊机器人采用美国林肯焊接电源），这些焊接设备内已插入相应的接口板，所以在有些弧焊机器人系统中并没有附加接口板。应该指出，在弧焊机器人工作周期中电弧时间所占的比例较大，因此在选择焊接电源时，一般应按持续率 100% 来确定电源的容量。另外，送丝机可以装在机器人的上臂上，也可以放在机器人之外，前者焊枪到送丝机之间的软管较短，有利于保持送丝的稳定性；而后者焊枪到送丝机之间的软管较长，当机器人把焊枪送到某些位置，使软管处于多弯曲状态时会严重影响送丝的质量。因此，送丝机的安装方式一定要考虑保证送丝稳定性的问题。

安全设备是弧焊机器人系统安全运行的重要保障，主要包括驱动系统过热自断电保护、动作超限位自断电保护、超速自断电保护、机器人系统工作空间干涉自断电保护和人工急停断电保护等，它们起到防止机器人伤人或保护周边设备的作用。在机器人的末端焊枪上还装有各类触觉或接近传感器，可以使机器人在过分接近工件或发生碰撞时停止工作

（相当于暂停或急停开关）。当发生碰撞时，一定要检验焊枪是否被碰歪，否则由于工具中心点的变化，焊接的路径将会发生较大的变化，从而焊出废品。

8.3　涂装机器人系统的组成及应用

涂装机器人作为一种典型的涂装自动化装备，具有工件涂层均匀、重复精度好、通用性强、工作效率高，以及能够将工人从有毒、易燃、易爆的工作环境中解放出来的优点，已在汽车、工程机械制造、3C产品（计算机（Computer）、通信（Communication）和消费类电子产品（Consumer Electronics）三者结合）及家具建材等领域得到广泛应用。归纳起来，涂装机器人与传统的机械涂装相比，具有以下优点：

（1）最大限度提高涂料的利用率，降低涂装过程中的 VOC（有害挥发性有机物）排放量。

（2）显著提高喷枪的运动速度，缩短生产节拍，效率显著高于传统的机械涂装。

（3）柔性强，能够适应多品种、小批量的涂装任务。

（4）能够精确保证涂装工艺的一致性，获得较高质量的涂装产品。

（5）与高速旋杯经典涂装站相比，可以减少大约 30%～40% 的喷枪数量，降低系统故障率和维护成本。

目前，国内外的涂装机器人从结构上大多数仍采取与通用工业机器人相似的 5 或 6 自由度串联关节式机器人，在其末端加装自动喷枪。按照手腕结构划分，涂装机器人应用中较为普遍的主要有两种：球型手腕涂装机器人和非球型手腕涂装机器人，如图 8.10 所示。

图 8.10　涂装机器人分类

现今应用的涂装机器人中很少采用正交非球型手腕，主要是其在结构上相邻腕关节彼此垂直，容易造成从手腕中穿过的管路出现较大的弯折、堵塞甚至折断管路。相反，斜交非球型手腕若做成中空的，各管线从中穿过，直接连接到末端高转速旋杯喷枪上，在作业过程中内部管线较为柔顺，故被各大厂商所采用。

涂装作业环境中充满了易燃、易爆的有害挥发性有机物，除要求涂装机器人具有出色的重复定位精度和循环能力及较高的防爆性能外，仍有特殊的要求。在涂装作业过程中，高速旋杯喷枪的轴线要与工件表面法线在一条直线上，且高速旋杯喷枪的端面要与工件表面始终保持恒定的距离，并完成往复蛇形轨迹运动，这就要求涂装机器人具有足够大的工作空间和尽可能紧凑灵活的手腕，即手腕关节要尽可能短。其他的一些基本性能要求如下：

（1）能够通过示教器方便地设定流量、雾化气压、喷幅气压以及静电量等涂装参数。

（2）具有供漆系统，能够方便地进行换色、混色，确保高质量、高精度的工艺调节。

（3）具有多种安装方式，如落地、倒置、角度安装和壁挂。

（4）能够与转台、滑台、输送链等一系列的工艺辅助设备轻松集成。

典型的涂装机器人工作站主要由操作机、机器人控制系统、供漆系统、自动喷枪、示教器、防爆吹扫系统等组成，如图 8.11 所示。

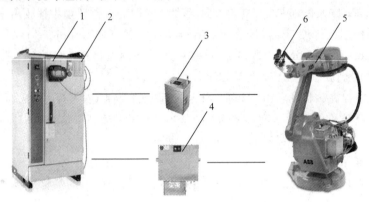

1—机器人控制柜；2—示教器；3—供漆系统；4—防爆吹扫系统；5—操作机；6—自动喷枪/旋杯

图 8.11　涂装机器人系统组成

涂装机器人与普通工业机器人相比，操作机在结构方面的差别除球型手腕与非球型手腕外，主要是防爆、油漆及空气管路和喷枪的布置所导致的差异，归纳起来主要特点如下：

（1）一般手臂工作范围宽大，进行涂装作业时可以灵活避障。

（2）手腕一般有 2～3 个自由度，轻巧快速，适合内部、狭窄的空间及复杂工件的涂装。

（3）较先进的涂装机器人采用中空手臂和柔性中空手腕，如图 8.12 所示。采用中空手臂和柔性中空手腕使得软管、线缆可内置，从而避免软管与工件间发生干涉，减少管道黏着薄雾、飞沫，最大程度降低灰尘黏附到工件的可能性，缩短生产节拍。

(a) 柔性中空手腕　　　　　　　　(b) 集成于手臂上的涂装工艺系统

图 8.12　柔性中空手腕及其结构

涂装机器人控制系统的本体控制在控制原理、功能及组成上与通用工业机器人基本相同；涂装机器人的工作主要是对供漆系统的控制，即负责对涂料单元控制盘、喷枪/旋杯单元进行控制，发出喷枪/旋杯开关指令，自动控制和调整涂装的参数（如流量、雾化气压、喷幅气压以及静电电压），控制换色阀及涂料混合器完成清洗、换色、混色作业。

供漆系统主要由涂料单元控制盘、气源、流量调节器、齿轮泵、涂料混合器、换色阀、供漆供气管路及监控管线组成。涂料单元控制盘简称气动盘，它接收机器人控制系统发出的涂装工艺的控制指令，精准控制调节器、齿轮泵、喷枪/旋杯完成流量、空气雾化和空气成型的调整；同时控制涂料混合器、换色阀等以实现自动化的颜色切换和指定的自动清洗等功能，实现高质量和高效率的涂装。著名涂装机器人生产商 ABB、FANUC 等均有其自主生产的成熟供漆系统模块配套，图 8.13 所示为 ABB 生产的采用模块化设计、可实现闭环控制的流量调节器、齿轮泵、涂料混合器及换色阀模块。

(a) 流量调节器　　　　　　　　　　(b) 齿轮泵

(c) 涂料混合器　　　　　　　　　　(d) 换色阀

图 8.13　涂装系统主要部件

对于涂装机器人，根据所采用的涂装工艺不同，机器人"手持"的喷枪及配备的涂装系统也存在差异。传统涂装工艺中空气涂装与高压无气涂装仍在广泛使用，但近年来静电涂装，特别是旋杯式静电涂装工艺凭借其高质量、高效率、节能环保等优点已成为现代汽车车身涂装的主要手段之一，并且被广泛应用于其他工业领域。

习　　题

1. 论述机器人的发展和应用对人类的影响，并从社会、经济、人类生活等角度阐述你的观点。

2. 阐述工业机器人的应用现状和发展趋势。

3. 以一类应用领域的机器人为例，详细介绍其目前的应用现状、关键技术以及未来的发展方向。

第 9 章　典型工业机器人系统

9.1　生产线机器人系统的组成及应用

机械加工的自动化生产主要分为大批量加工、多品种加工和中小批量加工。一般来说，大批量加工主要采用自动装卸并使用专用机床进行自动化加工，而多品种和中小批量加工则采用机器人的通用数控机床进行自动化生产。例如，在轴类加工的生产线中，有为了在加工中进行工件的热处理，由生产线上取出工件和将工件再一次放回到生产线上的情况；也有从毛坯到成品，生产线是连续的情况。将通用机床和工业机器人进行组合，可适应多种工件和工艺的柔性。

9.1.1　轴类加工生产线

轴类加工生产线应用的机器人系统主要由以下几个部分构成。

1. 机器人本体

机器人本体采用由压缩空气驱动、机械止动定位的桥式行走型双臂工业机器人。

2. 夹钳

装在机器人臂端的夹钳由两副手爪（每副手爪有两根手指）组成，能分别做左右运动。通常采用的是能同心地夹住不同直径零件的定心式夹钳。

3. 腕

该腕有左右滑动和翻转工件的功能。

4. 毛坯供给装置

在图 9.1 所示的双面加工机床后面的毛坯供给装置上装夹毛坯。在此，使用专用运载小车，在毛坯切断加工时，把装在小车里的毛坯用叉车按原样安装到机床上，而后和机床同步，按顺序自动送到生产线上。

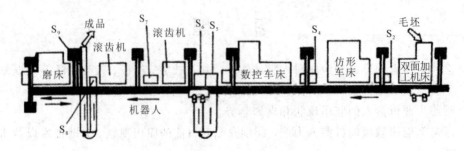

图 9.1　生产线应用的机器人布置图

5. 中间工位(图 9.1 中的 $S_2 \sim S_9$)

在各机床间设置下列中间工位：

(1) S_2：两端加工后校正中心孔；

(2) S_5、S_6：在生产线中间取出工件做热处理，取出时用滑槽输送机，放回时用斜槽输送机；

(3) S_9：送至磨床和把成品送出加工生产线，兼用一台斜槽输送机；

(4) S_4、S_6、S_7：更换工件的夹钳和机械发生故障时，将其送出生产线。

6. 控制装置

控制装置采用触点式指令序列控制，操作顺序由盒式程序接插件确定。可以简单地通过变换接插件来更换操作程序。

9.1.2　电动机轴加工生产线

电动机轴加工生产线自动化的基本要求如下：

(1) 成为全自动化的流水生产；

(2) 加工工件质量在 2 kg 以下，共 16 个品种；

(3) 在本生产线中仅配备 1 名监视员兼毛坯供应员；

(4) 有效利用空间，以适用于以搬运式工业机器人为主体的生产线；

(5) 多品种、小批量生产方式要求生产线具有柔性，在这种情况下，可用工业机器人和外围设备的组合；

(6) 除机床的刀具调整和更换以外，没有其他机械更换作业；

(7) 工业机器人和外围设备程序的更换，可通过调整选择开关自动进行；

(8) 为了解决各机床刀具调整与更换的周期长短不一的问题，在机床之间应有储存零件的设备。

(9) 毛坯的供给方式为分批式。

(10) 自动流向最后的装配工序。

电动机轴加工生产线的主要结构包括：工业机器人本体、毛坯供给装置、工序间搬运输送机、搬入交接装置、搬出交接装置、检测装置和搬出装置。其示意图如图 9.2 所示。

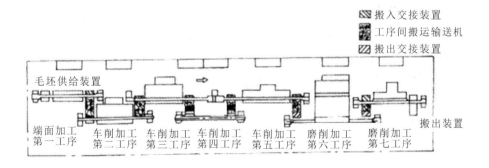

图 9.2　电动机轴加工生产线示意图

9.2　装配机器人系统的组成及应用

装配作业在现代工业生产中占有十分重要的地位。本节以吊扇电机自动装配作业系统为例,说明设计装配机器人系统时应考虑的主要问题。

9.2.1　吊扇电机自动装配作业系统

吊扇电机的结构如图 9.3 所示,其主要零部件由上盖、上轴承盖、定子、下盖和下轴承盖组成。

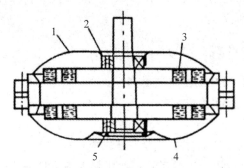

1—上盖;2—上轴承盖;3—定子;4—下盖;5—下轴承盖

图 9.3　吊扇电机结构图

由吊扇电机的结构可以设计出其装配生产线,如图 9.4 所示。

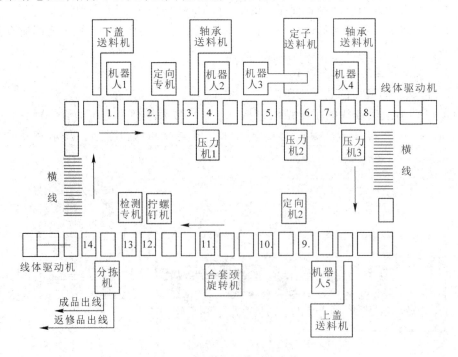

图 9.4　吊扇电机装配生产线

装配系统使用机器人进行装配作业，能充分发挥机器人所具有的多种功能以完成下面的操作：

（1）利用机器人的堆垛功能，实现对零件的顺序抓取，并运送到装配位置。

（2）配合使用柔顺定心装置，实现零件在装配位置上的自动定心和插入。

（3）利用机器人及其控制器，配合光电检测装置和识别微处理器，实现螺孔的识别和定向。

（4）利用机器人的示教功能，简化设备安装调试工作。

（5）使装配系统容易适应产品规格的变化，具有更大的柔性。

因此，在选择机器人的类型和功能时要充分依照上述要求进行，主要确定以下几个重要的参数或指标：行程、速度、承载能力、重复定位精度，最终确定好机器人的厂家和型号。

9.2.2　装配系统的外围设备

装配系统的外围设备主要是在生产线中配合机器人完成相应的工序，或是在工序与工序之间完成衔接的相关设备，主要包括轴承夹持器、轴承送料机、上盖送料机、定子送料机等。

9.2.3　装配系统的安全措施

装配系统的安全措施主要是保证在生产过程中人员与设备安全的相关方法及相关装置，主要从以下几个方面来实施：

（1）从控制方面保证系统的安全使用；

（2）从气动系统方面保证系统的安全使用；

（3）从操作人员培训方面保证系统的安全使用；

（4）从生产线所在场所方面保证安全线的使用。

习　　题

1. 要在生产中引入工业机器人系统，可按哪几个阶段进行？

2. 举例说明装配作业的机器人系统。

参 考 文 献

[1]　JACK R. Robotics Industrial Robot[M]. Tritech Digital Media，2018.

[2]　龚仲华，龚晓雯. 工业机器人完全应用手册[M]. 北京：人民邮电出版社，2017.

[3]　马江. 六自由度机械臂控制系统设计与运动学仿真[D]. 北京：北京工业大学硕士论文，2009.

[4]　刘光定. 传感器与检测技术[M]. 重庆：重庆大学出版社，2016.

[5]　郭彤颖，安冬. 机器人学及其智能控制[M]. 北京：人民邮电出版社，2014.

[6]　LENARCIC J，HUSTY M. Latest Advances in Robot Kinematics[M]. Springer，cham，2014.

[7]　赵才其，赵玲. 结构力学[M]. 南京：南京东南大学出版社，2011.

[8]　季晨. 工业机器人姿态规划及轨迹优化研究[D]. 哈尔滨工业大学硕士论文，2013.

[9]　陈伟华. 工业机器人笛卡尔空间轨迹规划的研究[D]. 华南理工大学硕士论文，2010.

[10]　徐文福. 空间机器人目标捕获的路径规划与实验研究[D]. 哈尔滨工业大学博士论文，2007.

[11]　刘松国. 六自由度串联机器人运动优化与轨迹跟踪控制研究[D]. 浙江大学博士论文，2009.

[12]　陈绪林，鲁鹏，艾存金，等. 工业机器人操作编程及调试维护[M]. 成都：西南交通大学出版社，2018.

[13]　鲍清岩，毛海燕，湛年远，等. 工业机器人仿真应用[M]. 重庆：重庆大学出版社，2018.

[14]　雷旭昌，王定勇，王旭. 工业机器人编程与操作[M]. 重庆：重庆大学出版社，2018.

[15]　付少雄. 工业机器人工程应用虚拟仿真教程：MotoSimEG-VRC[M]. 北京：机械工业出版社，2018.

[16]　APPLETON E，WILLIAMS D J. Industrial Robot Applications[M]. Springer，Dordrecht，2011.